Biologie in Übersichten

Herausgegeben von Gerd Pawelzig

Volk und Wissen Verlag

Autoren:
Dr. Siegfried Brehme (Gruppen der Organismen, S. 29 bis 42)
Prof. Dr. Ottokar Grönke (Arbeitstechniken beim Umgang mit Lebewesen)
Dr. Gert Klepel (Bau der Organismen)
Dr. Wulf-Dietrich Lepel (Lebensvorgänge)
Dr. Irmtraut Meincke (Lebewesen in ihrer Umwelt [Ökologie])
Dr. Gerhard Müller (Verhaltensbiologie)
Prof. Dr. Gerd Pawelzig (Evolution der Lebewesen)
Dr. Edelgard Pohlheim (Vererbungslehre [Genetik])
Uta Pohlheim (Der Mensch)
Ute Püschel (Gruppen der Organismen, S. 17 bis 28)
unter Mitarbeit der Verlagsredaktion Biologie:
Horst-Dieter Gemeinhardt, Klaus Heinzel

Bei der Bearbeitung einzelner Textstellen wurden im Volk und Wissen Verlag
erschienene Schulbücher für das Fach Biologie zu Grunde gelegt.
Das Einbandbild zeigt ein stark vereinfachtes Strukturmodell der DNA.

Die Deutsche Bibliothek – CIP Einheitsaufnahme

Biologie in Übersichten / Siegfried Brehme ... - Berlin : Volk-und-
Wissen-Verl., 1998
   ISBN 3-06-011730-6

ISBN 3-06-011730-6

1. Auflage
5 4 3 2 1 / 02 01 00 99 98
Die letzte Zahl bedeutet das Jahr dieses Druckes.
© Volk und Wissen Verlag GmbH & Co., Berlin 1998
Printed in Germany
Satz: VWV DTP
Repro: City Repro, Berlin
Druck und Binden: Westermann Druck Zwickau GmbH
Redaktion: Dr. Gerhard Müller
Illustrationen: Hans-Joachim Behrendt, Hansmartin Schmidt
Layout: Hansmartin Schmidt
Einband und Typografie: Wolfgang Lorenz

Inhalt

Inhalt

Der Pfeil (↗) bedeutet „siehe auch …", das Quadrat (■) „zum Beispiel",
f. nach der Seitenzahl bedeutet „und folgende Seite", ff. „und folgende Seiten".

Arbeitstechniken beim Umgang mit Lebewesen

1

Methoden

Zur Erforschung der Lebewesen wendet der Biologe Methoden an, die ein planvolles und zielgerichtetes Handeln umfassen, das zur Erkenntnis von biologischen Gesetzmäßigkeiten führen soll. Hierzu gehören das Betrachten, Beobachten, Untersuchen und Experimentieren. Betrachten und Untersuchen führen zu Erkenntnissen über Form, Struktur, Zusammensetzung und Entwicklung von Organismen und Lebensgemeinschaften. Beobachten und Experimentieren klären die funktionalen und ursächlichen Zusammenhänge von Leistung, Verhalten und Entwicklung der Organismen.

Betrachten von Merkmalen (auch mit der Lupe)	Untersuchen von Stoffen (auch mit Reagenzien)	Beobachten von Veränderungen	Experimentieren zum Erkennen ursächlicher Zusammenhänge
	Nachweismittel Mehl Nachweis von Stärke in Nahrungsmitteln	■ Seidenspinner Falter — Puppe Eier — Raupe	

Techniken

Zur Erforschung von Organismen wurden vielfältige Techniken entwickelt. Dazu gehören

– die Handhabung von Lupe, Mikroskop und Fernglas,
– das Zerlegen von Pflanzen und Sezieren von Tieren,
– die Untersuchung von Organismen und Ökosystemen mit biologischen, chemischen und physikalischen Verfahren,
– die Artbestimmung mit Bestimmungsschlüsseln,
– die Haltung, Pflege und Aufbewahrung von Organismen,
– die Auswertung von Untersuchungsergebnissen mit Schrift, Zeichnung, Foto, Film, Computer und Statistik.

Wichtige gesetzliche Bestimmungen und Regeln

Bei Arbeiten mit biologischen Objekten in der Schule, zu Hause und im Freien muss jeder die gesetzlichen Bestimmungen und Regeln des Natur-, Umwelt- und Arbeitsschutzes kennen und befolgen. Dadurch trägt er dazu bei, Gefahren und Schäden zu vermeiden.
↗ Naturschutz, S. 153 f.; ↗ Umweltschutz, S. 152 f.

1

Verhalten in der Natur	
Schützt Wildpflanzen!	**Schützt Wildtiere!**
– Pflanzen weder abreißen noch ausreißen, da sie oft Nahrung für viele Tiere sind! – Pflanzen nicht ausgraben und verpflanzen, da sie meist nur in der Pflanzengemeinschaft dieses Ortes gut wachsen! – Geschützte Pflanzen von anderen Pflanzen unterscheiden lernen! – Keine Pflanzen oder Pflanzenteile aus dem Ausland nach Hause mitbringen; dafür die Angebote aus dem Blumenhandel und den Gärtnereien wählen! – Einheimische oder fremdländische Pflanzen oder Pflanzenteile nicht in andere Biotope einbringen, da sie standortgerechte Arten verdrängen können und die Flora verfälschen!	– Tiere nicht mutwillig beunruhigen, da sie dann den Lebensraum (evtl. sogar ihre Jungen) verlassen! – Tiere nicht ohne vernünftigen Grund fangen, halten, verletzen oder töten sowie ihre Entwicklungsstadien (z. B. Eier, Larven) und Verhaltensspuren (z. B. Nester) nicht wegnehmen, schädigen oder zerstören, um die Art nicht zu gefährden! – Geschützte Tiere von anderen Tieren unterscheiden lernen! – Keine Tiere sowie natürliche oder bearbeitete Teile von Tieren aus dem Ausland einführen; Angebote des Tierhandels nutzen! – Einheimische oder fremdländische Heimtiere nicht in freier Natur aussetzen, wo sie dem Hungertod ausgesetzt sind oder die Fauna verfälschen oder gefährden!

Einhaltung von Regeln beim Umgang mit Lebewesen		
Versuche am Menschen	**Versuche mit Tieren und Pflanzen**	**Versuche mit Pilzen und Bakterien**
– Einverständnis der Versuchsperson einholen! – Notwendigkeit des Versuches prüfen! – Ausschluss von Belastung oder Schädigung sichern! – Über mögliche Gefahren informieren! – Sichern, dass der Versuch jederzeit abgebrochen werden kann! – Hygienisch unbedenkliche Versuchsdurchführung gewährleisten!	– Achtung und Verantwortung gegenüber den Versuchsobjekten zeigen! – Versuchstiere artgerecht halten, pflegen und füttern! – Versuche mit geschützten, giftigen oder krankheitserregenden Organismen sind verboten! – Versuchsorte im Freiland schonend betreten! – Arbeitsbestecke reinigen und desinfizieren! – Abfälle gefahrlos entsorgen!	– Versuche nur unter Aufsicht des Fachlehrers! – Versuchshygiene sichern (kochfester Kittel, 2-Minuten-Desinfektion der Hände und Unterarme, Gummihandschuhe tragen, Gesicht nicht mit den Händen berühren)! – Kulturen nur in geschlossenen Petrischalen erkunden! – Kulturen durch den Fachlehrer entsorgen lassen!

ARBEITSTECHNIKEN

Bestimmen von Pflanzen, Tieren und Pilzen

Bestimmen ist ein Verfahren zum Feststellen des Namens unbekannter Organismenarten mithilfe von Bestimmungsschlüsseln.

Bestimmungsobjekte müssen möglichst frisch, unbeschädigt und vollständig vorliegen (z. B. Blätter, Blüten, Früchte), um die zu bestimmenden Merkmale genau feststellen zu können.

1

Bestimmungsweg mit einem Bestimmungsschlüssel

Bestimmen erfolgt durch Vergleichen von meist zwei gegensätzlichen „Merkmalen" der Objekte, von denen das zutreffende erkannt werden muss (z. B. 1 „Blätter einfach" oder 1* „Blätter zusammengesetzt").

Jeder Bestimmungsweg umfasst folgende Teilschritte:

– Lesen der Merkmale aus dem Schlüssel (z. B. 1 oder 1*)
– Erkunden der Merkmale
– Vergleichen der Erkundungsergebnisse mit den Schlüsselvorgaben
– Entscheiden für das zutreffende Merkmal
– Fortsetzen des nummerierten Bestimmungsweges bis zum Auffinden des Art- oder Gruppennamens.

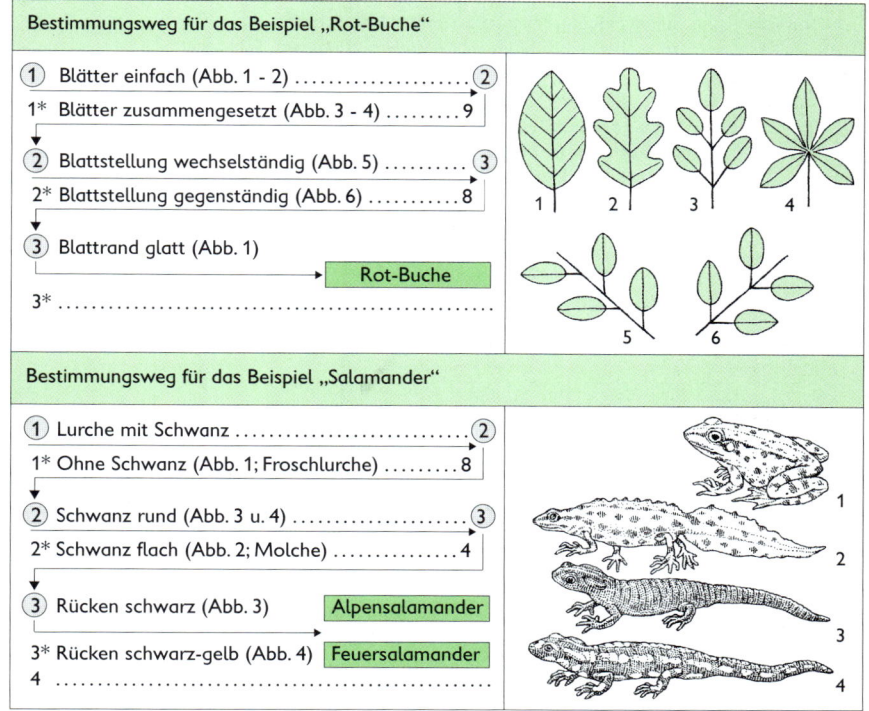

Bestimmungsweg für das Beispiel „Rot-Buche"

① Blätter einfach (Abb. 1 - 2) .... ②
1* Blätter zusammengesetzt (Abb. 3 - 4) 9

② Blattstellung wechselständig (Abb. 5) .... ③
2* Blattstellung gegenständig (Abb. 6) 8

③ Blattrand glatt (Abb. 1)
                         Rot-Buche
3* ....

1   2   3   4
        5   6

Bestimmungsweg für das Beispiel „Salamander"

① Lurche mit Schwanz .... ②
1* Ohne Schwanz (Abb. 1; Froschlurche) 8

② Schwanz rund (Abb. 3 u. 4) .... ③
2* Schwanz flach (Abb. 2; Molche) 4

③ Rücken schwarz (Abb. 3)   **Alpensalamander**
3* Rücken schwarz-gelb (Abb. 4) **Feuersalamander**
4 ....

1
2
3
4

Sammeln und Fangen von Pflanzen und Tieren

Bevor Organismen der Natur entnommen werden, sollte geprüft werden, ob durch eine Zeichnung, ein Farbfoto oder einen Videofilm die gleichen Ergebnisse zu erreichen sind.

1

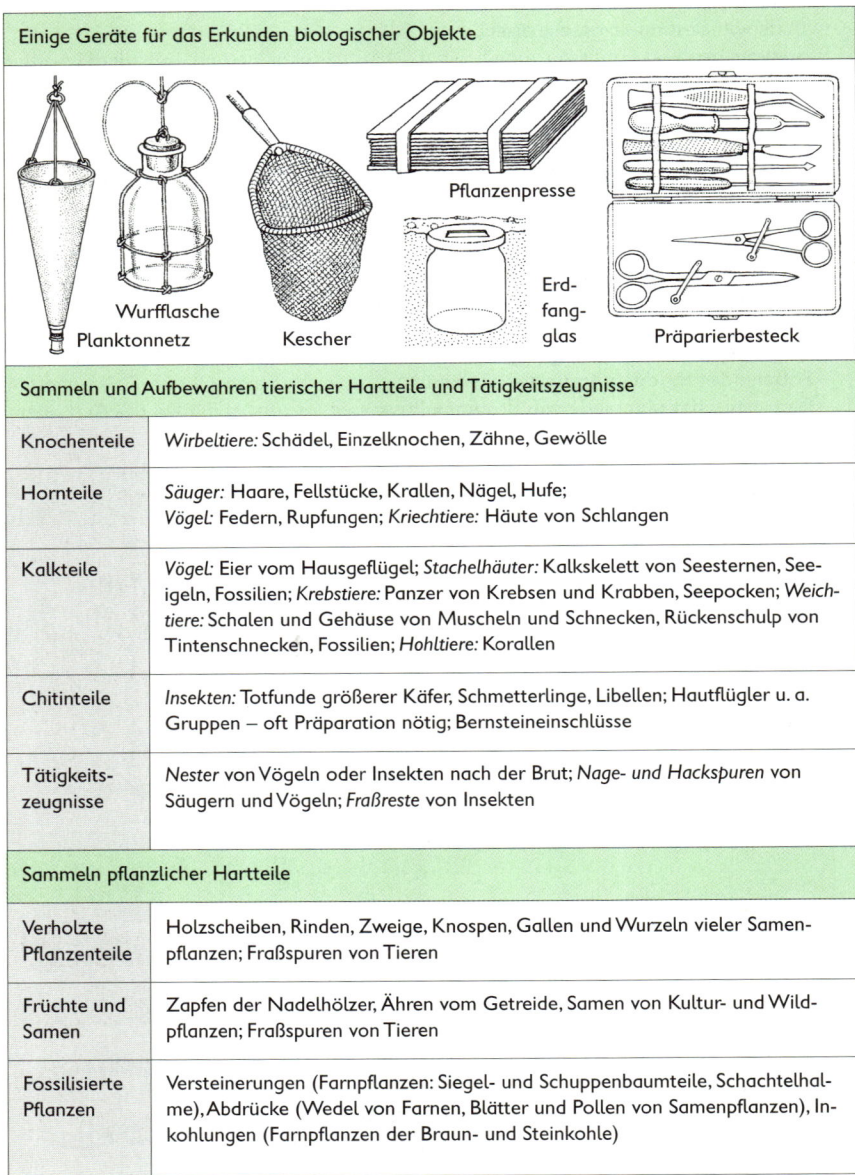

Einige Geräte für das Erkunden biologischer Objekte

Planktonnetz · Wurfflasche · Kescher · Erdfangglas · Pflanzenpresse · Präparierbesteck

Sammeln und Aufbewahren tierischer Hartteile und Tätigkeitszeugnisse	
Knochenteile	*Wirbeltiere:* Schädel, Einzelknochen, Zähne, Gewölle
Hornteile	*Säuger:* Haare, Fellstücke, Krallen, Nägel, Hufe; *Vögel:* Federn, Rupfungen; *Kriechtiere:* Häute von Schlangen
Kalkteile	*Vögel:* Eier vom Hausgeflügel; *Stachelhäuter:* Kalkskelett von Seesternen, Seeigeln, Fossilien; *Krebstiere:* Panzer von Krebsen und Krabben, Seepocken; *Weichtiere:* Schalen und Gehäuse von Muscheln und Schnecken, Rückenschulp von Tintenschnecken, Fossilien; *Hohltiere:* Korallen
Chitinteile	*Insekten:* Totfunde größerer Käfer, Schmetterlinge, Libellen; Hautflügler u. a. Gruppen – oft Präparation nötig; Bernsteineinschlüsse
Tätigkeitszeugnisse	*Nester* von Vögeln oder Insekten nach der Brut; *Nage- und Hackspuren* von Säugern und Vögeln; *Fraßreste* von Insekten

Sammeln pflanzlicher Hartteile	
Verholzte Pflanzenteile	Holzscheiben, Rinden, Zweige, Knospen, Gallen und Wurzeln vieler Samenpflanzen; Fraßspuren von Tieren
Früchte und Samen	Zapfen der Nadelhölzer, Ähren vom Getreide, Samen von Kultur- und Wildpflanzen; Fraßspuren von Tieren
Fossilisierte Pflanzen	Versteinerungen (Farnpflanzen: Siegel- und Schuppenbaumteile, Schachtelhalme), Abdrücke (Wedel von Farnen, Blätter und Pollen von Samenpflanzen), Inkohlungen (Farnpflanzen der Braun- und Steinkohle)

Herbarisieren

Die meisten Pflanzen enthalten so viel Wasser, dass sie zur Erhaltung ihrer Gestalt und Farbe nur aufbewahrt werden können, wenn sie nach dem Sammeln sofort getrocknet und gepresst, d. h. herbarisiert werden.

Ein Herbar kann nach systematischen (z. B. Pflanzenfamilien), ökologischen (z. B. Waldpflanzen) und anderen Gesichtspunkten geordnet werden (z. B. nach Fraßschäden).

Das Herbarisieren erfolgt meist in 5 Schritten:

1. Auswählen und Bestimmen einer vollständigen, ausgewachsenen, frischen und sauberen Pflanze oder ihrer Teile,
2. Einlegen zwischen saugfähiges Papier (Doppelbogen von Tageszeitungen) und Anordnen der Teile für den Herbarbogen, ohne dass Blätter gefaltet werden oder übereinander liegen,
3. Pressen und Trocknen der Doppelbogen mit den Objekten in der Pflanzenpresse zwischen weiteren Lagen saugfähigen Papiers,
4. Übertragen der gepressten Objekte auf Herbarbogen aus Zeichenkarton, befestigen mit wenigen schmalen Papierklebestreifen,
5. Beschriften des Herbarbogens (deutscher bzw. wissenschaftlicher Name, Pflanzenfamilie, Fundort und Biotop, Besonderheiten: Vorkommen, Merkmale, Eigenschaften, Datum, Sammler), evtl. Fotos dazukleben.

↗ Bestimmen von Pflanzen, Tieren und Pilzen, S. 9

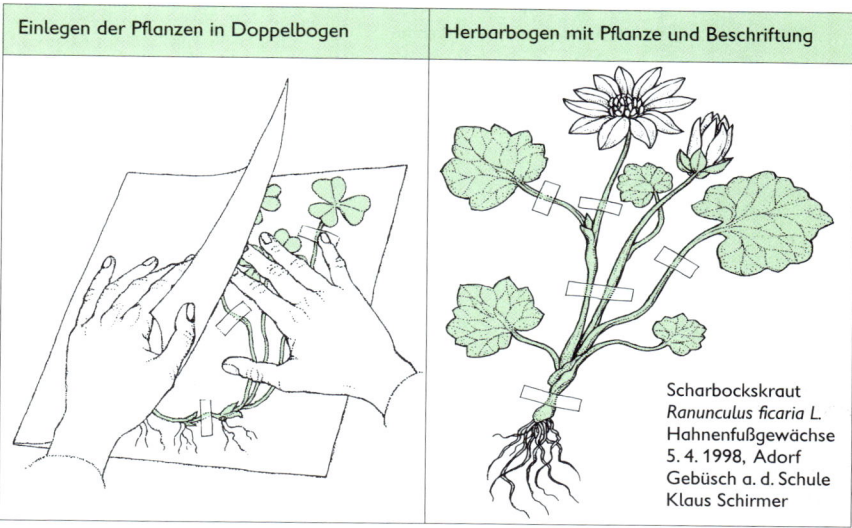

| Einlegen der Pflanzen in Doppelbogen | Herbarbogen mit Pflanze und Beschriftung |

Scharbockskraut
Ranunculus ficaria L.
Hahnenfußgewächse
5. 4. 1998, Adorf
Gebüsch a. d. Schule
Klaus Schirmer

Mikroskopieren von Objekten

Mit Lupen und Mikroskopen können kleine oder für das bloße Auge unsichtbare Objekte mit ihren Strukturen und Lebensvorgängen vergrößert erkundet werden. Brillenträger mikroskopieren ohne Brille. Mit Lupen erreicht man 5- bis 20fache und mit Mikroskopen über 1 000fache Vergrößerungen. Mikroskope besonders pfleglich behandeln!

↗ Zellen, S. 43 f.

Lichtmikroskop. Lichtmikroskope sind optische Geräte, deren vergrößernde Wirkung auf der Lichtbrechung von Linsensystemen des Objektivs und Okulars beruht. Das Objektiv entwirft vom Gegenstand ein reelles, umgekehrtes und vergrößertes Zwischenbild, das durch das Okular, welches als Lupe wirkt, nochmals vergrößert wird. Der Bereich, in dem einzelne Punkte eines Objekts noch voneinander abgegrenzt zu erkennen sind (Auflösungsvermögen) beträgt beim menschlichen Auge nur bis 0,1 mm (z. B. Pantoffeltierchen) und erreicht bei Lichtmikroskopen bereits 0,0005 mm (z. B. Bakterien). Viren sind nur mit Elektronenmikroskopen sichtbar.

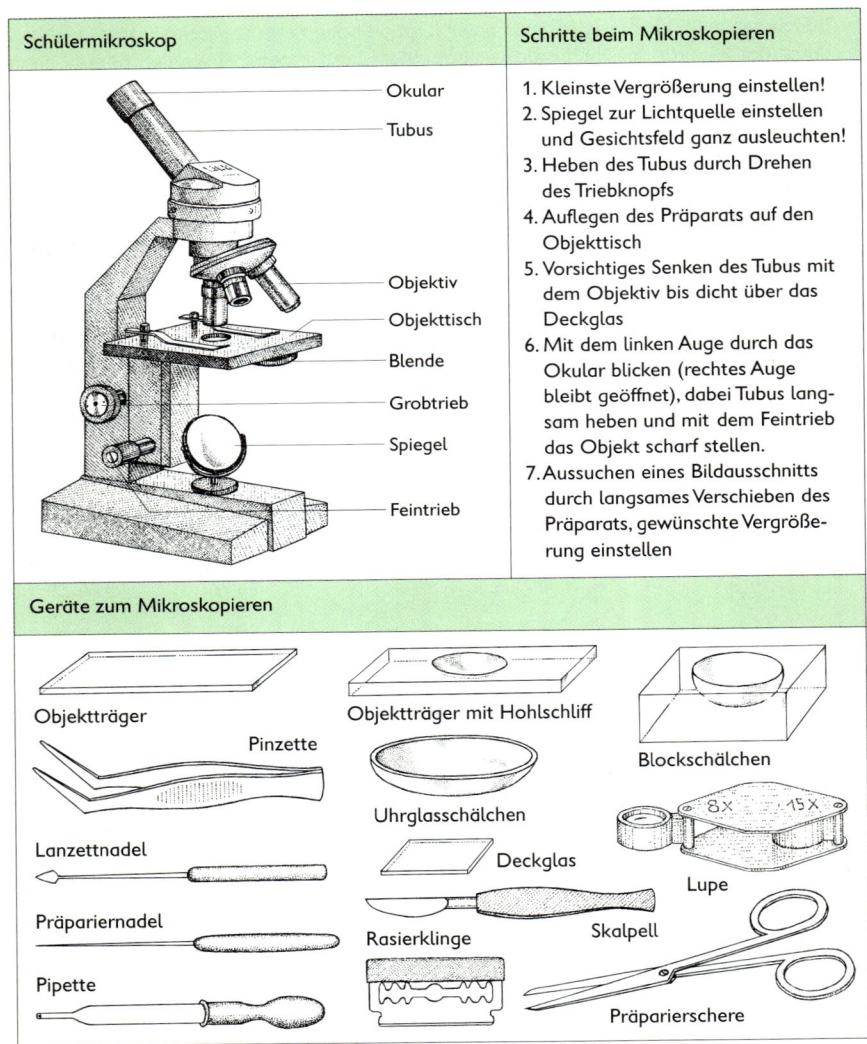

Schülermikroskop	Schritte beim Mikroskopieren
Okular Tubus Objektiv Objekttisch Blende Grobtrieb Spiegel Feintrieb	1. Kleinste Vergrößerung einstellen! 2. Spiegel zur Lichtquelle einstellen und Gesichtsfeld ganz ausleuchten! 3. Heben des Tubus durch Drehen des Triebknopfs 4. Auflegen des Präparats auf den Objekttisch 5. Vorsichtiges Senken des Tubus mit dem Objektiv bis dicht über das Deckglas 6. Mit dem linken Auge durch das Okular blicken (rechtes Auge bleibt geöffnet), dabei Tubus langsam heben und mit dem Feintrieb das Objekt scharf stellen. 7. Aussuchen eines Bildausschnitts durch langsames Verschieben des Präparats, gewünschte Vergrößerung einstellen

Geräte zum Mikroskopieren

Objektträger

Pinzette

Lanzettnadel

Präpariernadel

Pipette

Objektträger mit Hohlschliff

Uhrglasschälchen

Deckglas

Rasierklinge

Blockschälchen

8X   15X

Lupe

Skalpell

Präparierschere

Mikropräparate. Es eignen sich vor allem Objekte, die lichtdurchlässig sind (z. B. Insektenflügel). Andere Objekte müssen erst durch Präparieren (Aufweichen, Zerzupfen, Abziehen, Schaben, Schneiden, Färben) sichtbar gemacht werden. Man unterscheidet Frisch- und Dauerpräparate.

Objekte im Auflicht. Undurchsichtige kleine Organismen (z. B. Floh, Zecke, Drosophila; Moose, Kleinpilze) oder ihre Teile (z. B. Federn, Schuppen, Früchte, Samen, Pollen, Sporen) können trocken auf dem Objektträger oder in Petrischalen bei auffallendem Tages- oder Lampenlicht direkt mit Lupe und Mikroskop in natürlicher Farbe betrachtet werden. Das ist von Vorteil, da sich manche Objekte bei Zusatz eines Mediums verändern (z. B. Pollen). Bei Auflichtmikroskopie von Trockenpräparaten sind nur schwache Vergrößerungen möglich. Bei Binokularen blickt man mit jedem Auge durch ein Okular. Dabei ergibt sich ein räumlicher Eindruck. Es lassen sich lebende und tote Land- und Wasserorganismen (z. B. Asseln, Planktonproben) erkunden.

Objekte im Durchlicht. In der Regel werden Objekte auf dem Objektträger erkundet, wenn sie in ein Medium eingeschlossen sind und das Licht über einen Spiegel von unten durchtritt. Flüssigkeitspräparate mit Wasser reichen meist aus, um Organismen oder ihre Teile bei verschiedenen Vergrößerungen genau zu untersuchen. Bei Lebendpräparaten von größeren oder sich stark bewegenden Objekten werden Objektträger mit Hohlschliff oder Deckgläschen mit Plastilin-, Vaseline- oder Wachsfüßchen benutzt.

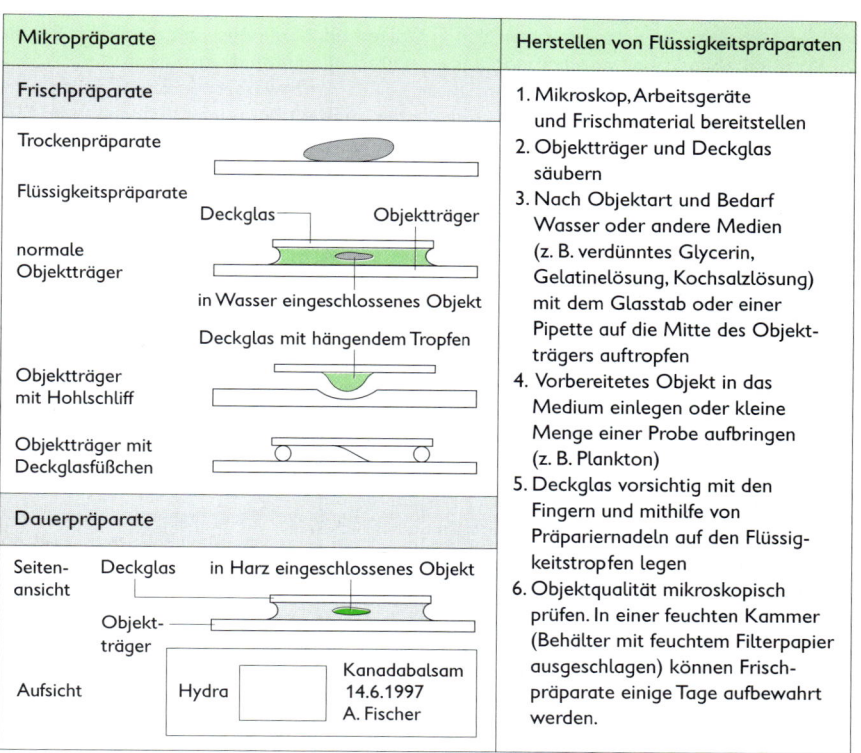

Mikropräparate	Herstellen von Flüssigkeitspräparaten
Frischpräparate	1. Mikroskop, Arbeitsgeräte und Frischmaterial bereitstellen
Trockenpräparate	2. Objektträger und Deckglas säubern
Flüssigkeitspräparate	3. Nach Objektart und Bedarf Wasser oder andere Medien (z. B. verdünntes Glycerin,
normale Objektträger	Gelatinelösung, Kochsalzlösung) mit dem Glasstab oder einer
Deckglas — Objektträger, in Wasser eingeschlossenes Objekt	Pipette auf die Mitte des Objektträgers auftropfen
Deckglas mit hängendem Tropfen	4. Vorbereitetes Objekt in das Medium einlegen oder kleine Menge einer Probe aufbringen
Objektträger mit Hohlschliff	(z. B. Plankton)
Objektträger mit Deckglasfüßchen	5. Deckglas vorsichtig mit den Fingern und mithilfe von Präpariernadeln auf den Flüssigkeitstropfen legen
Dauerpräparate	6. Objektqualität mikroskopisch prüfen. In einer feuchten Kammer (Behälter mit feuchtem Filterpapier ausgeschlagen) können Frischpräparate einige Tage aufbewahrt werden.
Seitenansicht Deckglas in Harz eingeschlossenes Objekt, Objektträger	
Aufsicht Hydra Kanadabalsam 14.6.1997 A. Fischer	

Mikroskopisches Zeichnen. Einfache Umrissskizzen sind meist ausreichend. Sie sollen möglichst groß sein und die abgebildeten Strukturen sachgerecht wiedergeben.

Entstehung einer mikroskopischen Zeichnung	Regeln für das mikroskopische Zeichnen
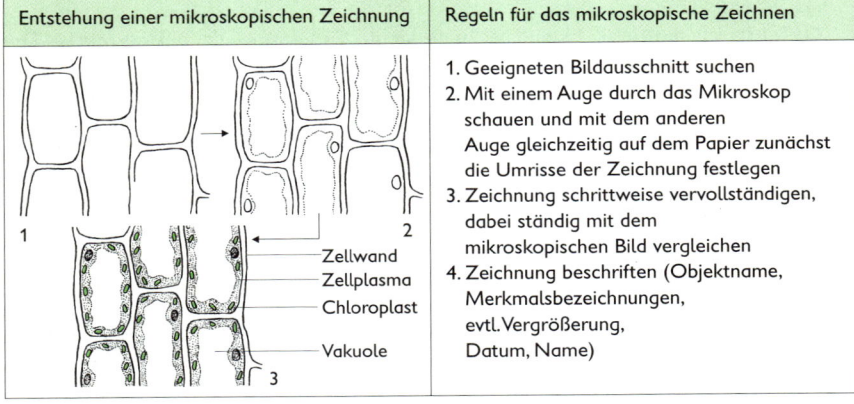	1. Geeigneten Bildausschnitt suchen 2. Mit einem Auge durch das Mikroskop schauen und mit dem anderen Auge gleichzeitig auf dem Papier zunächst die Umrisse der Zeichnung festlegen 3. Zeichnung schrittweise vervollständigen, dabei ständig mit dem mikroskopischen Bild vergleichen 4. Zeichnung beschriften (Objektname, Merkmalsbezeichnungen, evtl. Vergrößerung, Datum, Name)

Haltung und Pflege von Organismen

Viele lebende Organismen lassen sich in Gärten oder zu Hause in geeigneten Behältern vorübergehend oder ständig beobachten, halten, pflegen und vermehren.

Aquarien. Für Anfänger ist die Einrichtung eines Warmwasseraquariums mit tropischen Organismen günstiger als ein Kaltwasseraquarium mit heimischen Pflanzen und Tieren, weil die Lebensbedingungen der Organismen (z. B. Temperatur, Licht) dort leichter einzuhalten sind und das ganze Jahr über viele Lebensvorgänge erkundet werden können.

Warmwasseraquarium als Ökosystem	Einrichten und Pflegen eines Warmwasseraquariums
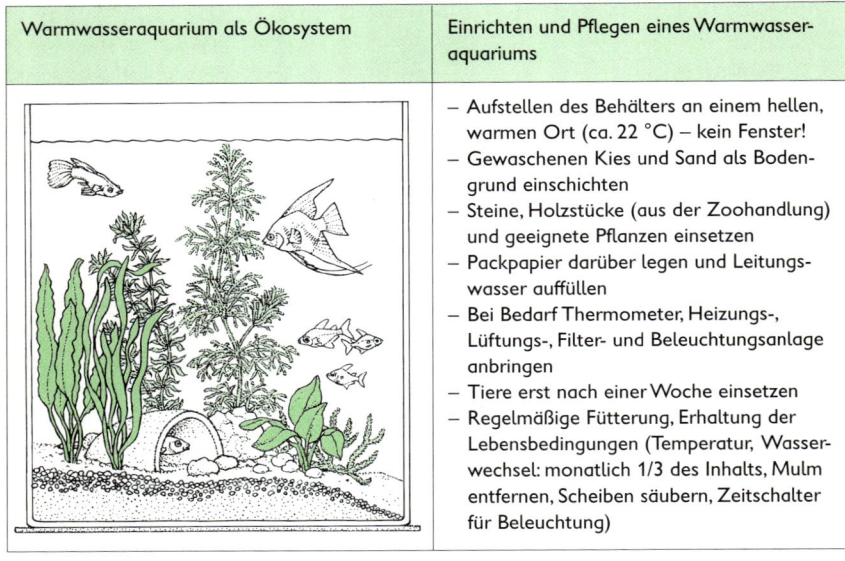	– Aufstellen des Behälters an einem hellen, warmen Ort (ca. 22 °C) – kein Fenster! – Gewaschenen Kies und Sand als Bodengrund einschichten – Steine, Holzstücke (aus der Zoohandlung) und geeignete Pflanzen einsetzen – Packpapier darüber legen und Leitungswasser auffüllen – Bei Bedarf Thermometer, Heizungs-, Lüftungs-, Filter- und Beleuchtungsanlage anbringen – Tiere erst nach einer Woche einsetzen – Regelmäßige Fütterung, Erhaltung der Lebensbedingungen (Temperatur, Wasserwechsel: monatlich 1/3 des Inhalts, Mulm entfernen, Scheiben säubern, Zeitschalter für Beleuchtung)

Auswahl geeigneter Pflanzen und Tiere für Aquarien			
Warmwasseraquarium Temperatur 20 °C bis 25 °C		**Kaltwasseraquarium** Temperatur nicht über 20 °C	
Pflanzen:	Tiere:	Pflanzen:	Tiere:
Wasserkelch	Guppy	Wasserpest	Süßwasserpolypen
Wasserstern	Schwertträger	Tausendblatt	Wasserschnecken
Wasserähre	Kärpflinge	Pfennigkraut	Teichmuscheln
Amazonasschwert	Barben	Wasserschlauch	Krebstiere
Riesen-Vallisnerie	Fadenfische	Pfeilkraut	Wasserinsekten
Schwimmfarn	Buntbarsche	Laichkraut	Fische (z. B. Stichlinge,
Javamoos	Krallenfrosch	Hornkraut	Barsche, Elritze)

Terrarien. In Terrarien hält man vor allem Lurche, Kriechtiere und einige Säuger. Je nach Tierart wird der dem Herkunftsbiotop entsprechende feuchte oder trockene Lebensraum im Behälter nachgeahmt (Aquaterrarium mit Wasserteil oder Trockenterrarium). Am schwierigsten ist die richtige Fütterung der Tiere im Winter. Deshalb sind eigene Futterkulturen (z. B. Mehlkäfer, Regenwürmer) oft unerlässlich, wenn kein Zoogeschäft in der Nähe ist. Über die Auswahl und Pflege von Terrarientieren muss man sich in der Literatur genau informieren.

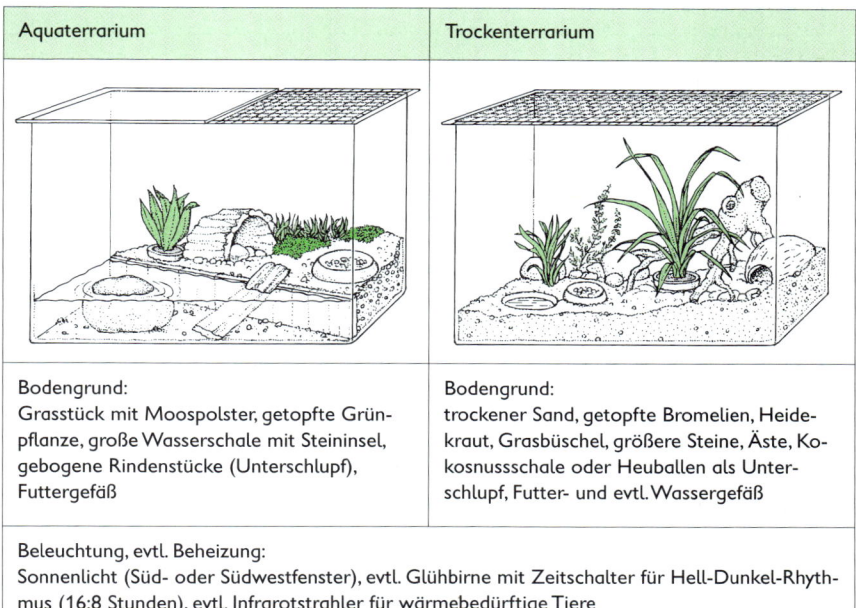

Aquaterrarium	Trockenterrarium
Bodengrund: Grasstück mit Moospolster, getopfte Grünpflanze, große Wasserschale mit Steininsel, gebogene Rindenstücke (Unterschlupf), Futtergefäß	Bodengrund: trockener Sand, getopfte Bromelien, Heidekraut, Grasbüschel, größere Steine, Äste, Kokosnussschale oder Heuballen als Unterschlupf, Futter- und evtl. Wassergefäß
Beleuchtung, evtl. Beheizung: Sonnenlicht (Süd- oder Südwestfenster), evtl. Glühbirne mit Zeitschalter für Hell-Dunkel-Rhythmus (16:8 Stunden), evtl. Infrarotstrahler für wärmebedürftige Tiere	

↗ Lurche (Amphibien), S. 38; ↗ Kriechtiere (Reptilien), S. 39

Insektarien. Vorwiegend Insekten, aber auch Spinnen, Tausendfüßer und landlebende Krebstiere werden kurze Zeit in „Insektarien" (Gläser, Plastikdosen, alte Aquarien, Raupenaufzuchtkästen) gehalten, um ihre Lebensgewohnheiten und ihre Entwicklung zu beobachten. Einige einheimische Arten kann man sogar aus dem Ei aufziehen und danach wieder in die Natur zurückbringen. Vorher sollte man sich genau über die Lebensweise der Tiere informieren, um sie artgerecht zu halten.

1

Raupenaufzuchtkasten	Radnetzspinne auf einer „Insel"

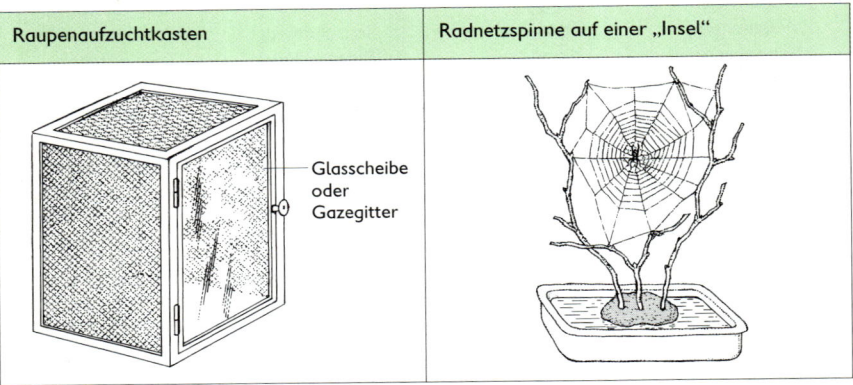

Glasscheibe oder Gazegitter

Haltung einiger Gliederfüßer in Insektarien		
Art	**Unterbringung**	**Futter**
Indische Stabheuschrecke, 7 bis 8 cm, Fortpflanzung durch Jungfernzeugung, unvollständige Metamorphose	Raupenkasten; beblätterte Zweige in kleine Gefäße mit Wasser stellen; Kot regelmäßig entfernen; Eier in Plastikbehältern mit Filterpapier sammeln, leicht feucht halten	Brombeere, Himbeere, Efeu und mehrere Laubhölzer
Feldgrille, 2 bis 3 cm, Jungtiere auswählen, unvollständige Metamorphose	Aquarium mit Sand, Grasbüschel, Ästen, Futterschale; Tiere einzeln oder paarweise halten	Salat, Möhrenund Obststücke, Haferflocken
Kleiner Kohlweißling, 4 cm, Eiablage Mai bis Juni, vollständige Metamorphose	Raupenkasten; Blätter mit Eiern oder Raupen in Gefäße mit Wasser stellen, alle 2 Tage gegen frische Blätter auswechseln	Kohlarten, Raps
Kleiner Fuchs, 4 cm, Eiablage April bis Juni, vollständige Metamorphose	Raupenkasten; beblätterten Spross in Gefäß mit Wasser stellen, nach Kahlfraß neuen Spross einstellen	Brennnessel
Radnetzspinne (Gartenkreuzspinne), 1 cm, Spinne meist frei im Netz auf Beute lauernd	Freihaltung möglich; Kreuzspinne fangen, auf die „Insel" einer Wasserschale setzen; Netzbau erfolgt zwischen Zweigen; Einzelhaltung	Fliegen, Kleinschmetterlinge

Gruppen der Organismen

VIELFALT UND ORDNUNG

Allgemeines
Weltweit sind etwa 2 Millionen Organismenarten bekannt. Um diese Formenvielfalt übersehen zu können, muss man sie in eine überschaubare Ordnung bringen.

Möglichkeiten der Ordnung
Lebewesen werden geordnet, indem man alle Arten, die bestimmte Merkmale gemeinsam haben, in einer Gruppe zusammenfasst. Diese Merkmale werden nach dem Zweck, zu welchem man die Arten ordnen will, ausgewählt.

Einteilung von Organismen nach unterschiedlichen Gesichtspunkten	
Merkmal	Gruppenbeispiele
Lebensraum	Süßwasserfische – Meeresfische Wüstenpflanzen – Wiesenpflanzen – Sumpfpflanzen
Ernährung	autotrophe Organismen – heterotrophe Organismen Pflanzenfresser – Beutegreifer – Allesfresser
Bau	Einzeller – Vielzeller Kräuter – Gehölze
Verhalten	Nesthocker – Nestflüchter Herdentiere – Einzelgänger Zugvögel – Standvögel
Nutzbarkeit	Kulturpflanzen – Wildpflanzen Schädlinge – Nützlinge
Verwandtschaft	Wirbeltiere – Wirbellose Nacktsamer – Bedecktsamer

Gruppen im natürlichen System
Im natürlichen System werden die Lebewesen nach ihrer Verwandtschaft geordnet. Je mehr gemeinsame Merkmale Lebewesen aufweisen, umso näher sind sie in der Regel miteinander verwandt.
Es gibt unterschiedliche Verwandtschaftsgruppen, die einander übergeordnet sind (z. B. Art, Gattung, Familie, Klasse). Meist bilden mehrere Arten eine Gattung, mehrere Gattungen eine Familie (usw.).
↗ Stammesgeschichtliche Verwandtschaft, S. 174; ↗ Homologe Organe, S. 175

Einteilung der

Bakterien

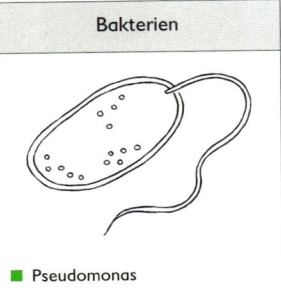

■ Pseudomonas

Pilze

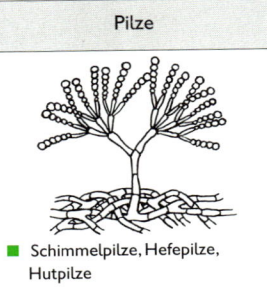

■ Schimmelpilze, Hefepilze, Hutpilze

Pflanzen

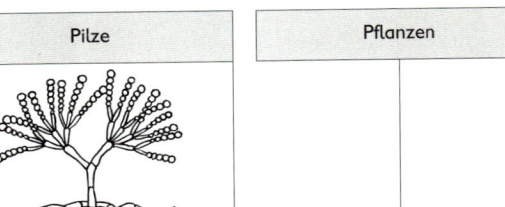

Algen

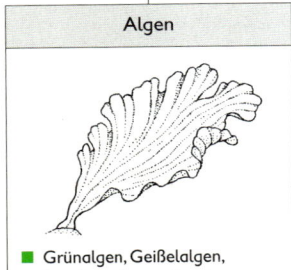

■ Grünalgen, Geißelalgen, Rotalgen, Braunalgen

Moose

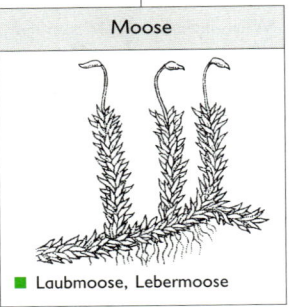

■ Laubmoose, Lebermoose

Farnpflanzen

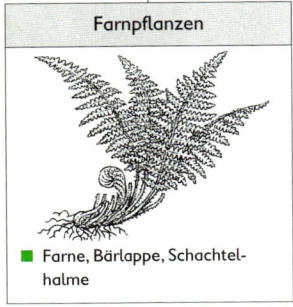

■ Farne, Bärlappe, Schachtel- halme

Samenpflanzen

Nacktsamer	Bedecktsamer

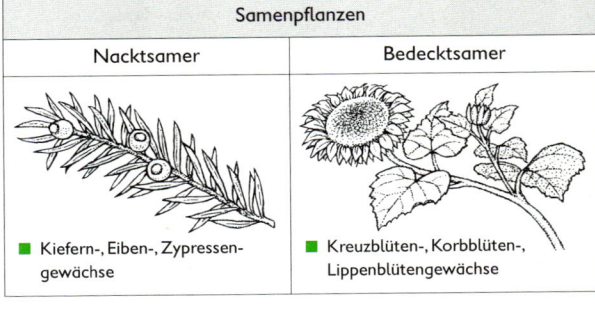

■ Kiefern-, Eiben-, Zypressen- gewächse

■ Kreuzblüten-, Korbblüten-, Lippenblütengewächse

2

Lebewesen

Tiere

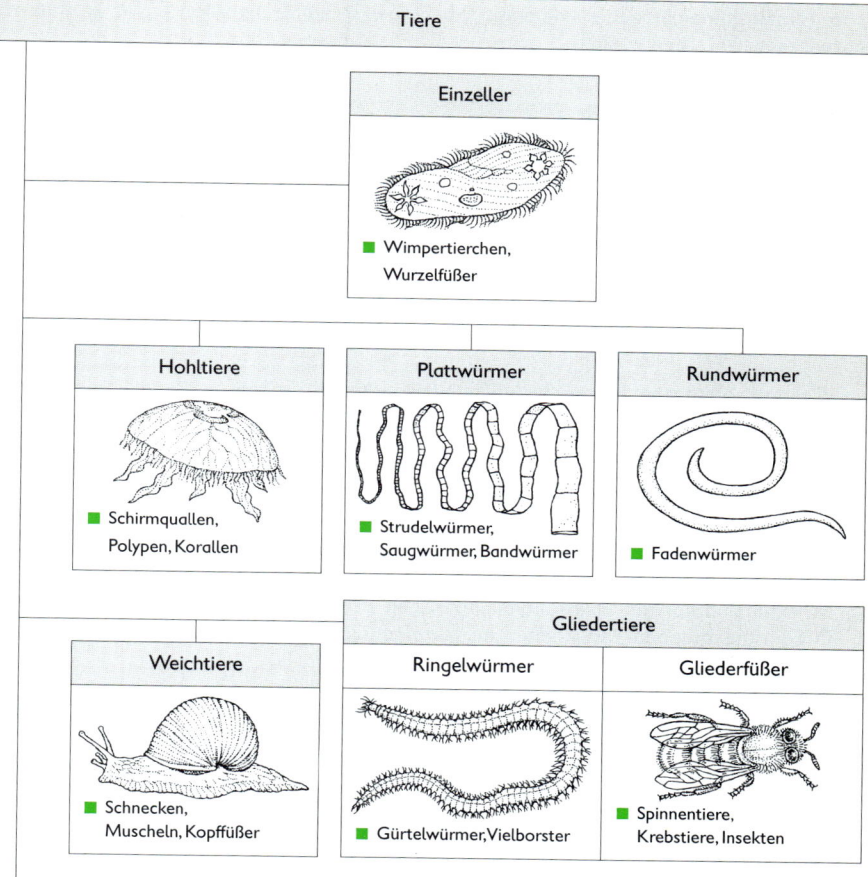

Einzeller

■ Wimpertierchen,
Wurzelfüßer

2

Hohltiere

■ Schirmquallen,
Polypen, Korallen

Plattwürmer

■ Strudelwürmer,
Saugwürmer, Bandwürmer

Rundwürmer

■ Fadenwürmer

Gliedertiere

Weichtiere

■ Schnecken,
Muscheln, Kopffüßer

Ringelwürmer

■ Gürtelwürmer, Vielborster

Gliederfüßer

■ Spinnentiere,
Krebstiere, Insekten

Wirbeltiere

Fische	Lurche	Kriechtiere	Vögel	Säuger
■ Rotbarsch	■ Laubfrosch	■ Eidechse	■ Buchfink	■ Feldhase

19

Art

Die Art ist eine natürlich abgegrenzte Verwandtschaftsgruppe. Zu einer Art gehören alle Lebewesen, die sich in ihren wesentlichen Merkmalen ähneln, die miteinander fruchtbare Nachkommen erzeugen und deren Erbanlagen so von Generation zu Generation weitergegeben werden können.

↗ Population, S. 143; ↗ Aussterben von Arten, S. 179

2

Beispiele für die Einordnung von Arten in das System					
Art	Gattung	Familie	Klasse	Stamm	Reich
Rotbauch-unke	Unken	Echte Frösche	Lurche	Wirbeltiere	Tiere
Weiße Taubnessel	Taubnesseln	Lippenblüten-gewächse	Zweikeim-blättrige	Samen-pflanzen	Pflanzen

↗ Hinweise auf stammesgeschichtliche Verwandtschaft, S. 174;

VIREN

Allgemeines

Viren sind nur in Organismen existenzfähig und zeigen selbst nur wenige Lebensmerkmale. Sie bestehen aus einer Eiweißhülle, in die Erbsubstanz (RNA, DNA) eingeschlossen ist. Viren sind nur mit Elektronenmikroskopen sichtbar zu machen. Sie können in allen Organismengruppen Krankheiten hervorrufen. Gegen einige Viruserkrankungen helfen Schutzimpfungen; unheilbar ist bisher AIDS.

Einige Viruserkrankungen					
bei Menschen		bei Tieren		bei Pflanzen	
Masern	Windpocken	Schweinepest	Tollwut	Mosaikkrankheit	
Schnupfen	Grippe	Maul- und	Staupe	Blattrollkrankheit	
Kinderlähmung	AIDS	Klauenseuche	Leukose	Strichelkrankheit	

↗ Immunreaktion, S. 98; ↗ AIDS, S. 100

BAKTERIEN

Bau, Größe, Form

Bakterien sind einzellige Organismen ohne Zellkern. Ihr Zellplasma wird nach außen durch Zellmembran und Zellwand begrenzt; zusätzlich können Schleimhüllen vorkommen. Einige Arten haben Geißeln. Bakterien sind 0,1 µm bis 20 µm groß und unterschiedlich geformt.

20

Beispiele für Bakterienformen			
stäbchenförmig	kugelförmig	kommaförmig	schraubenförmig

↗ Bau einer Bakterienzelle, S. 43

Vorkommen und Lebensweise

Bakterien sind weltweit und in allen Lebensräumen verbreitet. Sie ernähren sich meist heterotroph, zersetzen als Saprophyten tote organische Substanz oder leben als Parasiten von lebendem Gewebe anderer Organismen. Viele gewinnen Energie durch Gärungsprozesse. Bakterien vermehren sich durch Spaltung (Teilung). Bei günstigen Umweltbedingungen (bestimmte Temperaturen, Nährböden, Feuchtigkeit) verdoppelt sich die Anzahl der Zellen alle 20 bis 30 Minuten. Stäbchenförmige Bakterien (Bazillen) können sich bei ungünstigen Umweltbedingungen (Trockenheit, Kälte) in einer festen Hülle einkapseln und so lange Zeit lebensfähig bleiben.

Bedeutung und Nutzung

Bakterien haben als Zersetzer, Parasiten und Gärungserreger große Bedeutung im Stoffkreislauf der Natur und für den Menschen. Sie waren in früheren Erdzeitaltern mit ihren Stoffwechselleistungen maßgeblich an der Bildung fossiler Ablagerungen (z. B. Erdöl, Schwefellagerstätten, Kalkausfällungen) beteiligt.

Zersetzer (Saprophyten) sind in starkem Maße an der Humusbildung im Boden und an der Selbstreinigung der Gewässer beteiligt. Daher sind sie bei der biologischen Reinigung von Abwässern und der Kompostierung nutzbar. Sie tragen zum Verderb (Fäulnis) von Lebensmitteln und anderen Vorräten bei.

Krankheitserreger (Parasiten) befallen Pflanzen, Tiere und Menschen. Durch die Abgabe von giftigen Stoffwechselprodukten (Toxinen) rufen sie in den Wirtsorganismen Krankheiten hervor (z. B. Tuberkulose, Cholera, Milzbrand, Nassfäule der Kartoffel). Einige ihrer Stoffwechselprodukte schädigen andere Krankheitserreger und werden in der Medizin genutzt (z. B. das Antibiotikum Streptomycin).

Gärungserreger bauen Kohlenhydrate ab und führen zum Verderb von Lebensmitteln (z. B. Sauerwerden von Milch oder anderen Speisen). Genutzt werden sie zur Herstellung von Essig, zur Käsebereitung und bei der Konservierung durch Milchsäure (z. B. Sauerkraut, Futtersilage).

↗ Dissimilation, S. 69; ↗ Nahrungsketten, S. 146 f.

PILZE

Bau und Lebensweise

Pilze sind einzellige oder vielzellige Organismen. Vielzellige Pilze bestehen aus einem Geflecht von Pilzfäden (Hyphen), dem Myzel.

Pilze ernähren sich heterotroph als Zersetzer (Saprophyten) oder als Parasiten; einige leben als Symbionten.

Pilze pflanzen sich durch Sporen oder durch Zellteilung fort.

↗ Fortpflanzung, S. 78 ff.; Parasitismus, S. 141

2

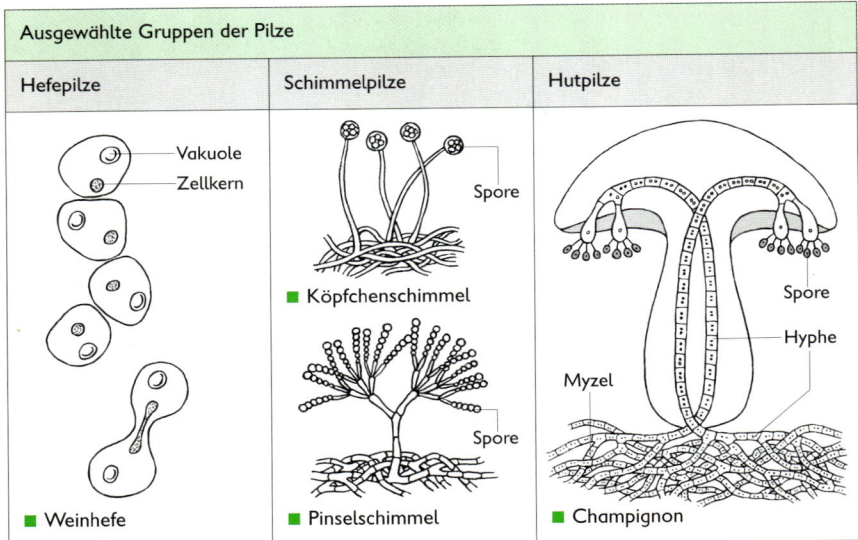

Ausgewählte Gruppen der Pilze		
Hefepilze	Schimmelpilze	Hutpilze

Vakuole
Zellkern

■ Weinhefe

Spore
■ Köpfchenschimmel

Spore
■ Pinselschimmel

Spore
Hyphe
Myzel
■ Champignon

Bedeutung

Pilze haben Bedeutung
– als Zersetzer (Destruenten) in der Natur (z. B. bei Humusbildung, als Holzzersetzer),
– als Gärungserreger (z. B. bei Wein- und Bierbereitung, Backwarenherstellung),
– als Produzenten von Antibiotika (z. B. Penicillin),
– als Krankheitserreger (z. B. von Hautpilzkrankheiten),
– als Nahrungsmittel (z. B. Champignon, Butterpilz, Pfifferling).

↗ Nahrungsketten, S. 146; ↗ Stoffkreislauf, S. 146 f.

Pilze als Symbionten in Flechten

Manche Pilze leben mit einzelligen Algen in Symbiose und bilden Flechten. Die Pilze bestimmen die Wuchsform der Flechten; sie entnehmen dem Untergrund Wasser und Mineralsalze. Die autotrophen Algen erzeugen die organischen Nährstoffe.

Flechten haben als Erstbesiedler von Gestein und als Anzeiger von Luftverschmutzungen Bedeutung.

↗ Symbiose, S. 142

ALGEN

Allgemeines

Algen sind ein- oder vielzellige Pflanzen. Ihre Zellen haben einen Zellkern und Chloroplasten; sie sind von einer Zellwand umgeben. Bei den Grünalgen gibt es Einzeller, Kolonien und Vielzeller. Bei anderen Algengruppen (z. B. Rotalgen, Braunalgen) kommen nur Vielzeller vor.

Einzellige Algen

Viele einzellige Algen können sich mit Geißeln aktiv fortbewegen (z. B. Euglena), andere Arten schweben im Wasser (z. B. Chlorella). Algen ernähren sich autotroph, sie brauchen Lichtenergie. Die einzellige Geißelalge Euglena kann auch ohne Sonnenlicht auskommen; sie ernährt sich dann heterotroph.
➚Fotosynthese, S. 67

2

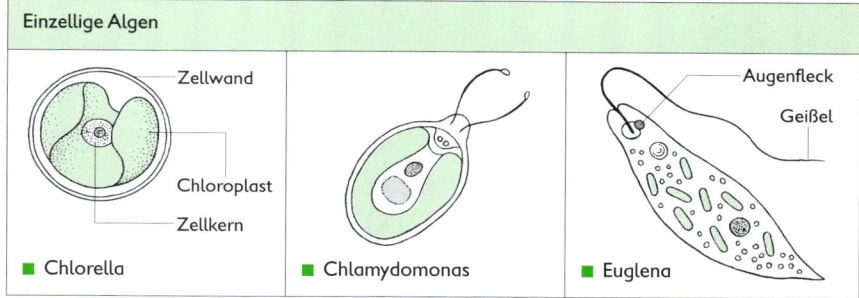

Einzellige Algen

Zellwand — Chloroplast — Zellkern — ■ Chlorella — ■ Chlamydomonas — Augenfleck — Geißel — ■ Euglena

Bedeutung

In Gewässern sind besonders einzellige Algen Sauerstoffproduzenten sowie Anfangsglieder vieler Nahrungsketten. Bei zu starker Vermehrung können sie das biologische Gleichgewicht stören. Algen können zur Gewinnung von Futtermitteln genutzt werden.
➚Ökosystem See, S. 145; ➚Nahrungsketten, S. 146

MOOSE

Bau und Lebensweise

Moose sind vielzellige, einfach gebaute Pflanzen. Sie sind meist in Moosstämmchen, Moosblättchen und Rhizoide (wurzelartige Gebilde) gegliedert. Ihre Gewebe sind wenig differenziert. Moose können Wasser und Mineralsalz-Ionen über die gesamte Oberfläche aufnehmen.
Moose pflanzen sich durch Sporen fort, die in Sporenkapseln, meist an der Spitze der Moosstämmchen, gebildet werden.

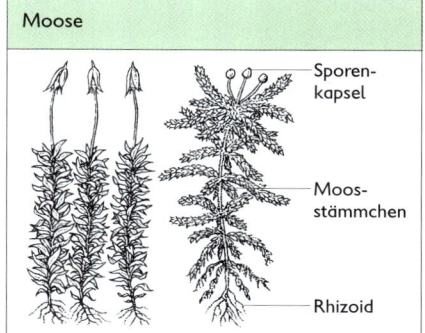

Moose

Sporen-kapsel — Moos-stämmchen — Rhizoid

Die meisten Moose leben an feuchten, schattigen Stellen auf dem Land. Sie stehen oft eng zusammen und bilden dichte Polster. Viele Moose sind Waldpflanzen.
↗Rhizoide, S. 58; ↗Moose, S. 59

Bedeutung
Dichte Moospolster wirken besonders in Wäldern als Wasserspeicher. Wie Schwämme halten sie Wasser (z. B. nach starken Regenfällen) lange Zeit fest. Viele Moose können in ihren Blättern Wasser speichern.

2 FARNPFLANZEN

Einteilung der Farnpflanzen
Zu den heute lebenden Farnpflanzen gehören 3 große Gruppen, die sich in ihrem Aussehen stark voneinander unterscheiden.

Bärlappe	Schachtelhalme	Farne

Bau und Lebensweise der Farnpflanzen
Farnpflanzen sind in Spross und Wurzel gegliedert. Ihre Sprossachse wächst meist unterirdisch, die Laubblätter (Wedel) sind häufig gefiedert. Ihre Gewebe sind differenziert, beispielsweise in Deck-, Assimilations- und Leitgewebe. Farnpflanzen pflanzen sich durch Sporen fort. Die Sporenkapseln sitzen an der Unterseite grüner Laubblätter (z. B. Wurmfarn), an besonderen Blattabschnitten (z. B. Natternzunge) oder an gesonderten Sporenblättern (z. B. Straußfarn).
↗Farnpflanzen, S. 59; ↗Fortpflanzungssysteme, S. 62

Bedeutung
Die ausgestorbenen (fossilen) Farne, die im Karbon den Hauptteil der Landpflanzen ausmachten, waren vielfach baumförmig und bildeten riesige Wälder. Aus ihnen entstanden die Steinkohlenlager.
↗Biotische Evolution, S. 172 f.; ↗Fossilien, S. 174

SAMENPFLANZEN

Allgemeines

Samenpflanzen sind in Spross und Wurzel gegliedert. Ihre Sprossachse trägt Laubblätter und Blüten. Sie pflanzen sich durch Samen fort.

Samenpflanzen sind die jüngste Pflanzengruppe und hoch entwickelt. Sie haben stark differenzierte Gewebe (z. B. Speicher-, Leit-, Assimilations- und Bildungsgewebe). Samenpflanzen bilden die Pflanzendecke der Erde. Sie sind Sauerstoffproduzenten im Stoffkreislauf der Natur und die Hauptnahrungsquelle für Tiere und Menschen.

Einteilung der Samenpflanzen

Es gibt zwei Gruppen von Samenpflanzen (Nacktsamer und Bedecktsamer). Sie unterscheiden sich besonders durch die Lage der Samenanlagen und den Bau ihrer Blüten.

Unterscheidungsmerkmale	
Nacktsamer	Bedecktsamer
Blüten sind immer eingeschlechtig und haben keine Blütenhülle aus Kelch und Krone. In den weiblichen Blüten liegen die Samenanlagen frei (nackt) auf dem Fruchtblatt. Der Pollen wird vom Wind übertragen.	Blüten sind meist zwittrig und haben in der Regel eine Blütenhülle aus Kelch und Krone. Die Samenanlagen liegen in einen Fruchtknoten eingeschlossen. Der Pollen wird vorwiegend von Insekten oder vom Wind übertragen.
Schnitt durch einen männlichen und einen weiblichen Blütenstand	Schnitt durch eine zwittrige Blüte

↗Bau der Blüten, S. 62; ↗Bestäubung und Befruchtung, S. 63

Nacktsamer

Bau und Lebensweise. Nacktsamer sind Holzgewächse; sie ernähren sich autotroph und pflanzen sich durch Samen fort. Ihre Blüten sind eingeschlechtig, der Pollen wird durch Wind übertragen. Die Samenanlagen liegen frei auf dem Fruchtblatt. Bei einigen Arten verwachsen die Fruchtblätter, wenn sie reif werden, an ihren Rändern. Sie sehen dann beerenartig aus (z. B. Wacholder).

Die Laubblätter der Nacktsamer sind meist nadelförmig spitz oder schuppenförmig und in der Regel immergrün.

Bedeutung. Zu den Nacktsamern gehören viele Wald- und Forstbäume. Von ihnen wird Holz und Harz gewonnen. Andere Arten sind Ziergehölze.

Vor etwa 100 Millionen bis 70 Millionen Jahren (Tertiär) bildeten die Nacktsamer große Wälder; hauptsächlich aus ihnen entstanden die Braunkohlenvorkommen.

↗ Auftreten und Verbreitung von Organismen in der Erdgeschichte, S. 172 f.

Vertreter der Nacktsamer. Es gibt etwa 300 Arten von Nacktsamern, die Hälfte von ihnen gehört zur Familie Kieferngewächse (z. B. Kiefern, Fichten, Tannen, Lärchen).

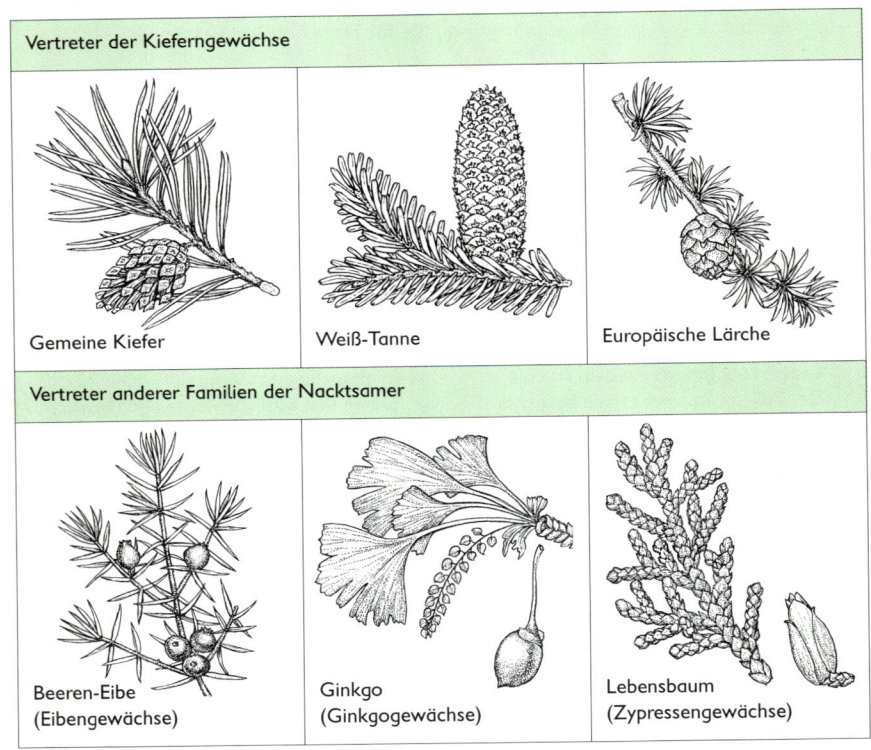

Vertreter der Kieferngewächse		
Gemeine Kiefer	Weiß-Tanne	Europäische Lärche

Vertreter anderer Familien der Nacktsamer		
Beeren-Eibe (Eibengewächse)	Ginkgo (Ginkgogewächse)	Lebensbaum (Zypressengewächse)

Bedecktsamer

Bau und Lebensweise. Bedecktsamer sind Holzgewächse oder Kräuter; sie ernähren sich autotroph und pflanzen sich durch Samen fort. Ihre Blüten sind meist zwittrig und in Kelch und Krone gegliedert, selten eingeschlechtig. Die Samenanlagen liegen im Fruchtknoten eingeschlossen, er entwickelt sich zur Frucht.

Der Pollen wird durch Tiere (Insekten, aber auch Säuger und Vögel) oder durch Wind übertragen.

Die Laubblätter haben in der Regel eine flache Spreite; Form und Blattrand können sehr unterschiedlich sein.

Bedeutung. Viele Arten werden als Nahrungs- und Futterpflanzen, als Heil- und Gewürzpflanzen, Industrierohstoffe, Genussmittel oder als Zierpflanzen genutzt.

Ausgewählte Familien der Bedecktsamer

Kreuzblütengewächse

Blüte: 4 Kelchblätter, kreuzgegenständig
               4 Kronblätter, kreuzgegenständig
               2 kurze Staubblätter, außen
               4 lange Staubblätter, innen
               1 Fruchtknoten, oberständig
Frucht: Schote oder Schötchen
genutzt: z. B. Raps, Kresse, Senf,
               Kohlarten, Gold-Lack, Levkoje
weitere
Vertreter: Hirtentäschel, Hederich,
               Schaumkraut

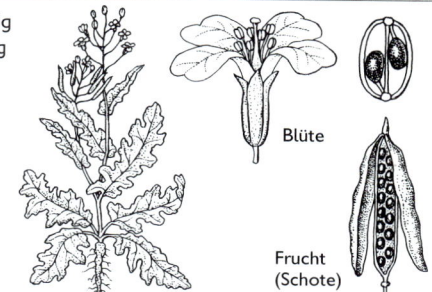

Blüte

Frucht
(Schote)

2

Lippenblütengewächse

Blüte: 5 Kelchblätter, verwachsen
               5 Kronblätter, verwachsen
               mit Ober- und Unterlippe
               4 Staubblätter
               1 Fruchtknoten, oberständig
Frucht: 4 Teilfrüchte
Laubblätter: kreuzgegenständig
Sprossachse: vierkantig, hohl
genutzt: z. B. Salbei, Thymian,
               Minze, Lavendel, Bohnenkraut
weitere
Vertreter: Hohlzahn, Taubnessel,
               Ziest, Günsel

Blüte

Frucht

Schmetterlingsblütengewächse

Blüte: 5 Kelchblätter, meist verwachsen
               5 Kronblätter (1 Fahne, 2 Flügel,
               2 zum Schiffchen verwachsen)
               10 Staubblätter, alle
               oder nur 9 verwachsen
               1 Fruchtknoten, oberständig
Frucht: Hülse
Laubblätter: meist gefiedert oder gefingert
genutzt: z. B. Bohne, Erbse,
               Linse, Klee, Lupine, Wicke
weitere
Vertreter: Platterbse, Serradella, Goldregen,
               Robinie, Erbsenstrauch

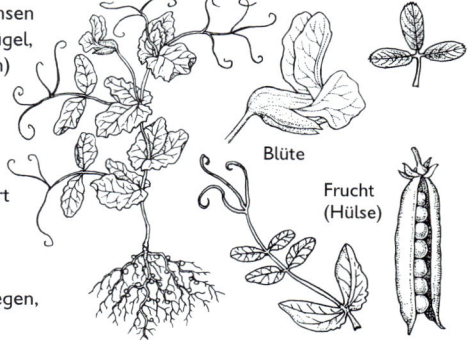

Blüte

Frucht
(Hülse)

2

Ausgewählte Familien der Bedecktsamer

Korbblütengewächse

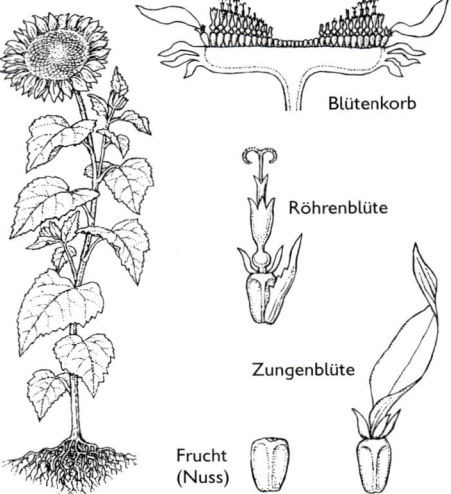

Blüte:	5 Kelchblätter, meist zu Haar- oder Schuppenkranz umgebildet 5 Kronblätter, zu einer Röhre oder Zunge verwachsen 5 Staubblätter, zu einer Röhre verwachsen 1 Fruchtknoten, unterständig
Blütenstand:	Korb mit Röhren-, Zungen- oder Röhren- und Zungenblüten
Frucht:	Nuss, oft Flug- oder Klettfrüchte
genutzt:	z. B. Topinambur, Chicorée, Salat, Kamille, Arnika, Aster, Dahlie
weitere Vertreter:	Schafgarbe, Wucherblume, Distel, Gänseblümchen

Blütenkorb

Röhrenblüte

Zungenblüte

Frucht (Nuss)

Süßgräser

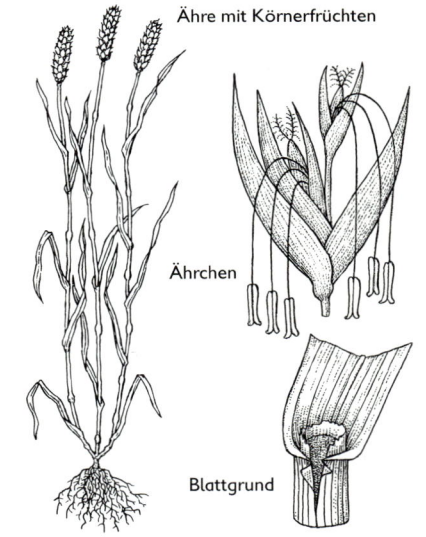

Blüte:	ohne Kelch- und Kronblätter, mit Deck- und Vorspelze 3 Staubblätter, lang gestielt 1 Fruchtknoten, oberständig, mit 2 fiedrigen Narben
Blütenstand:	Ähre, Rispe, Kolben
Frucht:	Körnerfrucht (Nuss)
Sprossachse:	hohl, mit Knoten (Halm)
Laubblätter:	schmal, paralleladrig, mit Scheide den Stengel umfassend
genutzt:	z. B. alle Getreidearten, Zuckerrohr, Bambus, Futtergräser
weitere Vertreter:	Quecke, Windhalm, Mäuse-Gerste, Fuchsschwanzgras

Ähre mit Körnerfrüchten

Ährchen

Blattgrund

TIERISCHE EINZELLER (URTIERCHEN)

Bau, Lebensweise und Einteilung

Tierische Einzeller sind einzellige Organismen mit Zellkern und weiteren Zellorganellen. Sie sind meist mikroskopisch klein, einige erreichen mehrere Millimeter Größe.
Tierische Einzeller leben fest sitzend oder frei schwimmend im Wasser oder als Parasiten in anderen Lebewesen. Sie ernähren sich heterotroph. Die Vermehrung erfolgt durch Teilung.

↗ Bau der Zellen, S. 43; ↗ Parasitismus, S. 141; ↗ Stoff- und Energiewechsel, S. 70

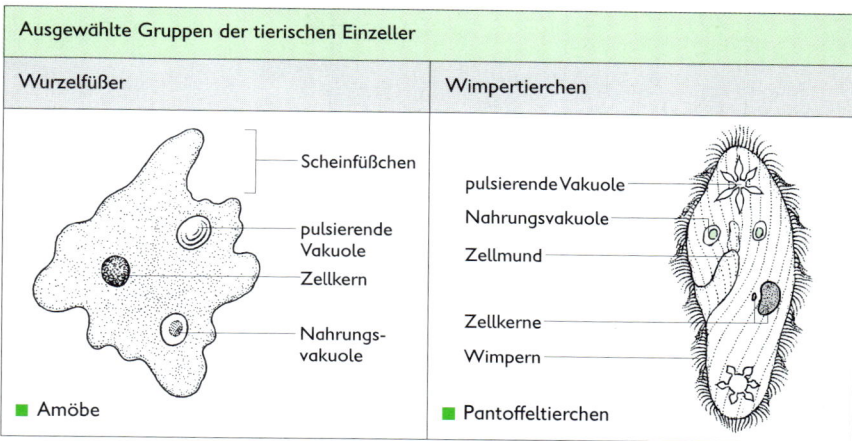

Ausgewählte Gruppen der tierischen Einzeller	
Wurzelfüßer	Wimpertierchen
Scheinfüßchen pulsierende Vakuole Zellkern Nahrungsvakuole	pulsierende Vakuole Nahrungsvakuole Zellmund Zellkerne Wimpern
■ Amöbe	■ Pantoffeltierchen

2

Bedeutung

Parasitisch lebende Einzeller sind gefährliche Krankheitserreger bei Tieren und beim Menschen. Im Wasser lebende Einzeller spielen eine wichtige Rolle bei der Selbstreinigung der Gewässer. Sie gehören meist zum Plankton und sind Nahrung für viele Wassertiere. Manche Einzeller haben geologische Bedeutung als Gesteinsbildner (z. B. Kieselgur, Kreide auf Rügen).

HOHLTIERE

Bau, Lebensweise und Einteilung

Zu den bekanntesten Hohltieren gehören die Nesseltiere. Ihr Name leitet sich vom Vorhandensein der Nesselkapseln ab, die auf Fangarmen sitzen. Mit ihnen betäuben und ergreifen sie ihre Beute.
Nesseltiere sind einfach gebaute Vielzeller. Ihr Körper wird von 2 Schichten – der Innen- und Außenschicht – gebildet, die die Magenhöhle umschließen. Zwischen beiden Schichten befindet sich eine gallertartige Stützschicht.
Es gibt fest sitzende und frei bewegliche Formen, die sich schwimmend fortbewegen. Sie sind überwiegend Meeresbewohner (z. B. Quallen, Korallen). Nur wenige Arten kommen im Süßwasser vor (z. B. Süßwasserpolyp).

Ausgewählte Gruppen der Hohltiere

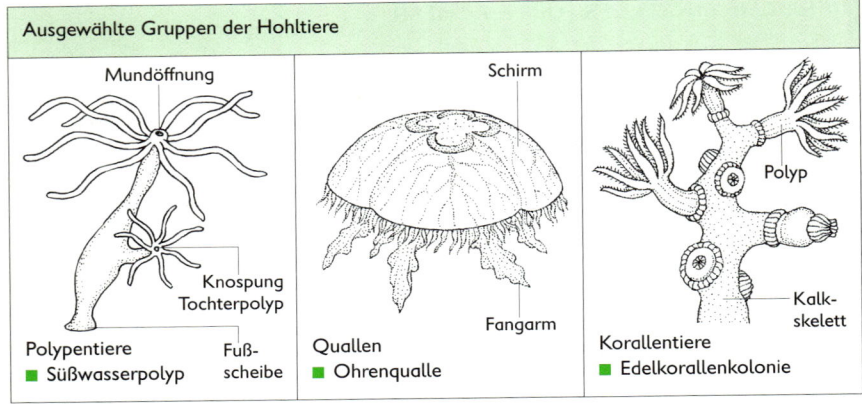

Mundöffnung	Schirm	Polyp
Knospung Tochterpolyp	Fangarm	Kalk- skelett
Polypentiere Fuß- ■ Süßwasserpolyp scheibe	**Quallen** ■ Ohrenqualle	**Korallentiere** ■ Edelkorallenkolonie

Bedeutung

Die durch skelettbildende Korallen entstandenen Korallenriffe bieten Lebensraum für viele Meeresbewohner und sind deshalb unter Schutz gestellt worden. Eier und Jung-quallen haben Bedeutung in Nahrungsketten im Meer.

PLATTWÜRMER

Bau, Lebensweise und Einteilung

Plattwürmer sind vielzellige Wirbellose mit einem stark abgeplatteten, zum Teil bandför-migen, unsegmentierten Körper. Viele Arten sind an eine parasitische Lebensweise an-gepasst (z. B. derber Hautmuskelschlauch, Ausbildung von Saugnäpfen und Haken als Haftorgane, Blutgefäße und Atemorgane sind nicht ausgebildet).

Ausgewählte Gruppen der Plattwürmer

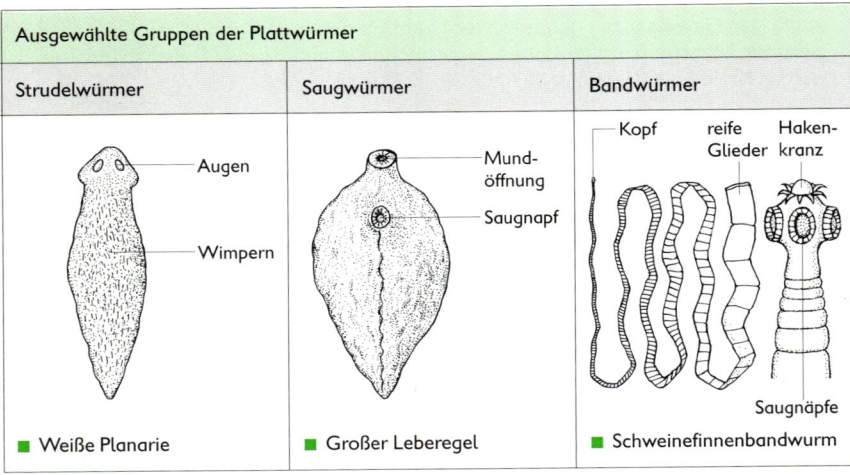

Strudelwürmer	Saugwürmer	Bandwürmer
Augen Wimpern	Mund- öffnung Saugnapf	Kopf reife Haken- Glieder kranz Saugnäpfe
■ Weiße Planarie	■ Großer Leberegel	■ Schweinefinnenbandwurm

Plattwürmer leben in Gewässern (z. B. Milchweiße Bachplanarie) oder befallen als Parasiten Tiere (z. B. Leberegel) und Menschen (z. B. Schweinefinnenbandwurm).

Bedeutung
Plattwürmer haben als Parasiten enorme Bedeutung, da sie weltweit bei Menschen und bei Tieren gefährliche Krankheiten (z. B. Bilharziose beim Menschen, Drehkrankheit bei Schafen) verursachen können. Durch den Einsatz von Medikamenten und durch strenge seuchenhygienische Maßnahmen (z. B. Fleischbeschau zur Erkennung und Vernichtung von finnenhaltigem Fleisch) werden die Parasiten bekämpft oder eingeschränkt.
↗ Parasitismus, S. 140 f.

2

RUNDWÜRMER

Bau, Lebensweise und Einteilung
Rundwürmer sind wirbellose Tiere mit einem drehrunden, lang gestreckten Körper, der von einer dicken Kutikula bedeckt wird und unsegmentiert ist. Die kleinsten von ihnen sind weniger als 0,1 mm lang, die größten erreichen eine Länge von über einem Meter. Frei lebende Arten besiedeln nahezu alle Lebensräume (z. B. Meer, Süßwasser, feuchte Bodenschichten), parasitische Arten leben im Menschen, in Tieren und in Pflanzen.
Die bekannteste und bedeutendste Gruppe sind die Fadenwürmer.

Wichtige parasitisch lebende Fadenwürmer					
Art	Größe	Wirte, befallenes Organ	Infektion	Bekämpfung	Schadwirkung
Spulwurm	♀ bis 250 mm ♂ bis 170 mm	Mensch, Schwein: Wurm im Dünndarm, Larven in Adern und Lunge	durch Eier in verunreinigter Nahrung, durch Selbstinfektion (unsaubere Hände)	keine ungewaschenen Nahrungsmittel essen, peinliche Sauberkeit und Hygiene	Verdauungsstörungen, Darmverschluss
Madenwurm	♀ 10 mm ♂ 5mm	Mensch: Wurm im Dickdarm und Enddarm, Eier in der Aftergegend	durch Verschlucken der an den Fingern haftenden oder mit dem Staub aufgewirbelten Eier	Waschen von Obst, Gemüse und Händen, Reinigen der Fingernägel	starker Juckreiz, Nervosität, Blässe

Bedeutung
Von den Rundwürmern haben insbesondere die parasitisch lebenden Fadenwürmer als Krankheitserreger bei Tier und Mensch sowie als Pflanzenschädlinge große Bedeutung. Frei lebende Fadenwürmer sind als Zersetzer an Stoffkreisläufen beteiligt.

WEICHTIERE

Bau, Lebensweise und Einteilung

Zu den bekanntesten Weichtieren gehören die Schnecken und Muscheln. Auch Kopffüßer (Tintenfische, Tintenschnecken) sind Weichtiere. Ihr Körper ist meist unsegmentiert und mit einer weichen, drüsenreichen Haut (Name: Weichtiere!) bedeckt, die bei den meisten Schalen oder Gehäuse aus Kalk abscheidet. Er gliedert sich meist in Kopf, Fuß, Mantel und Eingeweidesack, der die inneren Organe umschließt. Weichtiere atmen durch Lungen oder Kiemen und bewegen sich kriechend oder schwimmend fort.

Nach den Gliederfüßern sind sie die artenreichste Tiergruppe. Sie leben hauptsächlich im Meer. Verschiedene Arten kommen im Süßwasser vor, viele Schnecken sind Landtiere.

Ausgewählte Gruppen der Weichtiere		
Schnecken	Muscheln	Kopffüßer
■ Weinbergschnecke	■ Teichmuschel	■ Gemeiner Kalmar

Bedeutung

Verschiedene Weichtierarten dienen der menschlichen Ernährung (z. B. Austern, Miesmuscheln, Tintenfische). Wirtschaftlich bedeutsam ist auch die Perlen- und Perlmuttgewinnung (z. B. aus Muscheln) für die Schmuckindustrie. Schnecken können im Gartenbau und in der Landwirtschaft erhebliche Schäden anrichten. Manche Schnecken sind Zwischenwirte für Wurmparasiten (z. B. Leberegel), die Mensch und Tier befallen können. Weichtiere haben auch Bedeutung als Gesteinsbildner und als Leitfossilien.

↗ Fossilien, S. 24, 174, 183

GLIEDERTIERE

Gliedertiere bilden eine vielgestaltige und umfangreiche Tiergruppe (etwa 1,2 Millionen Arten). Zu ihr gehören die Ringelwürmer (z. B. Regenwurm) und die Gliederfüßer (z. B. Insekten, Spinnen- und Krebstiere). Ein wesentliches Merkmal ist die gleichmäßige oder ungleichmäßige Körpergliederung. Ferner tritt bei den Gliedertieren mit der Herausbildung leistungsfähiger Organe und Organsysteme (z. B. Nervensystem, Blutgefäßsystem) eine relativ starke Differenzierung und Spezialisierung der Zellen und Gewebe auf.

↗ Differenzierung, S. 180; ↗ Spezialisierung, S. 181

RINGELWÜRMER

Bau, Lebensweise und Einteilung

Ringelwürmer sind lang gestreckte, runde oder abgeflachte Gliedertiere mit meist gleichmäßiger Segmentierung. Die hintereinander liegenden Körperringe (Segmente) sind durch Scheidewände getrennt und enthalten jeweils paarige Organe (z. B. Nervenknoten, Ausscheidungsorgane). Die Körperwand besteht aus einem mehrschichtigen Hautmuskelschlauch und einer dünnen Kutikula. Die Fortbewegung erfolgt kriechend oder schwimmend, die Atmung durch die Haut oder durch Kiemen.
Ringelwürmer leben im Meer (z. B. Wattwurm) und Süßwasser (z. B. Blutegel). Manche Arten bewohnen feuchte Lebensräume auf dem Land (z. B. Regenwurm).

2

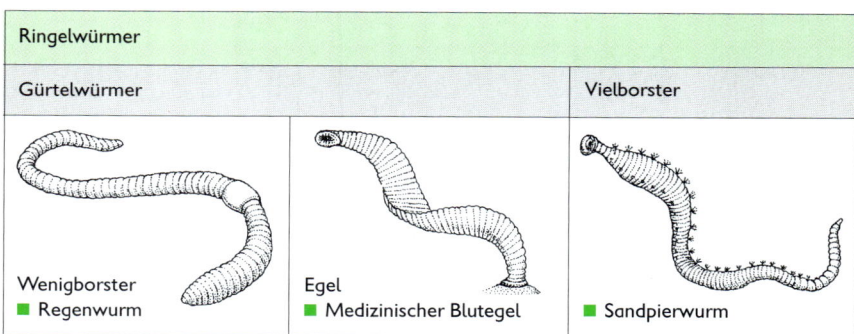

Ringelwürmer		
Gürtelwürmer		Vielborster
Wenigborster ■ Regenwurm	Egel ■ Medizinischer Blutegel	■ Sandpierwurm

Bedeutung

Ringelwürmer sind wichtige Glieder in den Nahrungsketten auf dem Land und in Gewässern. Regenwürmer haben als Bodenverbesserer große Bedeutung.
↗ Nahrungsketten, S. 146

GLIEDERFÜSSER

Bau, Lebensweise und Einteilung

Die Gliederfüßer sind mit mehr als 75 % aller bekannten Tierarten die formenreichste Tiergruppe (etwa 1 Million Arten). Sie sind in Bau und Entwicklung an sehr unterschiedliche, zum Teil sogar extreme Umweltbedingungen angepasst. Ihr Körper ist meist in Kopf, Brust und Hinterleib gegliedert und trägt paarige, gegliederte Beine (Name: Gliederfüßer!). Die Körperbedeckung besteht aus einem festen Stoff, dem Chitin, und ist ein Außenskelett. Die Atmung erfolgt durch Tracheen oder Hautkiemen. Gliederfüßer haben ein leistungsfähiges Strickleiternervensystem und ein offenes Blutgefäßsystem. Sie bewegen sich je nach Lebensraum und Lebensweise fliegend, laufend, kriechend und schwimmend fort. Wenige Arten sind fest sitzend. Die Mehrzahl der Insekten kann fliegen.
Zum Stamm der Gliederfüßer gehören z. B. Spinnentiere, Krebstiere, Insekten und Hundertfüßer, zu den Ordnungen der Insekten z. B. Libellen, Termiten, Laubheuschrecken und Grillen, Käfer, Hautflügler, Zweiflügler, Flöhe, Schmetterlinge, Tierläuse und Wanzen.
↗ Bau der Organismen, S. 43 f.

Ausgewählte Gruppen der Gliederfüßer	Körper-gliederung	Extremitäten	Besonderheiten
Spinnentiere ■ Kreuzspinne	Kopfbrust, Hinterleib	z. T. 4 Paar Laufbeine am Kopfbruststück	keine Fühler, z. T. mit Fächer-tracheen
Krebstiere ■ Flusskrebs	Kopfbrust, Hinterleib	meist 10 Paar Lauf- und Schwimmbeine bei Zehnfuß-krebsen	2 Paar Fühler; Atmung durch Kiemen
Insekten ■ Grashüpfer	Kopf, Brust, Hinterleib	3 Paar an der Brust	2 Paar Flügel, z. T. reduziert; differenzierte Ausbildung der Mundglied-maßen

Wichtige Ordnungen der Insekten	Merkmale
Schmetterlinge ■ Schwalbenschwanz	Flügel meist mit farbigen Schuppen bedeckt, meist leckend-saugende Mundwerkzeuge (z. B. Tagfalter, Schwärmer, Eulen, Motten, Spinner, Spanner), fast alle einheimische Arten stehen unter Naturschutz, Schmetterlinge sind wichtige Glieder von Nah-rungsketten, Raupen mancher Arten sind Schädlinge (z. B. Fraß an Kulturpflanzen – Kohlweißling)

Wichtige Ordnungen der Insekten	Merkmale
Zweiflügler ■ Stubenfliege	Hinterflügel zu Schwingkölbchen rück-gebildet, meist mit leckenden oder stechend-saugen-den Mundwerkzeugen (z. B. Fliegen, Bremsen, Mücken, Schnaken), viele Arten sind Nützlinge (z. B. Schwebfliegen als Blütenbestäuber), Drosophila als Versuchstier der Genetik, manche Arten sind Schädlinge (z. B. Krank-heitsüberträger bei Tier und Mensch)
Käfer ■ Maikäfer	Vorderflügel zu Deckflügeln umgebildet, Vorderflügel schützen die häutigen, durch-sichtigen, einfaltbaren Hinterflügel, meist beißende Mundwerkzeuge (z. B. Lauf-käfer, Schnellkäfer, Rüsselkäfer, Bockkäfer, Borkenkäfer, Blattkäfer), einige Arten sind geschützt, manche Arten sind wesentlich für die Erhal-tung biologischer Gleichgewichte
Hautflügler ■ Honigbiene	mit durchsichtigen, häutigen Vorder- und Hinterflügeln, Weibchen oft mit einem Lege- oder Wehr-stachel, viele Arten staatenbildend mit hochentwickel-ter Brutfürsorge (z. B. Schlupfwespen, Ameisen, Wespen, Bienen, Hummeln), einige Arten sind geschützt, manche Arten sind wichtige Nützlinge (z. B. Honigbiene, Rote Waldameise)
Libellen ■ Plattbauchlibelle	schlanker Körper, meist schnelle, gewandte Flieger, 4 netzadrige und z. T. durchsichtige Flügel, räuberische Lebensweise (beißende Mundwerkzeuge, große Komplexaugen), Larven entwickeln sich im Wasser (z. B. Kleinlibellen: Blauflügel-Prachtlibelle, Großlibellen: Blaugrüne Mosaikjungfer, Plattbauch, Vierfleck), alle einheimischen Arten stehen unter Natur-schutz

2

2

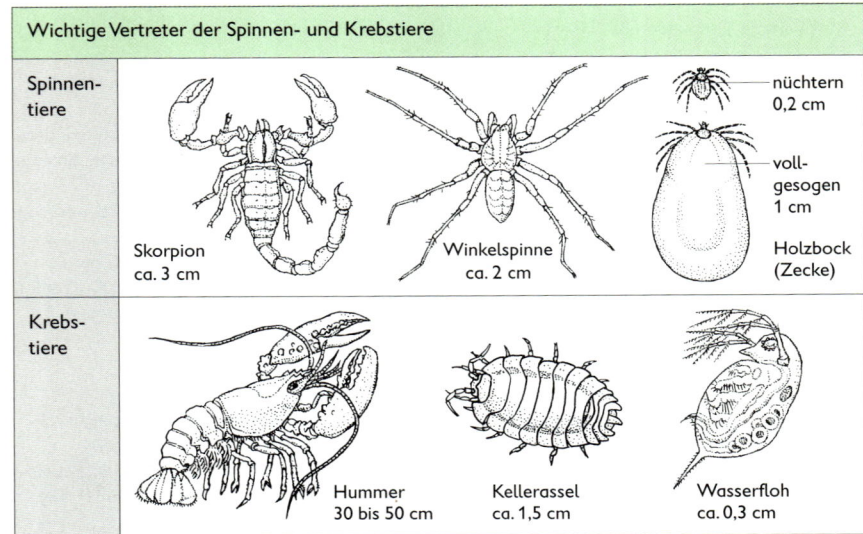

Wichtige Vertreter der Spinnen- und Krebstiere	
Spinnen-tiere	Skorpion ca. 3 cm — Winkelspinne ca. 2 cm — Holzbock (Zecke) nüchtern 0,2 cm / vollgesogen 1 cm
Krebs-tiere	Hummer 30 bis 50 cm — Kellerassel ca. 1,5 cm — Wasserfloh ca. 0,3 cm

Bedeutung

Durch den Artenreichtum, die große Anzahl von Individuen, die zum Teil rasche Vermehrungsfähigkeit und die vielfältigen Angepasstheiten der Gliederfüßer sind sie wichtige Glieder in Nahrungsketten aller Lebensräume. Viele Arten sind nützlich, andere dagegen richten Schaden an. Zahlreiche Arten der Gliederfüßer (insbesondere der Insekten) sind durch Umweltbelastungen ausgestorben oder vom Aussterben bedroht. Deshalb sind dringend Schutzmaßnahmen notwendig.

↗ Naturschutz, S. 153 f.

Nutzen durch Gliederfüßer einschließlich ihrer Lebensprodukte	Schaden durch Gliederfüßer und ihre Larven
– Nahrungsquelle für viele Tiere (z. B. Kleinkrebse, Mückenlarven) – Nahrungsmittel für den Menschen (z. B. Hummer, Krabben, Bienenhonig) – Bestäuber vieler Samenpflanzen (z. B. Bienen, Hummeln, Schmetterlinge) – Schädlingsvertilger (z. B. Kreuzspinne, Marienkäfer, Laufkäfer, Ameisen) – Rohstoffe für die Industrie (z. B. Seide des Seidenspinners, Bienenwachs, Bienenhonig) – unentbehrlich für die Umwelt und damit für das Wohlbefinden des Menschen	– Fressen an Pflanzen (z. B. Heuschrecken, Kartoffelkäfer, Borkenkäfer, Maikäfer) – Saugen von Blut und Pflanzensäften (z. B. Milben, Zecken, Schild- und Blattläuse, Wanzen, Flöhe, Mücken, Fliegen) – Übertragen von Krankheitserregern (z. B. Stubenfliege, Stechmücke, Zecke) – Fraß an Nahrungs- und Futtermitteln (z. B. Milben, Küchenschaben, Kornkäfer) – Zerfressen von Wolle und Pelzen (z. B. Kleidermotte) – Stechen mit Giftstacheln (z. B. Skorpione, Hornissen, Wespen)

WIRBELTIERE

Bau, Lebensweise und Einteilung

Wirbeltiere sind hoch entwickelte vielzellige Tiere mit knorpeligem oder knöchernem Innenskelett, dessen Achse die Wirbelsäule bildet, Zentralnervensystem und geschlossenem Blutkreislauf. Sie sind meist in Kopf, Rumpf, 2 Paar Gliedmaßen und Schwanz gegliedert.

Wirbeltiere bewohnen nahezu alle Lebensräume und sind zum Teil an extreme Lebensbedingungen sehr gut angepasst.

Zu den Wirbeltieren gehören etwa 43 000 Tierarten. Sie werden in Fische, Lurche (Amphibien), Kriechtiere (Reptilien), Vögel und Säugetiere eingeteilt.

↗ Einteilung der Organismen, S. 18 f.

2

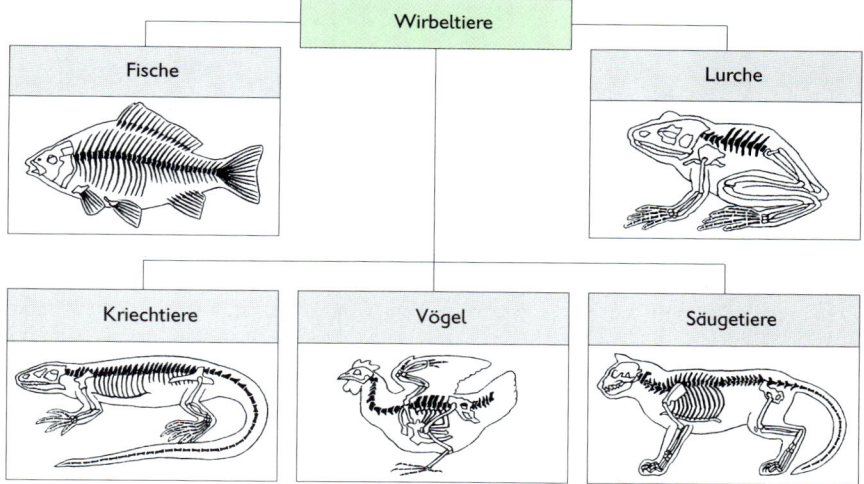

Bedeutung

Wirbeltiere bringen Nutzen als
 – Haupteiweißlieferanten für die Ernährung (z. B. Rind, Schwein, Huhn, Karpfen),
 – Lieferanten von Häuten, Pelzen, Knochen, Federn, Fetten
   (z. B. Rind, Schwein, Schaf, Ziege, Gans, Nerz, Kaninchen),
 – Versuchstiere in der Forschung (z. B. Ratten, Mäuse),
 – Zug- und Reittiere sowie Lastenträger (z. B. Pferd, Rind, Esel, Kamel, Elefant),
 – Schädlingsvertilger (z. B. Erdkröte, Kohlmeise, Igel, Fledermaus),
 – Haustiere im Wohnbereich des Menschen (z. B. Hund, Katze, Wellensittich, Zierfisch).
Sie bringen Schaden als
 – Überträger von Krankheiten (z. B. Ratte, Fuchs),
 – Vertilger von Vorräten (z. B. Mäuse, Ratten).
Zahlreiche Wirbeltierarten sind bereits ausgestorben (Beutelwolf, Riesenalk).
Viele Arten stehen unter Naturschutz (z. B. Feuersalamander, Kreuzotter, Eisvogel, Biber).
↗ Naturschutz, S. 153 f.

FISCHE

Bau und Lebensweise

Fische sind an das Leben im Wasser angepasste Wirbeltiere mit einem knorpeligen oder verknöcherten Skelett. Sie sind wechselwarm und atmen meist durch Kiemen. Bei der geschlechtlichen Fortpflanzung werden Eier (Laich) und Samenzellen abgegeben (äußere Befruchtung). Einige Arten sind lebend gebärend. Manche betreiben Brutpflege.
↗ Geschlechtliche Fortpflanzung, S. 82; ↗ Ökosystem See, S. 145

Einteilung

2

Fische können nach ihrem Vorkommen in Süßwasser- und Meeresfische eingeteilt werden.

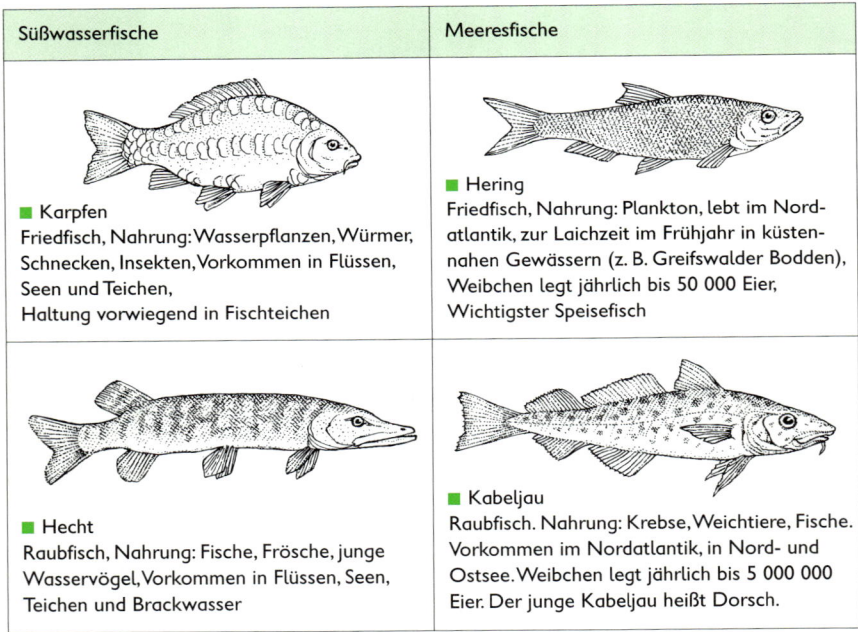

Süßwasserfische	Meeresfische
■ Karpfen Friedfisch, Nahrung: Wasserpflanzen, Würmer, Schnecken, Insekten, Vorkommen in Flüssen, Seen und Teichen, Haltung vorwiegend in Fischteichen	■ Hering Friedfisch, Nahrung: Plankton, lebt im Nordatlantik, zur Laichzeit im Frühjahr in küstennahen Gewässern (z. B. Greifswalder Bodden), Weibchen legt jährlich bis 50 000 Eier, Wichtigster Speisefisch
■ Hecht Raubfisch, Nahrung: Fische, Frösche, junge Wasservögel, Vorkommen in Flüssen, Seen, Teichen und Brackwasser	■ Kabeljau Raubfisch. Nahrung: Krebse, Weichtiere, Fische. Vorkommen im Nordatlantik, in Nord- und Ostsee. Weibchen legt jährlich bis 5 000 000 Eier. Der junge Kabeljau heißt Dorsch.

LURCHE (AMPHIBIEN)

Bau und Lebensweise

Lurche sind wechselwarme, an feuchten Stellen oder im Wasser lebende Wirbeltiere (Feuchtlufttiere). Sie haben eine feuchte, nackte und drüsenreiche Haut sowie meist gut entwickelte Gliedmaßen mit 4 Fingern und 5 Zehen. Lurchlarven atmen durch Kiemen, erwachsene Lurche mit Lungen und der Haut. Bei der geschlechtlichen Fortpflanzung werden mit einer Gallerthülle umgebene Eier (Laich) ins Wasser abgegeben. Es erfolgt äußere Befruchtung. Die Entwicklung verläuft über eine Metamorphose (Verwandlung).
↗ Metamorphose bei Lurchen, S. 84; ↗ Aquaterrarium, S. 15

Einteilung

Zur Klasse Lurche gehören ca. 2 000 Arten, die in zwei Ordnungen eingeteilt werden.
↗ Einteilung der Lebewesen, S. 18 f.

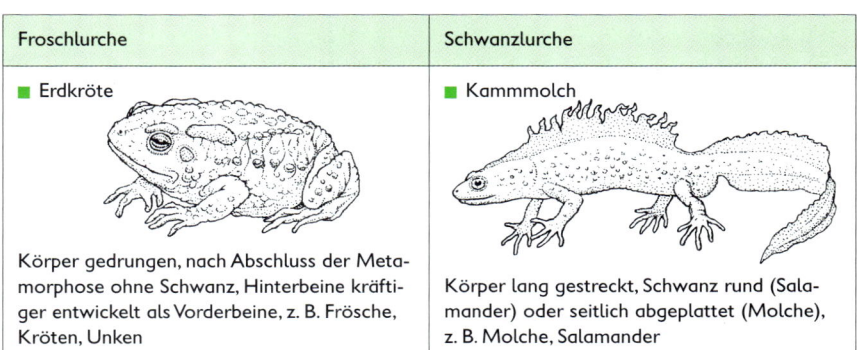

Froschlurche	Schwanzlurche
■ Erdkröte	■ Kammmolch
Körper gedrungen, nach Abschluss der Metamorphose ohne Schwanz, Hinterbeine kräftiger entwickelt als Vorderbeine, z. B. Frösche, Kröten, Unken	Körper lang gestreckt, Schwanz rund (Salamander) oder seitlich abgeplattet (Molche), z. B. Molche, Salamander

2

KRIECHTIERE (REPTILIEN)

Bau und Lebensweise

Kriechtiere sind wechselwarme, lungenatmende und meist auf dem Land lebende Wirbeltiere. Sie haben eine trockene, mit Hornschuppen oder -schilden bedeckte Haut sowie gut entwickelte bekrallte Gliedmaßen (mit Ausnahme von Schlangen und Schleichen). Die Reptilien legen meist pergamentschalige Eier. Die Befruchtung erfolgt im Körper der Weibchen (innere Befruchtung). Die Entwicklung verläuft ohne Larvenstadium.

Einteilung

Die Kriechtiere (ca. 5 000 Arten) werden in Gruppen eingeteilt, z. B. Echsen, Schlangen, Schildkröten, Krokodile. Saurier sind ausgestorbene Kriechtiere.

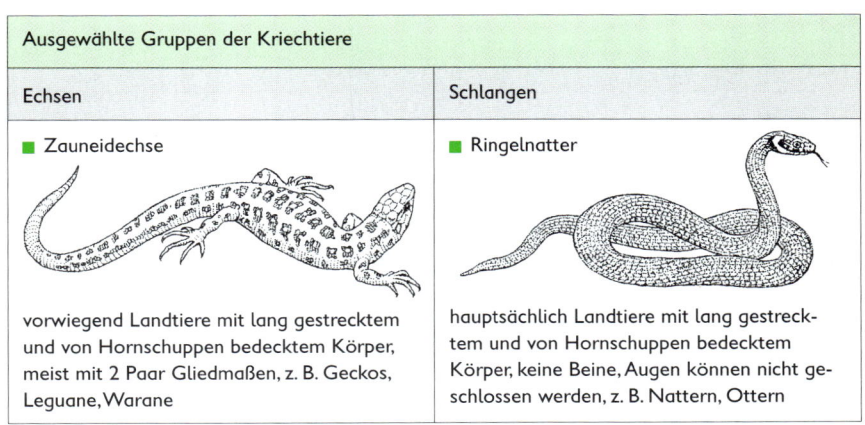

Ausgewählte Gruppen der Kriechtiere	
Echsen	Schlangen
■ Zauneidechse	■ Ringelnatter
vorwiegend Landtiere mit lang gestrecktem und von Hornschuppen bedecktem Körper, meist mit 2 Paar Gliedmaßen, z. B. Geckos, Leguane, Warane	hauptsächlich Landtiere mit lang gestrecktem und von Hornschuppen bedecktem Körper, keine Beine, Augen können nicht geschlossen werden, z. B. Nattern, Ottern

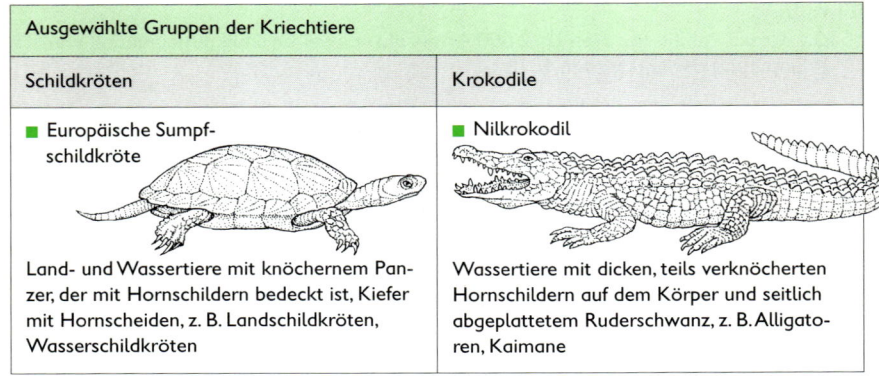

Ausgewählte Gruppen der Kriechtiere	
Schildkröten	Krokodile
■ Europäische Sumpf- schildkröte	■ Nilkrokodil
Land- und Wassertiere mit knöchernem Pan- zer, der mit Hornschildern bedeckt ist, Kiefer mit Hornscheiden, z. B. Landschildkröten, Wasserschildkröten	Wassertiere mit dicken, teils verknöcherten Hornschildern auf dem Körper und seitlich abgeplattetem Ruderschwanz, z. B. Alligato- ren, Kaimane

2

VÖGEL

Bau und Lebensweise

Vögel sind gleichwarme Wirbeltiere, deren trockene Haut mit Federn bedeckt und deren Vordergliedmaßen zu Flügeln umgebildet sind. Zum Teil hohle Knochen, der leichte Hornschnabel, ein leistungsfähiges Atmungssystem (Lungen, Luftsäcke), Flügel und Federn dienen der optimalen Flugkonstruktion und dem Fliegen. Die Hintergliedmaßen werden vor allem zum Laufen und Schwimmen benutzt. Vögel legen kalkschalige Eier. Es findet eine innere Befruchtung statt. Die Eier werden, meistens in Nester gelegt, bebrütet. Die jungen Vögel sind entweder Nesthocker oder Nestflüchter. Fast immer wird von den Altvögeln Brutpflege betrieben. In Deutschland sind nahezu alle Vogelarten geschützt.

Einteilung

Die Klasse der Vögel umfasst ca. 8 600 Arten, die in zahlreiche Gruppen (Ordnungen) eingeteilt werden. Sie lassen z. T. durch ihren Körperbau die Angepasstheit an ihren Lebensraum erkennen.

Ausgewählte Gruppen der Vögel	
Greifvögel	Eulen
■ Mäusebussard	■ Uhu
tagaktive Beutegreifer mit hakenförmigem Schnabel und scharfen, spitzen Krallen, Nest- hocker, z. B. Bussarde, Habichte, Falken, Adler	nachtaktive Beute- greifer mit großem Kopf, großen und nach vorn gerichteten Augen, Nesthocker, z. B. Käuze, Schleiereulen, Uhus

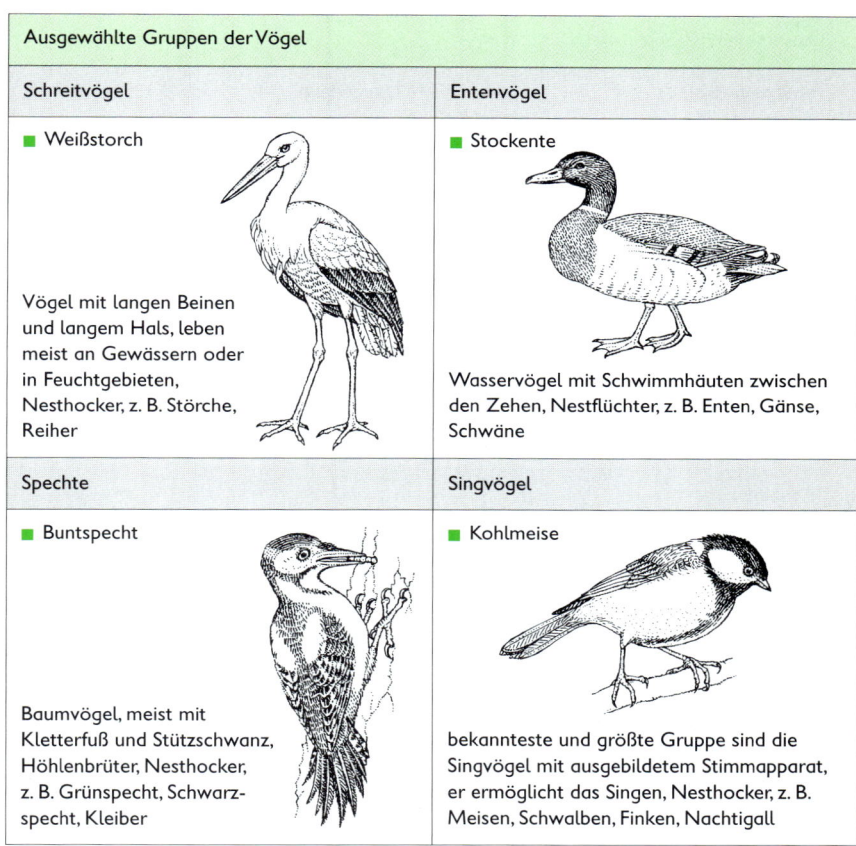

Ausgewählte Gruppen der Vögel	
Schreitvögel	**Entenvögel**
■ Weißstorch	■ Stockente
Vögel mit langen Beinen und langem Hals, leben meist an Gewässern oder in Feuchtgebieten, Nesthocker, z. B. Störche, Reiher	Wasservögel mit Schwimmhäuten zwischen den Zehen, Nestflüchter, z. B. Enten, Gänse, Schwäne
Spechte	**Singvögel**
■ Buntspecht	■ Kohlmeise
Baumvögel, meist mit Kletterfuß und Stützschwanz, Höhlenbrüter, Nesthocker, z. B. Grünspecht, Schwarzspecht, Kleiber	bekannteste und größte Gruppe sind die Singvögel mit ausgebildetem Stimmapparat, er ermöglicht das Singen, Nesthocker, z. B. Meisen, Schwalben, Finken, Nachtigall

SÄUGETIERE

Bau und Lebensweise

Säugetiere sind gleichwarme, lungenatmende Wirbeltiere mit einem schützenden Haarkleid (Pelz) und Milchdrüsen, mit deren Ausscheidungen (Milch) die Jungen ernährt werden (Säugen). Die zwei Gliedmaßenpaare sind je nach Art der Fortbewegung spezialisiert, z. B. zum Laufen, Klettern, Schwimmen und Fliegen. Säugetiere haben ein hoch entwickeltes, außerordentlich leistungsfähiges Gehirn.

Säugetiere sind sehr gut an ihre Umwelt angepasst und haben fast alle Lebensräume besiedelt. Viele unserer einheimischen Säugerarten sind geschützt (z. B. Fischottern).

Einteilung

Die Klasse der Säugetiere (ca. 4 500 Arten) wird in Gruppen (Ordnungen) eingeteilt, z. B. Fledermäuse, Nagetiere, Hasenartige, Insektenfresser, Herrentiere (Primaten).

2

Ausgewählte Gruppen von Säugetieren

Insektenfresser	Nagetiere
■ Europäischer Igel 	■ Eichhörnchen 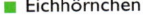
Land- und Wassertiere, spitzzähniges Gebiss, Nase rüsselartig verlängert, vorwiegend Insektennahrung, z. B. Igel, Spitzmäuse, Maulwürfe	Land- und Wassertiere, meißelförmige Schneidezähne, vorwiegend Pflanzenfresser, z. B. Mäuse, Ratten, Biber, Hamster, Stachelschweine
Raubtiere	**Wale**
■ Baummarder 	■ Delphin 
Land- und Wassertiere, Gebiss mit dolchförmigen Eck- und spitzhöckerigen Reißzähnen, meist Fleischfresser, Füße mit Krallen, z. B. Katzen, Hunde, Marder, Bären	Wassertiere mit fischähnlicher Körperform und wagerechter Schwanzflosse, Haarkleid und Hintergliedmaßen stark reduziert, z. B. Barten- und Zahnwale
Paarhufer	**Unpaarhufer**
■ Wildschwein 	■ Hauspferd 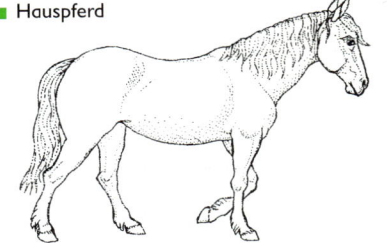
meist Landtiere, laufen auf 2 Hufen (3. und 4. Zehe), Pflanzenfresser (Wiederkäuer und Nichtwiederkäuer), z. B. Rinder, Rehe, Giraffen	Landtiere, laufen auf einem Huf (3. Zehe), Pflanzenfresser, z. B. Pferde, Zebras, Tapire, Nashörner

Bau der Organismen

ZELLEN

Allgemeines

Organismen bestehen aus einer, aus mehreren oder sehr vielen Zellen. Zellen sind die kleinsten lebens- und vermehrungsfähigen „Bausteine" der Organismen.

Bau der Zellen

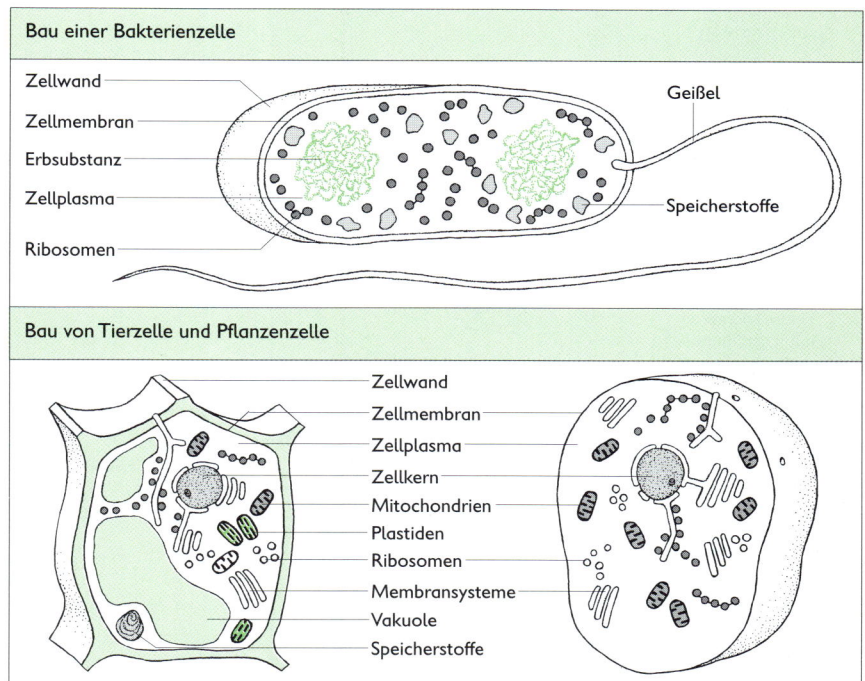

Bau einer Bakterienzelle

Zellwand
Zellmembran
Erbsubstanz
Zellplasma
Ribosomen

Geißel

Speicherstoffe

Bau von Tierzelle und Pflanzenzelle

Zellwand
Zellmembran
Zellplasma
Zellkern
Mitochondrien
Plastiden
Ribosomen
Membransysteme
Vakuole
Speicherstoffe

↗ Gruppen der Organismen, S. 17 ff.; ↗ Bakterien, S. 20 f.

Bakterienzellen. Sie enthalten keinen Zellkern, keine Mitochondrien und keine Plastiden. Dadurch unterscheiden sie sich im Bau von Tierzellen, Pflanzenzellen und Pilzzellen.
Pilzzellen. Sie sind von einer chitinhaltigen Zellwand und einer Zellmembran umgeben und enthalten Zellplasma, Zellkern, Mitochondrien, Membransysteme, Ribosomen und Vakuolen, niemals Plastiden.

Zellgrößen und Zellformen

Bakterienzellen sind im Durchschnitt 1 µm bis 5 µm, Tierzellen und Pflanzenzellen 10 µm bis 100 µm groß. Davon weichen Ausnahmen wie die Eizelle eines Huhns (bis zu 3 cm Durchmesser) und Baumwollfasern (mit Längen von mehreren Zentimetern) sehr stark ab. Es gibt kugelförmige, eiförmige, spindelförmige, würfelförmige und zylinderförmige Zellen. Außer diesen typischen Formen kommen Zellen mit vielen Fortsätzen, sichelförmige Zellen, Zellen, die ihre Form ständig verändern und viele weitere Zellformen vor.

Bau und Funktion von Zellbestandteilen

Die Zellbestandteile ermöglichen durch ihr Zusammenwirken das Leben der Zelle. Die Membranen grenzen in der Zelle Reaktionsräume ab und lassen Prozesse räumlich getrennt ablaufen.

3

Zellbestandteile und ihr Feinbau	Funktionen
Zellmembran Doppelschicht aus Lipiden mit eingelagerten Eiweißmolekülen	Abgrenzung, Aufnahme und Abgabe von Stoffen
Mitochondrien oft kugel- oder eiförmig äußere Membran innere Membran mit Einstülpungen	Zellatmung und Energie-freisetzung ⬈ Atmung, S. 69
Plastiden nur bei Pflanzenzellen, Form sehr unterschiedlich, oft linsenförmig äußere Membran innere Membran bildet Membranstapel	Chloroplasten sind Orte der Fotosynthese, Leukoplasten speichern Stärke ⬈ Fotosynthese, S. 67
Membransysteme Endoplasmatisches Retikulum (Netzwerk von Membranen) Dictyosomen (Stapel von Membranen)	 Bildung von Eiweißen und Lipiden in der Zelle Bildung von Polysacchariden

Zellbestandteile und ihr Feinbau	Funktionen
Zellkern größter Bestandteil doppelte Kernmembran mit Kernporen Chromosomen mit DNA als Erbsubstanz	Steuerung von Lebensprozessen, z. B. Eiweißsynthese, Zellwachstum und Zellvermehrung ➚ Mitose, S. 160 ➚ Meiose, S. 161
Zellsaftvakuolen eine Membran umhüllt wässrige Lösung von Salzen, Säuren, Farbstoffen, Zuckern und anderen Stoffen	Speicherung von Stoffen, Aufrechterhalten des Zellinnendrucks
Lysosomen von einer Membran umgebene winzige Bläschen mit Enzymen	Verdauung (Auflösen) von organischen Stoffen
Zellplasma dünn- bis zähflüssig, enthält Wasser, Proteine, Lipide, Kohlenhydrate und Salze	Ort vieler chemischer Reaktionen, Speicherung von Stoffen ➚ Stoffwechsel, S. 65
Ribosomen winzige kugelförmige Gebilde im Zellplasma und am Endoplasmatischen Retikulum	Orte der Eiweißsynthese ➚ Eiweißsynthese, S. 158
Zellwand aus Cellulosefasern und Pektinen gebildet, oft mit Einlagerungen von Kork- und Holzstoff Sekundärwand Primärwand Mittellamelle Primärwand Sekundärwand	gibt der Zelle und dem vielzelligen Organismus Festigkeit und Schutz (bei Bakterien, Pflanzen und Pilzen)

3

EINZELLER, ZELLKOLONIEN, VIELZELLER

Vom Einzeller zum Vielzeller

Chlamydomonas ist eine einzellige Grünalge, Pandorina eine Zellkolonie (aus 8, 16 oder 32 Zellen). Die Kolonie entsteht durch Zellteilungen aus einer Zelle, wenn die Tochterzellen durch eine Gallerthülle verbunden bleiben. Jede Zelle ist auch einzeln lebensfähig. In der Kugelalge als Vielzeller wirken unterschiedlich gebaute (differenzierte) Zellen mit unterschiedlichen Funktionen zusammen. Sie sind voneinander abhängig und einzeln nicht lebensfähig.

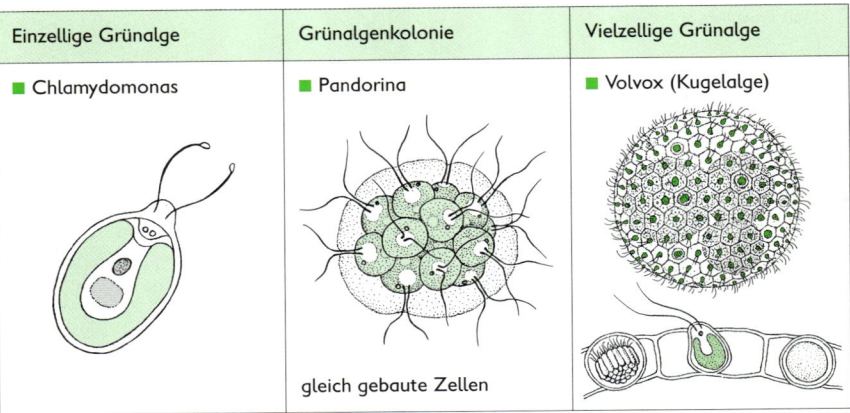

Einzellige Grünalge	Grünalgenkolonie	Vielzellige Grünalge
■ Chlamydomonas	■ Pandorina	■ Volvox (Kugelalge)
	gleich gebaute Zellen	

Diese Grünalgen veranschaulichen eine Möglichkeit der Entwicklung zu Vielzellern in der Evolution der Lebewesen.

Nicht nur bei Pflanzen, auch bei Tieren und Pilzen entwickelten sich aus einzelligen Formen komplizierter gebaute vielzellige Organismen.

↗ Richtungen der Evolution, S, 180 f.

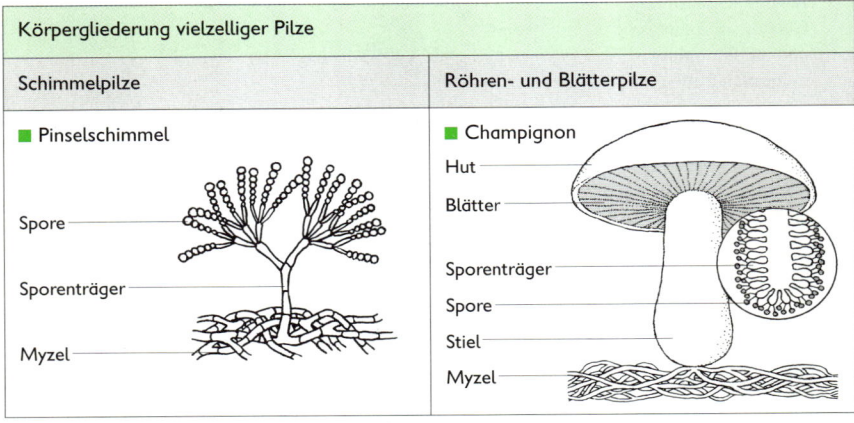

Körpergliederung vielzelliger Pilze	
Schimmelpilze	Röhren- und Blätterpilze
■ Pinselschimmel	■ Champignon
	Hut
	Blätter
Spore	
Sporenträger	Sporenträger
	Spore
	Stiel
Myzel	Myzel

Körpergliederung vielzelliger Pflanzen und Tiere		
Organismus	Tulpe	Hund
Das vielzellige Lebewesen, welches alle Lebensmerkmale zeigt, ist der Organismus.		
Organsysteme	Blüte	Verdauungssystem
In einem Organsystem wirken mehrere Organe bei der Erfüllung von Lebensfunktionen zusammen.		
Organ	Kronblatt	Magen
Ein Organ besteht aus verschiedenen Geweben und bildet eine Bau- und Funktionseinheit des Körpers.		
Gewebe	Epidermis	Muskelgewebe
Ein Gewebe ist ein Verband von Zellen gleichen Baus, die auch gleiche Funktionen ausüben.		
Zelle	Epidermiszelle	Muskelzelle
Zellen sind die kleinsten lebensfähigen Bau- und Funktionseinheiten.		

3

47

ORGANSYSTEME UND ORGANE BEI TIEREN

Stützsysteme

Vielzellige Tiere haben Stützsysteme, die ihrem Körper Festigkeit und seine typische Gestalt geben. Der Chitinpanzer der Insekten, der Panzer der Krebstiere und die Kalkschalen der Weichtiere sind Außenskelette. Das knorpelige Skelett der Haie und Rochen sowie das Knochenskelett aller anderen Wirbeltiere gibt den Tierkörpern als Innenskelett Halt und Form. Auch die Gallertschichten der Hohltiere stützen den Körper.

↗ Skelett des Menschen, S. 85 f.; ↗ Gliederfüßer, S. 33 f.

Körperbedeckung

Die drüsenreiche Haut der Schnecken, die Kutikula der Ringelwürmer und die mehrschichtige Haut der Wirbeltiere grenzen den Tierkörper ab und vermitteln zugleich den Kontakt zu der Umwelt, an die sie angepasst sind.

↗ Atmungsorgane, S. 52; ↗ Ausscheidungsorgane, S. 53

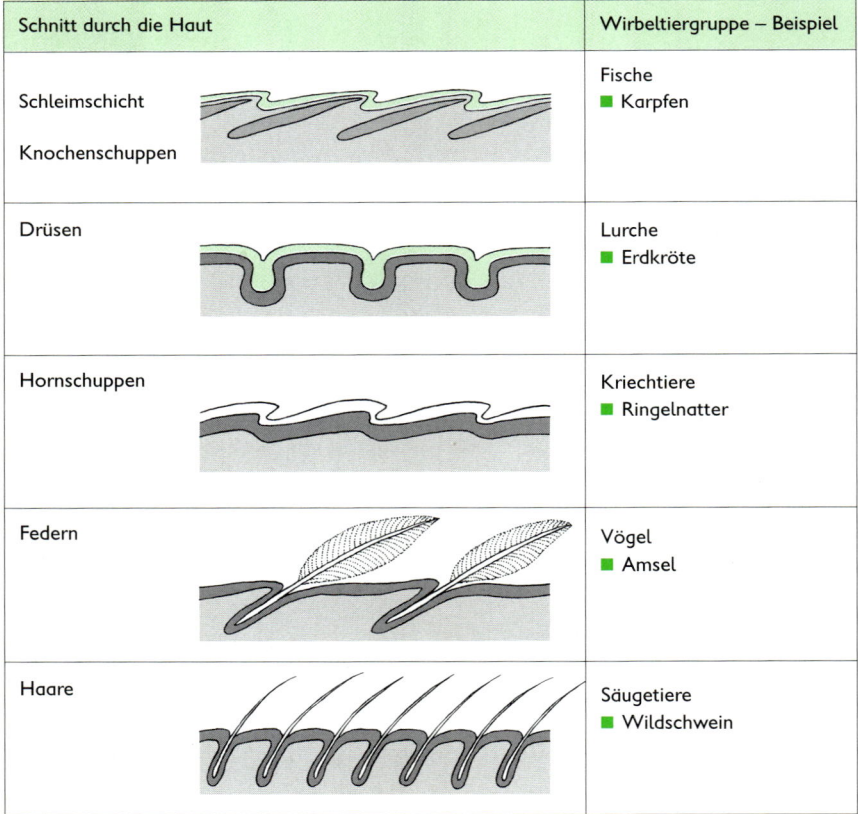

Schnitt durch die Haut	Wirbeltiergruppe – Beispiel
Schleimschicht Knochenschuppen	Fische ■ Karpfen
Drüsen	Lurche ■ Erdkröte
Hornschuppen	Kriechtiere ■ Ringelnatter
Federn	Vögel ■ Amsel
Haare	Säugetiere ■ Wildschwein

↗ Haut des Menschen, S. 109

Bewegungssysteme

Muskelzellen sind die wichtigsten Elemente der Bewegungssysteme von Tieren. Feine Fasern (Myofibrillen) im Zellplasma der Muskelzellen können sich zusammenziehen, wieder ausstrecken und dadurch Bewegungen bewirken.

Glatte Muskulatur. Diese Muskulatur der inneren Organe von Säugetieren wird von spindelförmigen Muskelzellen gebildet, die zu Geweben zusammengeschlossen sind.

Quer gestreifte Muskulatur. In der Skelettmuskulatur sind mehrere Muskelzel-

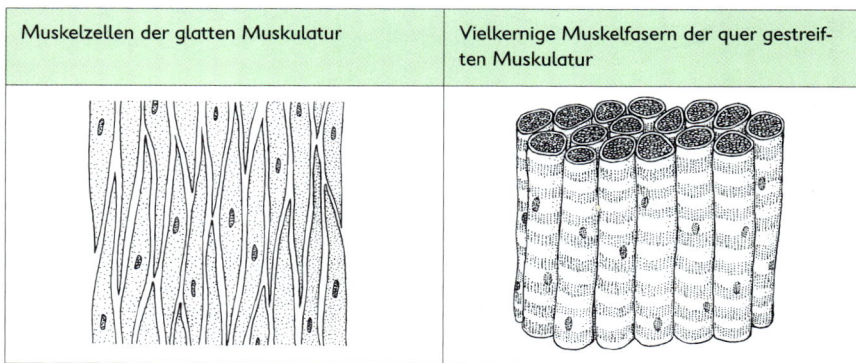

Hautmuskelschlauch des Regenwurms

Kutikula
Haut
Ringmuskulatur
Längsmuskulatur

len zu vielkernigen Muskelfasern verschmolzen. Viele Muskelfasern bilden ein Muskelbündel. Durch Bindegewebe zusammengehaltene Muskelbündel bilden die kräftigen Skelettmuskeln.

Muskelzellen der glatten Muskulatur	Vielkernige Muskelfasern der quer gestreiften Muskulatur

↗ Muskulatur des Menschen, S. 88 f.

Muskeln, Sehnen, Knochen und Gelenke. Die Bindegewebshüllen der Muskelbündel laufen zu Sehnen aus.
Die Sehnen sind an den Skelettknochen angewachsen.
↗ Bau eines Röhrenknochens, S. 87
Funktion der Gelenke. Sehnen und Gelenke verbinden viele Skelettknochen beweglich miteinander.
Das normale Funktionieren eines Gelenks hängt vom richtigen Zusammenwirken der Knochen, Nerven, Muskeln, Bänder und Sehnen ab.
↗ Bau der Gelenke, S. 88

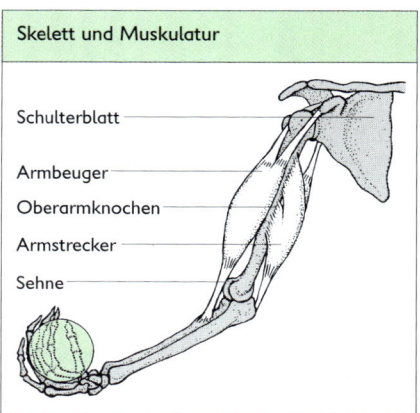

Skelett und Muskulatur

Schulterblatt
Armbeuger
Oberarmknochen
Armstrecker
Sehne

49

Verdauungssysteme

Allgemeines. Durch die Verdauungssysteme der Tiere erfolgt die Aufnahme der Nahrung mit den darin enthaltenen organischen Nährstoffen, der Transport der Nahrung, die Spaltung der Nährstoffe in kleine Bausteine (Verdauung), die Aufnahme der Nährstoffbausteine in die Körperzellen (Resorption) und die Abgabe unverdaulicher Nahrungsreste mit dem Kot.

Gebisstypen. Durch das Gebiss werden grobe Nahrungsteile mechanisch zerkleinert. Die Gebisse der Säugetiere sind in ihrem Bau der Nahrung und der Form der Nahrungsaufnahme angepasst.

Nagergebiss	Wiederkäuergebiss
■ Nutria, Maus	■ Rind, Schaf
2 Paar nachwachsende Schneidezähne mit meißelförmiger Schneide (Benagen von Blättern, Rinde, Holz und Früchten), keine Eckzähne, kräftige Mahlzähne	Schneidezähne nur im Unterkiefer (Abreißen der Pflanzenteile mit Zunge und Lippen), keine Eckzähne, Mahlzähne mit großer Kaufläche (Zermahlen der Pflanzen)
Raubtiergebiss	Allesfressergebiss
■ Katze, Fuchs	■ Wildschwein, Mensch
kleine Schneidezähne, große Eckzähne, scherenartig ineinandergreifende Reißzähne (Zerbeißen von Knochen)	Schneidezähne, Eckzähne und Mahlzähne gut ausgebildet (Pflanzen und Fleischnahrung können zerkleinert werden)

↗Verdauungssystem des Menschen, S. 100; ↗Gebiss und Zähne, S. 101

Schnabeltypen. Bei den Vögeln sind Größe und Form der Schnäbel der Nahrung und der Form der Nahrungsaufnahme angepasst (Insektenfresser, Körner-, Samen- und Fruchtfresser, Gründler, Greifvögel, Taucher).

Verdauungshöhle. Bei den Hohltieren ist die Verdauungshöhle von einer Zellschicht ausgekleidet, die Drüsenzellen (geben Verdauungsenzyme ab) und Fresszellen (nehmen Nahrungsbausteine auf) enthält. Durch eine Mundöffnung erfolgen Nahrungsaufnahme und Abgabe der unverdaulichen Reste.

Verdauungskanal. Ringelwürmer (z. B. der Regenwurm) haben ein von der Mundöffnung bis zum After durchgehendes Darmrohr. Weichtiere (z. B. die Weinbergschnecke) haben einen Magen und eine Mitteldarmdrüse als Anhangsdrüse des Darms. Bei Wirbeltieren ist der Verdauungskanal noch stärker gegliedert. Bei den Säugern folgen auf die Mundhöhle Speiseröhre, Magen, Dünndarm, Dickdarm und After. Anhangsorgane sind die Speicheldrüsen, die Leber (Gallenblase) und der Blinddarm (Wurmfortsatz).

Hohltier	Weichtier	Wirbeltier
■ Süßwasserpolyp	■ Weinbergschnecke	■ Katze

↗Funktion der Verdauungsorgane, S. 103; ↗Verdauung und Resorption, S. 71

Wiederkäuermagen. Der Magen von Rindern, Ziegen und Schafen ist mehrfach untergliedert. Die cellulosehaltige, grob gekaute Pflanzennahrung gelangt in den Pansen und wird dort durch Mikroorganismen weiter aufgespalten. Über den Netzmagen kommt sie zurück ins Maul und wird gründlich wiedergekaut. Durch den Blätter- und Labmagen gelangt der Nahrungsbrei dann in den Darm.

Blinddarm. Bei anderen Pflanzenfressern, z. B. Hasenartigen und Nagetieren, erfolgt die Aufspaltung der cellulosehaltigen Pflanzennahrung in einem besonders langen Darm und Blinddarm.

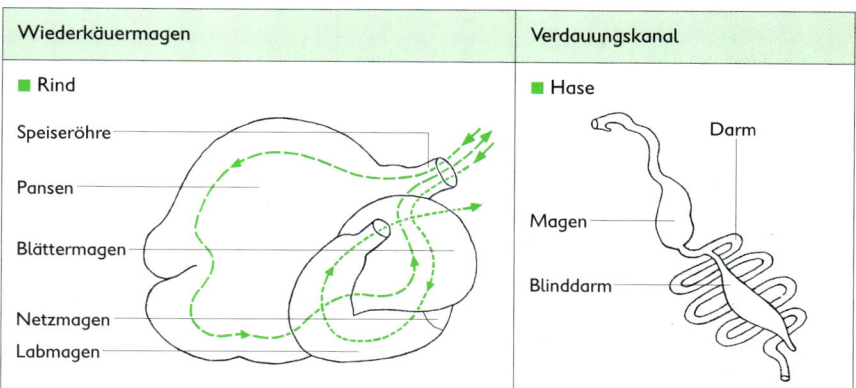

Wiederkäuermagen	Verdauungskanal
■ Rind	■ Hase

51

Atmungsorgane

Allgemeines. Durch die Atmungsorgane erfolgt der Gasaustausch zwischen Organismus und Umwelt (Aufnahme von Sauerstoff, Abgabe von Kohlenstoffdioxid). Im Körper werden die Atemgase durch das Blut oder andere Körperflüssigkeiten transportiert. ↗ Atmungsystem des Menschen, S. 93; ↗ Atmung, S. 69

Haut. Beim Süßwasserpolypen, bei Regenwürmern und weiteren Tieren wirkt die feuchte Haut als Atmungsorgan.

Tracheen. Röhrenförmige, chitinverstärkte Einstülpungen der Haut transportieren bei Insekten die Atemgase ins Innere des Körpers.

Kiemen. Dünnhäutige, stark gegliederte Kiemen wirken bei im Wasser lebenden Tieren (z. B. Krebsen, Muscheln, Fischen und Lurchlarven) als Atmungsorgane.

3

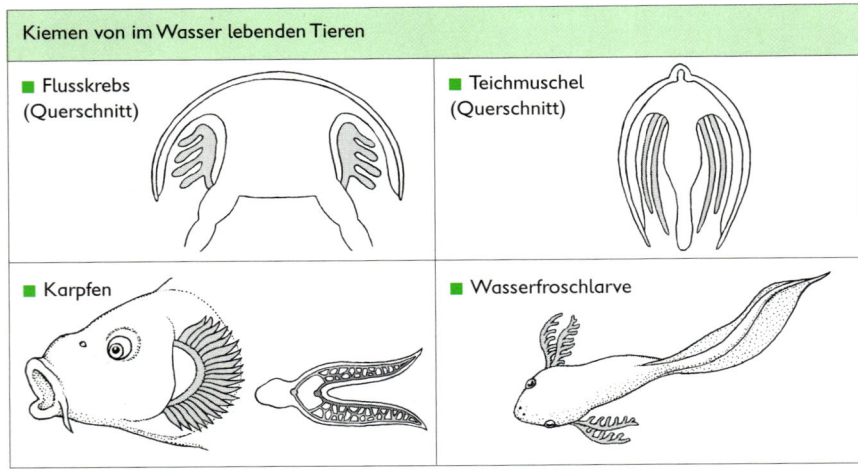

Kiemen von im Wasser lebenden Tieren

- Flusskrebs (Querschnitt)
- Teichmuschel (Querschnitt)
- Karpfen
- Wasserfroschlarve

Gasaus-tausch

Lungen. Stark durchblutete, dünnhäutige Lungen sind die Atmungsorgane der luftatmenden Wirbeltiere. Je größer die innere Oberfläche der Lungen ist, desto intensiver kann der Gasaustausch erfolgen.

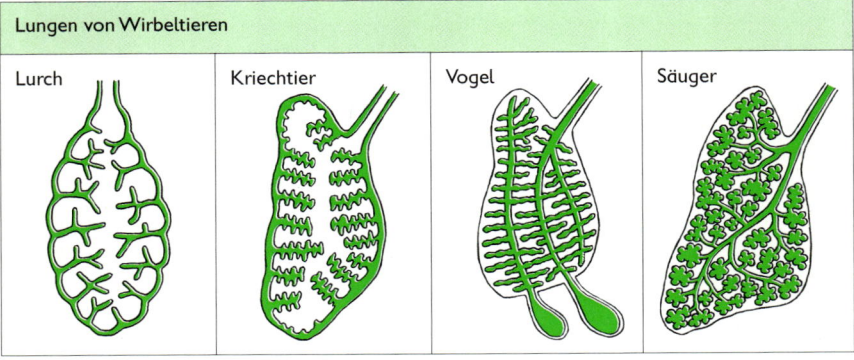

Lungen von Wirbeltieren

| Lurch | Kriechtier | Vogel | Säuger |

Ausscheidungsorgane

Allgemeines. Stoffwechselendprodukte sind im Organismus nicht weiter verwertbar. Sie werden gasförmig (Kohlenstoffdioxid) oder in wässriger Lösung (Harnstoff, Salze) aus dem Tierkörper ausgeschieden.

Lungen, Kiemen und die Haut mit den Schweißdrüsen sind also auch Ausscheidungsorgane.

↗Bau der Lunge, S. 93 f; ↗Kiemen, S. 52; ↗Haut des Menschen, S. 109

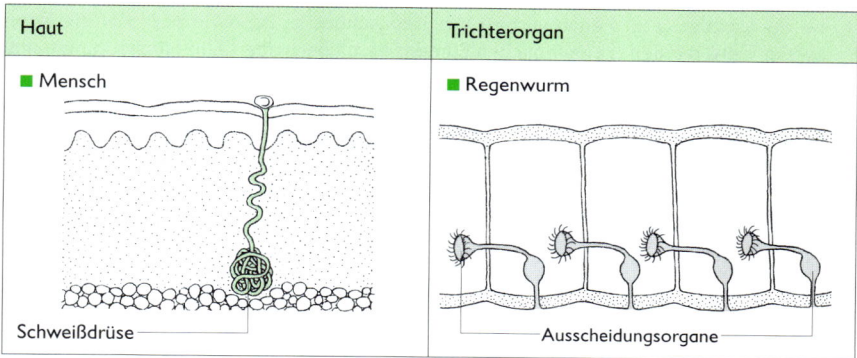

Haut	Trichterorgan
■ Mensch	■ Regenwurm
Schweißdrüse	Ausscheidungsorgane

Trichterförmige Ausscheidungsorgane. Bei Regenwürmern liegen in der Leibeshöhle jedes Segments zwei offene, mit Wimpern besetzte Trichter, die Stoffwechselendprodukte aufnehmen und durch Ausführungsgänge im nachfolgenden Segment an die Umwelt ausscheiden.

Nieren. Bei Wirbeltieren, z. B. Säugern, sind die stark durchbluteten Nieren die wichtigsten Ausscheidungsorgane. In den Nierenkörperchen werden die Stoffwechselendprodukte aus dem Blut gefiltert und danach durch die Nierenkanälchen im Nierenmark und weiter über das Nierenbecken, den Harnleiter und die Harnblase ausgeschieden (z. B. beim Menschen pro Tag bis zu 2 l Harn).

↗Bau und Funktion eines Nierenkörperchens, S. 104

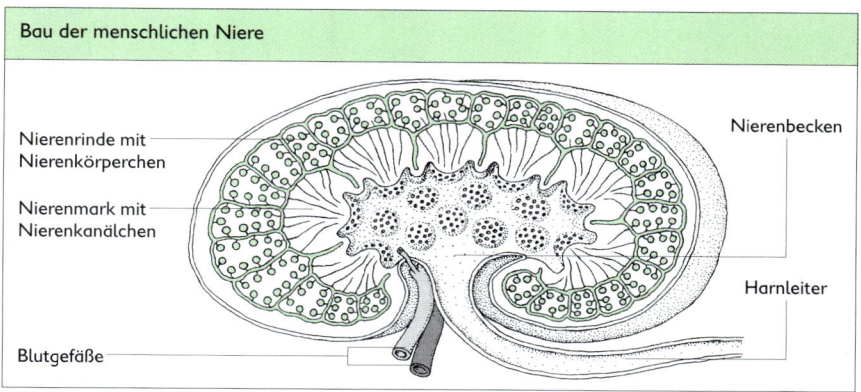

Bau der menschlichen Niere

Nierenrinde mit Nierenkörperchen

Nierenmark mit Nierenkanälchen

Blutgefäße

Nierenbecken

Harnleiter

Fortpflanzungsorgane

Ungeschlechtliche Fortpflanzung. Hohltiere (z. B. Süßwasserpolypen) können sich ungeschlechtlich durch aufeinander folgende Teilungen von Körperzellen vermehren. Wenn sich eine Zellgruppe (Knospe) vom Mutterpolypen löst, wächst ein selbstständiges Tier heran.

Auch bei Wasserflöhen, Blattläusen und anderen Tieren treten zeitweilig Generationen auf, die ungeschlechtlich entstanden sind.

Zwitter. In den Körpern von Zwittern sind männliche und weibliche Geschlechtsorgane ausgebildet (z. B. Regenwürmer, Weinbergschnecke, Bandwürmer). Bei der Paarung zweier Tiere werden die männlichen Samenzellen übertragen. Die Nachkommen entstehen durch geschlechtliche Fortpflanzung aus befruchteten Eizellen.

3

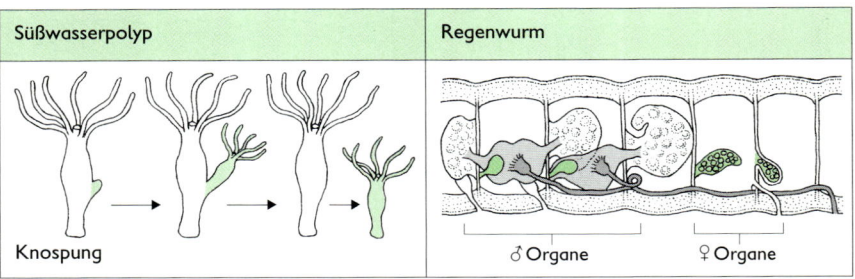

Süßwasserpolyp	Regenwurm
Knospung	♂ Organe ♀ Organe

Getrenntgeschlechtige Tiere. Weibliche Tiere bilden in den Eierstöcken Eizellen als Geschlechtszellen aus. Männliche Tiere bilden in den Hoden Samenzellen aus. Die Nachkommen entstehen aus je einer befruchteten Eizelle.

Harnorgane und Fortpflanzungsorgane münden bei Vögeln und Säugern in gemeinsamen Körperöffnungen.

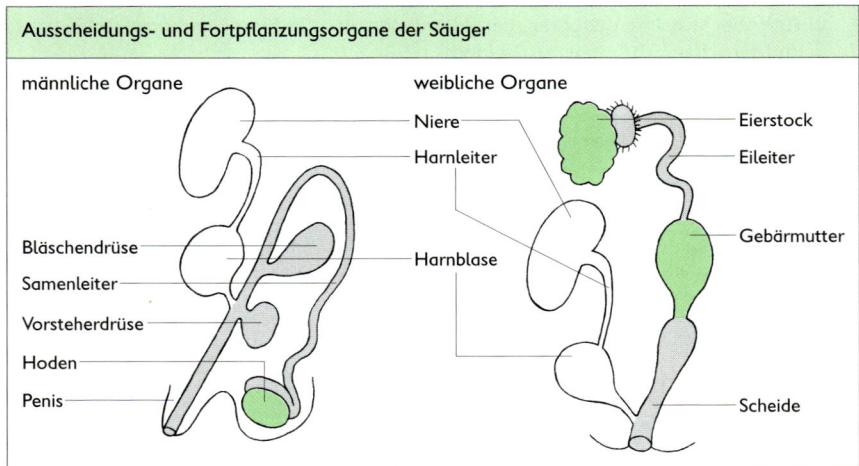

Ausscheidungs- und Fortpflanzungsorgane der Säuger

männliche Organe — Bläschendrüse, Samenleiter, Vorsteherdrüse, Hoden, Penis

weibliche Organe — Niere, Harnleiter, Harnblase, Eierstock, Eileiter, Gebärmutter, Scheide

⤴Fortpflanzung des Menschen, S. 114 ff.; ⤴Embryonalentwicklung, S. 119

Blutkreislaufsysteme

Offene Blutgefäßsysteme der Insekten. Es ist ein Herzrohr ausgebildet, das durch Einströmöffnungen das Blut aufnimmt und durch Kontraktionen wieder in die Körperhohlräume auspresst.

Geschlossene Blutgefäßsysteme der Ringelwürmer. Beim Regenwurm ist ein geschlossenes Röhrensystem ausgebildet. Die Ringgefäße in jedem Segment übernehmen die Pumpfunktion.

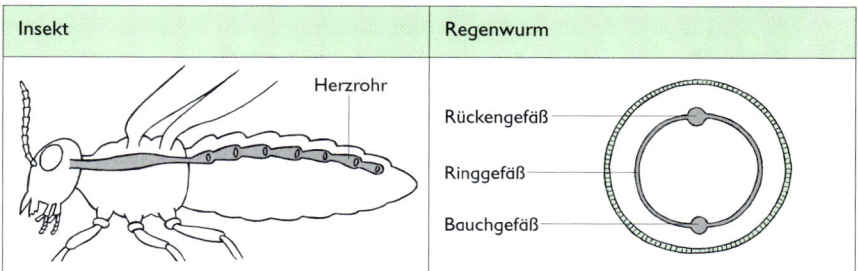

Insekt	Regenwurm

Einfacher geschlossener Blutkreislauf der Fische. Die Herzkammer pumpt das Blut durch Arterien zu den Kiemen und weiter in den Körper. Aus dem Körper gelangt das Blut durch Venen zurück zur Herzvorkammer und von dort zur Herzkammer.

Getrennter, doppelter Blutkreislauf (Vögel und Säuger). Vögel- und Säugerherzen bestehen aus 2 Herzkammern und 2 Vorkammern. Es gibt einen Lungenkreislauf und einen Körperkreislauf. Das Blut wird durch die Kontraktion des Herzens von der rechten Herzkammer durch die Lungenarterie in die Lunge gepumpt und fließt durch die Lungenvene in die linke Vorkammer und von dort in die linke Herzkammer. Die linke Herzkammer presst das Blut in die Körperarterie. Durch die große Körpervene fließt das Blut zurück in die rechte Vorkammer. Viele fein verzweigte Kapillaren stellen die Verbindung zwischen Arterien und Venen her und führen das Blut zu allen Organen.

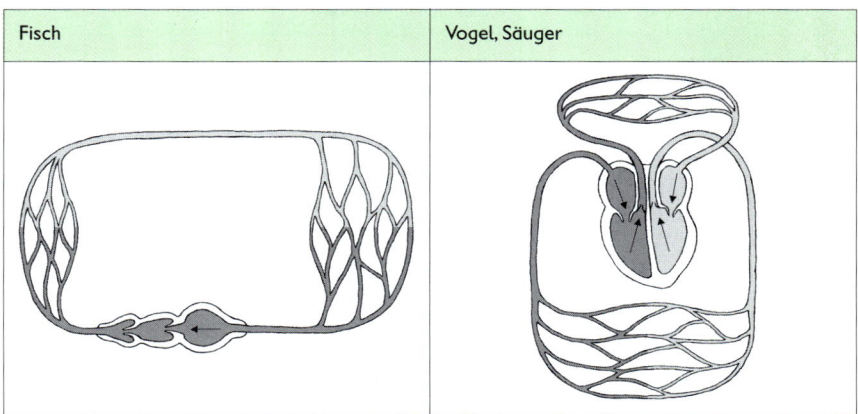

Fisch	Vogel, Säuger

↗ Bau und Funktion des Herzens, S. 91; ↗ Blut und Lymphe, S. 95 ff.

Nervensysteme

Nervenzellen. Hauptbausteine der Nervensysteme sind die Nervenzellen. Ihre Zellkörper haben viele kurze Fortsätze (Dendriten). Diese vernetzen Nervenzellen und Sinneszellen untereinander. Die langen Fortsätze der Nervenzellen (Neuriten) leiten Erregungen zu entfernten Nervenzellen oder Organen. Der von einer Hülle umgebene Neurit wird Nervenfaser genannt. Ein Bündel von Nervenfasern bildet einen Nerv.

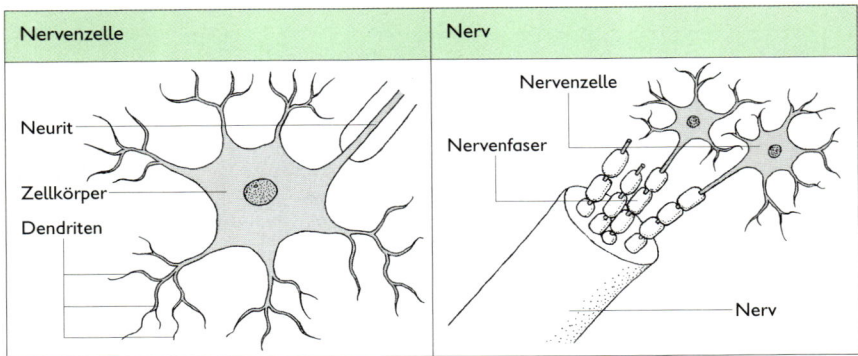

Netzförmiges Nervensystem. Bei Hohltieren sind die Nervenzellen netzartig über den ganzen Körper verteilt. Es gibt kein Nervenzentrum.

Strickleiternervensystem. Bei Regenwürmern und Insekten sind viele Nervenzellen im Gehirn und in den paarigen Nervenknoten jedes Segments konzentriert. Sie sind durch längs und quer verlaufende Nerven verbunden.

Zentralnervensystem. Das Nervensystem der Wirbeltiere untergliedert sich in das zentrale Nervensystem (Gehirn und Rückenmark) und die von dort ausgehenden Nervenstränge zu allen anderen Organen.

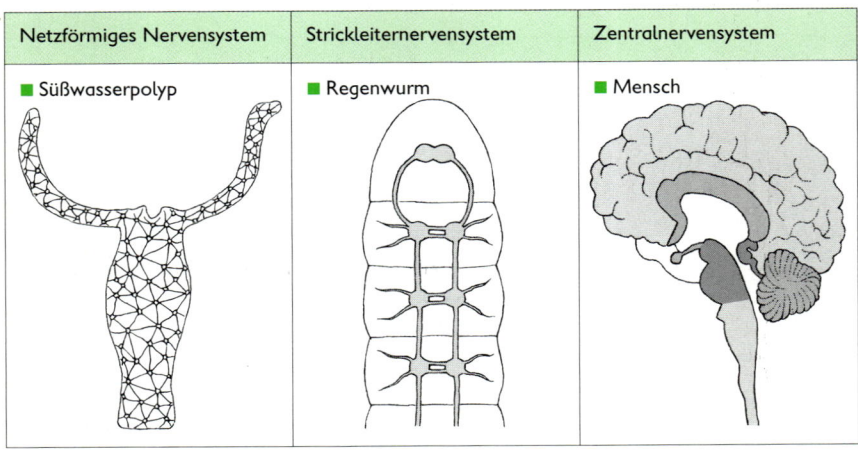

↗Nervensystem des Menschen, S. 110 f.; ↗Rückenmark des Menschen, S. 112

Sinnessysteme

Allgemeines. Durch die Sinnessysteme nehmen die Tiere Informationen aus der Umwelt auf. Reize können von freien Nervenenden oder von Sinneszellen aufgenommen werden. Diese Rezeptoren kommen einzeln oder in Sinnesorganen konzentriert vor.

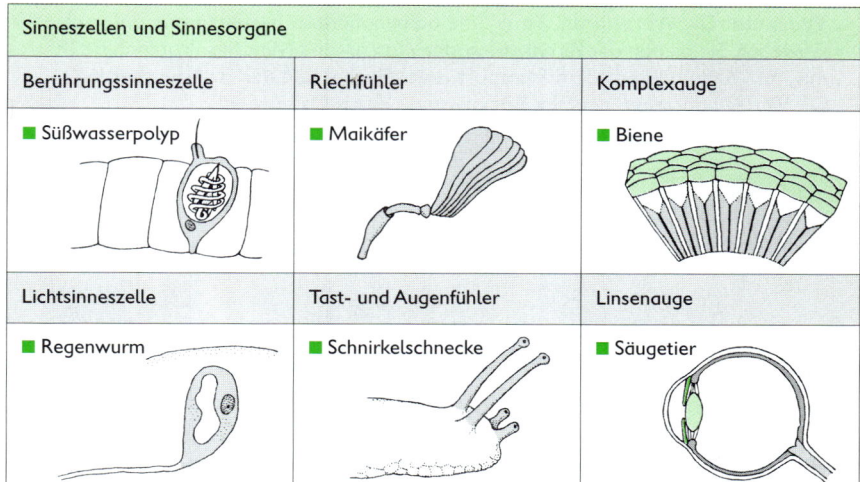

Sinneszellen und Sinnesorgane		
Berührungssinneszelle	Riechfühler	Komplexauge
■ Süßwasserpolyp	■ Maikäfer	■ Biene
Lichtsinneszelle	Tast- und Augenfühler	Linsenauge
■ Regenwurm	■ Schnirkelschnecke	■ Säugetier

Reizarten und Sinnesorgane. Außer den Sinneszellen sind am Aufbau eines Sinnesorgans oft auch spezielle Schutz- und Versorgungseinrichtungen beteiligt (z. B. Haut, Knochen, Bindegewebe, Blutgefäße). Das einzelne Sinnesorgan nimmt häufig nur eine Reizart, manchmal jedoch auch mehrere Reizarten auf.

Aufgenommene Reizart	Beispiele für Sinnesorgane
Chemische Reize (gasförmige und flüssige Stoffe)	Nasenhöhle mit Riechschleimhaut bei Säugern, Fühler bei Insekten und Schnecken, Mundschleimhaut und Zunge mit Geschmacksknospen bei Säugern
Optische Reize (Licht unterschiedlicher Wellenlänge)	Punktaugen und Komplexaugen bei Insekten, Linsenaugen der Kopffüßer, Linsenaugen der Wirbeltiere
Temperaturreize	Haut mit Wärmerezeptoren und Kälterezeptoren bei Säugern
Mechanische Reize (Berührung, Druck, Luft- und Wasserströmung, Schallwellen)	Haut mit Tastkörperchen, Tasthaare bei Säugern, Seitenlinienorgan bei Fischen, Fühler der Insekten und Schnecken, Innenohr mit Gehörschnecke und mit Gleichgewichtsorgan bei Säugern

ORGANSYSTEME UND ORGANE BEI PFLANZEN

Organsysteme zur Verankerung und Stoffaufnahme

Haftscheiben und Rhizoide. Diese meist ein- oder wenigzelligen Gebilde der Algen und Moose dienen vorwiegend der Verankerung.

Wurzeln. Die Wurzeln der Farn- und Samenpflanzen bestehen aus unterschiedlichen Geweben. Sie dienen der Verankerung, der Wasser- und Mineralsalzaufnahme (Rhizodermis mit Wurzelhaaren), dem Transport (Leitgewebe) und der Stoffspeicherung.
Die Wurzelhaarzellen nehmen Bodenwasser durch Osmose auf.

↗ Osmose (Wasseraufnahme durch Wurzelhaarzellen), S. 66

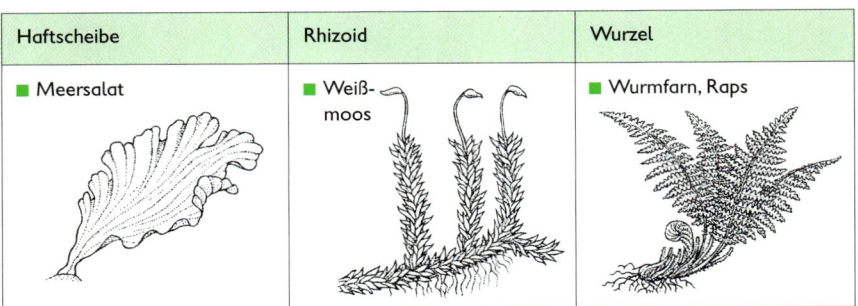

Haftscheibe	Rhizoid	Wurzel
■ Meersalat	■ Weiß-moos	■ Wurmfarn, Raps

Hauptwurzelsystem. Bei zweikeimblättrigen Samenpflanzen entwickelt sich aus der Keimwurzel eine Hauptwurzel mit vielen Nebenwurzeln (z. B. Löwenzahn, Buche).

Sprossbürtiges Wurzelsystem. Bei einkeimblättrigen Pflanzen wachsen viele „sprossbürtige" Wurzeln und bilden ein Wurzelbüschel (z. B. Weizen, Knäuel-Gras).

Flachwurzler. Sie wachsen oft an feuchten, steinigen Standorten mit dünner Bodendecke (z. B. Weiß-Tanne, Gemeine Fichte).

Tiefwurzler. Sie nehmen in trockenem, sandigem Boden das Wasser aus tieferen Schichten auf (z. B. Wald-Kiefer).

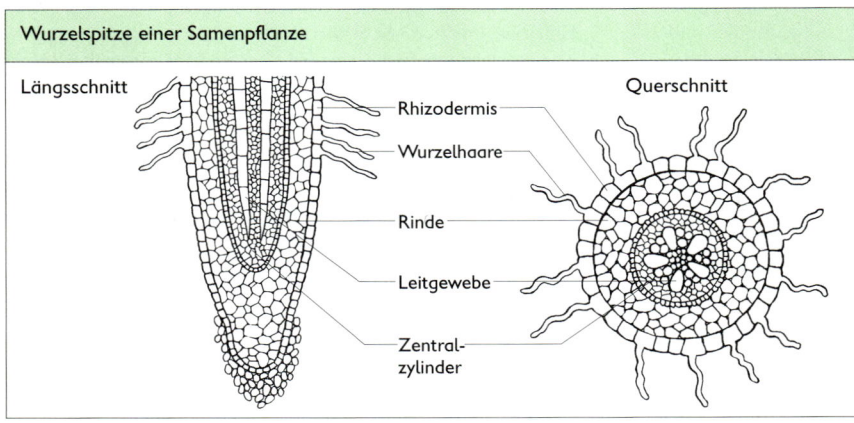

Wurzelspitze einer Samenpflanze

Längsschnitt — Rhizodermis — Wurzelhaare — Rinde — Leitgewebe — Zentralzylinder — Querschnitt

Transport- und Festigungssysteme

Moose. Wenige lang gestreckte Zellen übernehmen im Inneren der Moosstämmchen die Stoffleitung. Echte Leit- und Festigungsgewebe sind nicht ausgebildet.

Farnpflanzen. Das Innere der oft meterlangen Farnwedel wird von Leitgewebe und Festigungsgewebe durchzogen.

Samenpflanzen. Vom Zentralzylinder der Wurzel über den Zentralzylinder der Sprossachse ziehen in Leitbündeln zusammengefasste Leitgewebe und Festigungsgewebe bis in die Blätter (Blattadern).

↗ Physikalische Vorgänge zur Aufnahme von Stoffen und Energie, S. 66

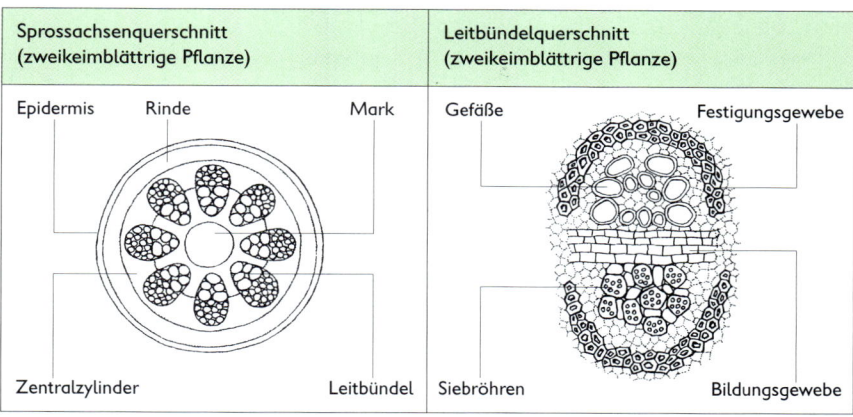

| Sprossachsenquerschnitt (zweikeimblättrige Pflanze) | Leitbündelquerschnitt (zweikeimblättrige Pflanze) |

Epidermis · Rinde · Mark · Gefäße · Festigungsgewebe · Zentralzylinder · Leitbündel · Siebröhren · Bildungsgewebe

Gefäße. In ihnen werden Wasser und Nährsalze geleitet. Es sind tote, verholzte röhrenförmige Zellen, deren Querwände aufgelöst sind.

Siebröhren. In lang gestreckten lebenden Zellen werden Stoffwechselprodukte geleitet. Die Querwände enthalten siebartige Poren.

Festigungsgewebe. Die oft lang gestreckten Zellen werden durch Einlagerung von Cellulose und Holzstoff biegsam und hart. Die Gefäßzellen erhalten durch schrauben- oder ringförmige Versteifungen besondere Festigkeit.

↗ Zellwand, S. 45

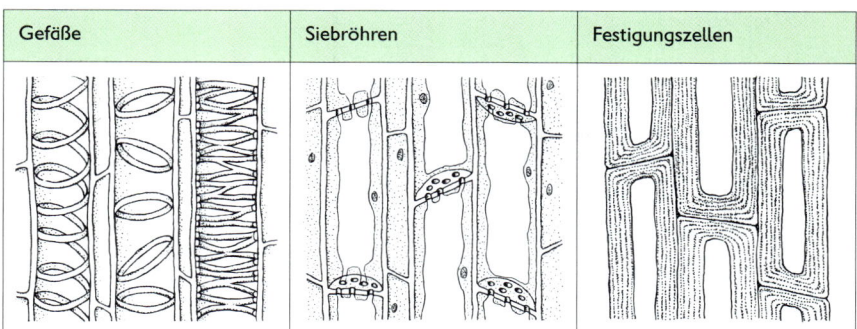

| Gefäße | Siebröhren | Festigungszellen |

Assimilationsorgane

Alle chloroplastenhaltigen Pflanzenteile sind zur autotrophen Assimilation durch Fotosynthese fähig. So können die Zelllager der Lebermoose, die Blättchen der Laubmoose, die Wedel der Farne und die Laubblätter und Sprossachsen der Samenpflanzen als Assimilationsorgane wirken.

↗ Autotrophe Assimilation, S. 67

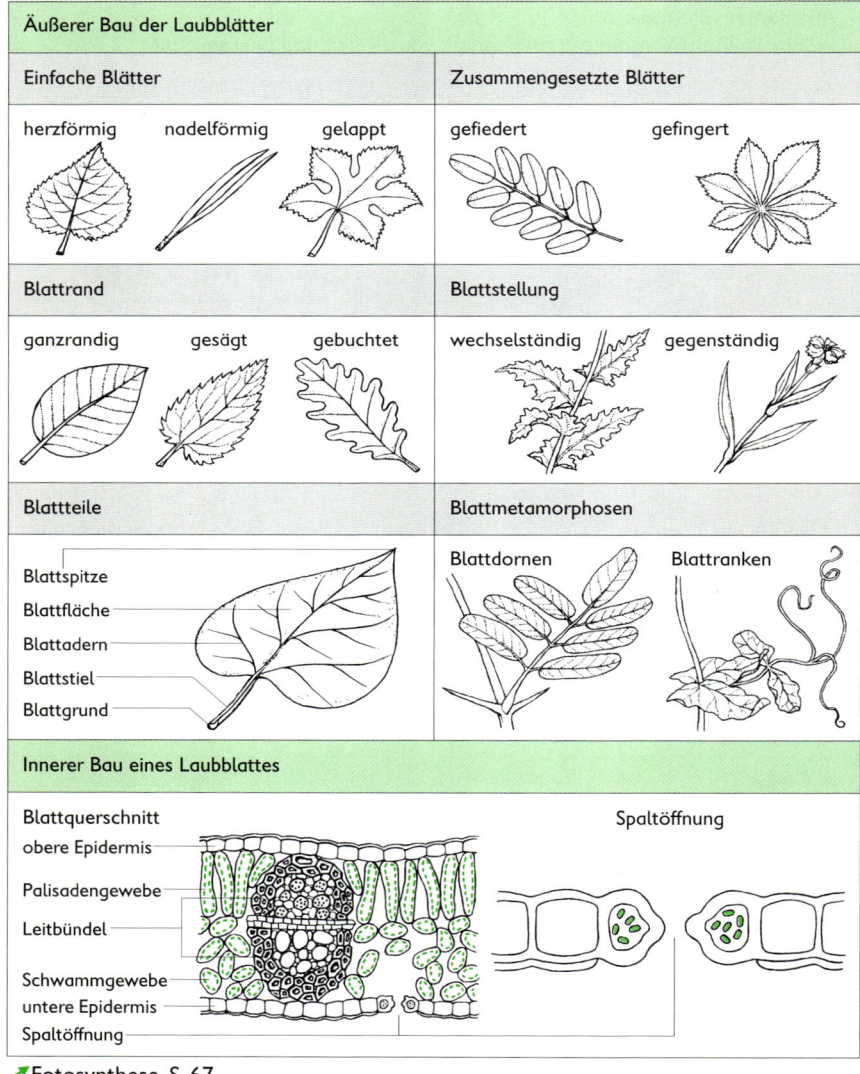

Äußerer Bau der Laubblätter

Einfache Blätter			Zusammengesetzte Blätter	
herzförmig	nadelförmig	gelappt	gefiedert	gefingert

Blattrand			Blattstellung	
ganzrandig	gesägt	gebuchtet	wechselständig	gegenständig

Blattteile	Blattmetamorphosen	
Blattspitze, Blattfläche, Blattadern, Blattstiel, Blattgrund	Blattdornen	Blattranken

Innerer Bau eines Laubblattes

Blattquerschnitt
obere Epidermis
Palisadengewebe
Leitbündel
Schwammgewebe
untere Epidermis
Spaltöffnung

Spaltöffnung

↗ Fotosynthese, S. 67

Speichersysteme

Speicherstoffe. Als organische Nährstoffe werden vorwiegend Kohlenhydrate (Zucker, Stärke), Fette und Eiweiße gespeichert.

Häufigster anorganischer Speicherstoff ist Wasser.

↗ Bildung und Speicherung von Assimilaten, S. 68

Speicherorgane der Samenpflanzen. Wurzeln, Sprossachsen, Blätter, Früchte und Samen können zu Speicherorganen umgebildet sein. Speicherstoffe sind Nahrung für den Embryo (Samen), locken Tiere zur Samenverbreitung an (Samen und Früchte), dienen dem Überdauern ungünstiger Bedingungen (Wurzeln, Sprossachsen) oder der ungeschlechtlichen Vermehrung (Brutzwiebeln, Brutknollen).

↗ Nährstoffe, S. 70; ↗ Ungeschlechtliche Vermehrung, S. 79

Pflanzenorgan	Daraus gebildetes Speicherorgan	
Wurzel	Rübe (Zuckerrübe)	Wurzelknolle (Dahlie)
Sprossachse unterirdisch	Wurzelstock (Spargel, Maiglöckchen)	Sprossknolle (Kartoffel)
Sprossachse oberirdisch	Sprossknolle (Kohlrabi)	Speicherspross (Kaktus)
Blätter unterirdisch und oberirdisch	Speicherblätter (Küchenzwiebel, Porree)	Speicherblätter (Fette Henne, Brutblatt)

3

Fortpflanzungssysteme

Sporenpflanzen. Moose und Farne können sich ungeschlechtlich durch einzellige Sporen fortpflanzen, die in den Sporenkapseln gebildet werden.

Samenpflanzen. Samenpflanzen werden auch als Blütenpflanzen bezeichnet. Aus Teilen der Blüten entwickeln sich nach der Bestäubung und der Befruchtung der Eizelle Samen, die der Vermehrung dienen.

↗Vermehrung, S. 78; ↗Fortpflanzung, S. 81; Samenpflanzen, S. 25 ff.

Bau der Blüten. Die Teile einer Blüte entwickeln sich aus Blattanlagen der Sprossachse. Kelchblätter und Kronblätter bilden die Blütenhülle. Die Staubblätter mit dem Pollen sind die männlichen Fortpflanzungsorgane, die Fruchtblätter mit den Eizellen (in den Samenanlagen) sind die weiblichen Fortpflanzungsorgane.

Eingeschlechtige Blüten tragen nur Staubblätter oder nur Fruchtblätter, Zwitterblüten enthalten beide Organe.

3

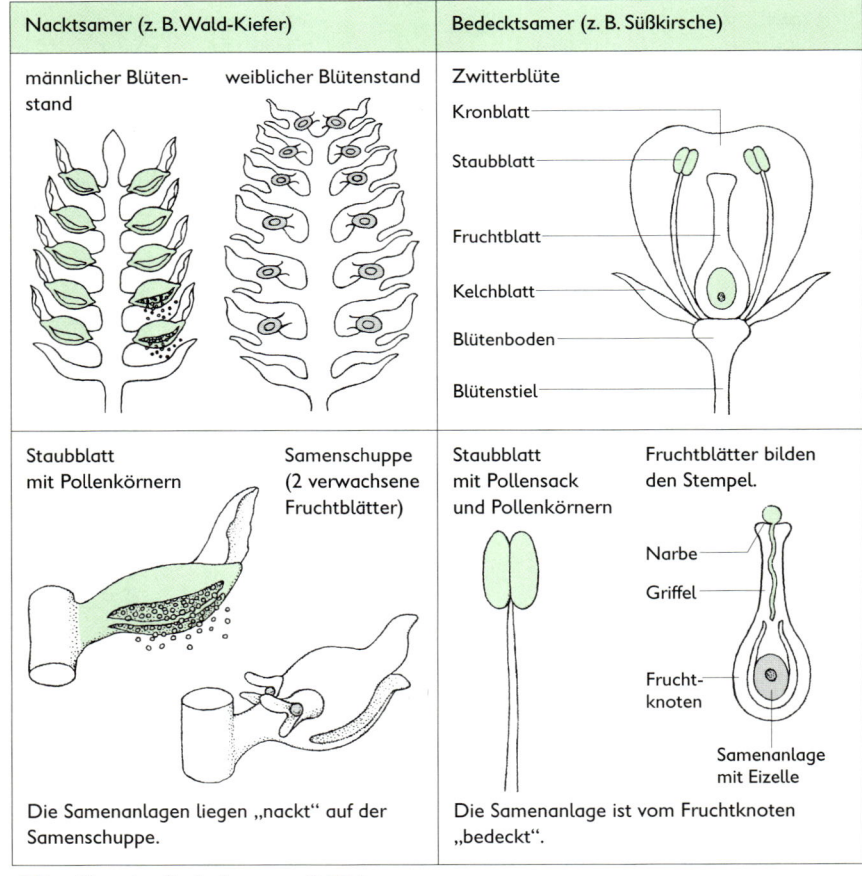

Nacktsamer (z. B. Wald-Kiefer)	Bedecktsamer (z. B. Süßkirsche)
männlicher Blütenstand / weiblicher Blütenstand	Zwitterblüte — Kronblatt — Staubblatt — Fruchtblatt — Kelchblatt — Blütenboden — Blütenstiel
Staubblatt mit Pollenkörnern / Samenschuppe (2 verwachsene Fruchtblätter)	Staubblatt mit Pollensack und Pollenkörnern / Fruchtblätter bilden den Stempel. — Narbe — Griffel — Fruchtknoten — Samenanlage mit Eizelle
Die Samenanlagen liegen „nackt" auf der Samenschuppe.	Die Samenanlage ist vom Fruchtknoten „bedeckt".

↗Familien der Bedecktsamer, S. 27 f.

Blütenstände. In einem Blütenstand stehen an einer verzweigten oder unverzweigten Sprossachse viele Einzelblüten dicht beieinander.

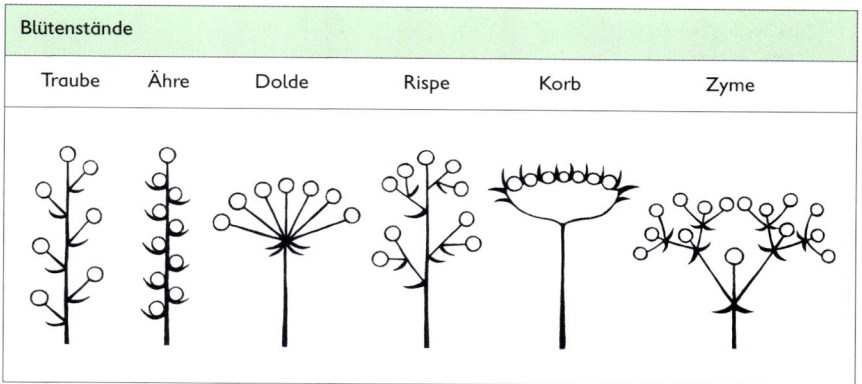

Blütenstände					
Traube	Ähre	Dolde	Rispe	Korb	Zyme

Bestäubung und Befruchtung. Mit der Übertragung von Pollenkörnern auf die Narbe des Stempels (Bedecktsamer) oder die Empfängnisstelle der Samenanlage (Nacktsamer) ist die Bestäubung erfolgt. Sie wird durch Tiere (meist Insektenbestäubung) oder durch den Wind (Windbestäubung) vollzogen. Auf der Narbe keimt aus dem Pollenkorn ein Pollenschlauch, der durch den Griffel zur Eizelle hin wächst.
Bei der Befruchtung verschmelzen Plasma und Zellkern einer Samenzelle mit der Eizelle zur befruchteten Eizelle (Zygote).
↗ Geschlechtliche Fortpflanzung, S. 81
Samen. Eine reife Samenanlage, die sich von der Mutterpflanze trennt, wird Samen genannt. Die Samenschale umgibt einen Embryo im Ruhezustand und oft noch ein Nährgewebe als Nahrungsvorrat für den Keimling (Keimwurzel, -spross und -blätter).

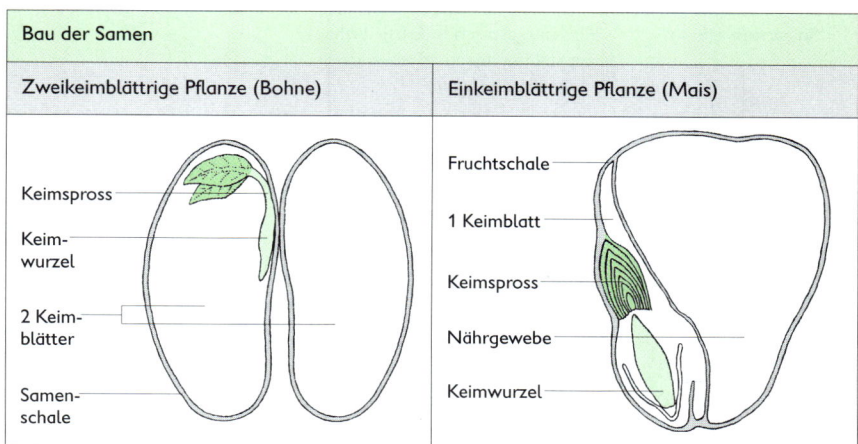

Bau der Samen	
Zweikeimblättrige Pflanze (Bohne)	Einkeimblättrige Pflanze (Mais)
Keimspross Keim-wurzel 2 Keim-blätter Samen-schale	Fruchtschale 1 Keimblatt Keimspross Nährgewebe Keimwurzel

↗ Keimung, S. 83

Früchte. Nach Bestäubung und Befruchtung entwickeln sich bei den Bedecktsamern aus dem Fruchtknoten, dem Blütenboden oder Teilen des Blütenstandes die Früchte.

Entwicklung der Früchte

Aus dem Fruchtknoten bilden sich	⟶ Fruchtschale und Fruchtfleisch
Die Wand der Samenanlage wird zur	⟶ Samenschale
Aus der Samenanlage entsteht der	⟶ Same
Die befruchtete Eizelle entwickelt sich zum	⟶ Embryo

↗ Geschlechtliche Fortpflanzung bei Samenpflanzen, S. 81

Fruchtformen

Hülse	Beere	Steinfrucht	Nuss	Sammel-Nussfrucht	Sammel-Steinfrucht

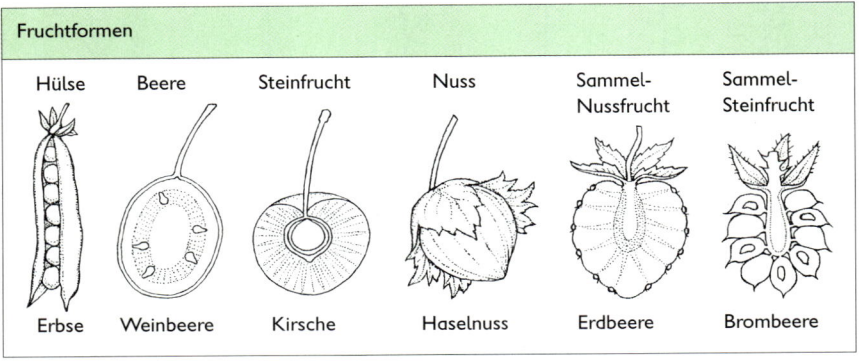

Erbse	Weinbeere	Kirsche	Haselnuss	Erdbeere	Brombeere

Verbreitung von Samen und Früchten

Verbreitungsformen	Verbreitungseinrichtungen – Beispiele	
Selbstverbreitung	Hülsen platzen auf (Erbse, Bohne), Kapselöffnungen entlassen Mohnsamen (Mohn)	
Windverbreitung	Haare (Löwenzahn), Flügel (Ahorn), Tragblatt (Linde)	
Tierverbreitung	Kletthaare mit Widerhaken (Klette, Nelkenwurz)	
	saftiges Fruchtfleisch (Vogelbeere, Holunder)	
Wasserverbreitung	Schwimmgewebe (Kokosnuss)	

Lebensvorgänge

STOFF- UND ENERGIEWECHSEL

Grundvorgänge und Grundbegriffe

Allgemeines. Zum Stoff- und Energiewechsel gehören die Aufnahme von Stoffen und Energie aus der Umwelt, ihre Umwandlung in den Körperzellen sowie die Abgabe von Stoffen und Energie an die Umwelt. Der Stoff- und Energiewechsel läuft in den Zellen ab. Dadurch werden Stoffe und Energie für die Aufrechterhaltung aller Lebensfunktionen bereitgestellt.

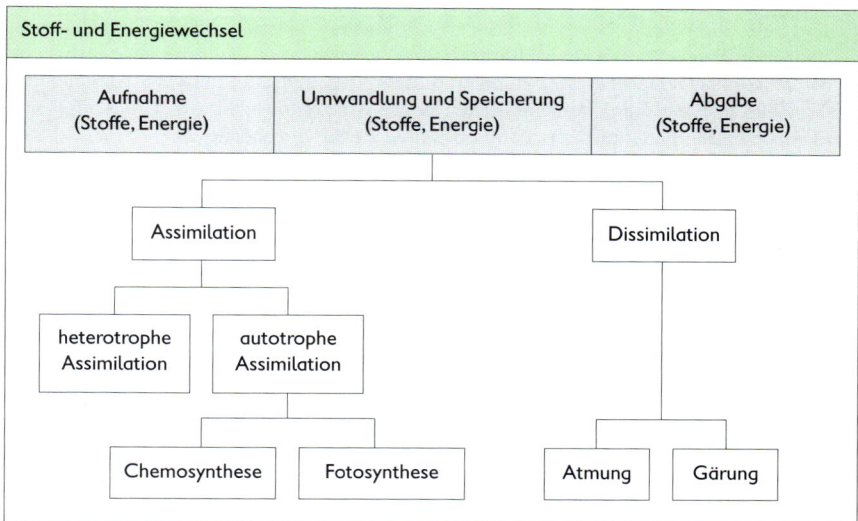

Assimilation. Assimilation ist die Umwandlung aufgenommener körperfremder in körpereigene Stoffe. Dafür benötigen die Lebewesen Energie. Bei autotropher Assimilation werden anorganische in organische, energiereichere Stoffe umgewandelt. Grüne Pflanzen nutzen dafür Lichtenergie. Bei heterotropher Assimilation wird Energie der in der Nahrung enthaltenen Nährstoffe genutzt. Körpereigene Stoffe dienen dem Wachstum oder der Energiespeicherung.

Dissimilation. Dissimilation ist der Abbau (Veratmung oder Vergärung) energiereicher körpereigener Stoffe zu energieärmeren Stoffen. Dadurch wird die für die Lebensvorgänge des Organismus notwendige Energie frei. Dissimilationsvorgänge verlaufen bei allen Organismen prinzipiell gleichartig. Die Energieausbeuten von Atmung und Gärung sind unterschiedlich.

Physikalische Vorgänge zur Aufnahme von Stoffen und Energie

Diffusion. Der durch die Teilchenbewegung bewirkte Konzentrationsausgleich zwischen den Teilchen in Gasen oder Flüssigkeiten wird als Diffusion bezeichnet.

Diffusion
Diffusion ist der Konzentrationsausgleich zwischen den Teilchen benachbarter Gase oder Flüssigkeiten.

Diffusion der Teilchen von Fruchtsirup und Wasser

Osmose. Osmose ist Diffusion durch halb durchlässige Membranen. Zellmembranen sind halb durchlässig. Durch sie können nur kleinere Teilchen diffundieren. Sind z. B. im Zellsaft in den Vakuolen einer Pflanzenzelle Wasserteilchen niedriger konzentriert als in der Flüssigkeit außerhalb, so diffundieren mehr Wasserteilchen aus der Außenlösung in die Zelle (Wasseraufnahme der Zellen durch Konzentrationsausgleich). Diffusion und Osmose laufen bei pflanzlichen und tierischen Zellen gleichartig ab.

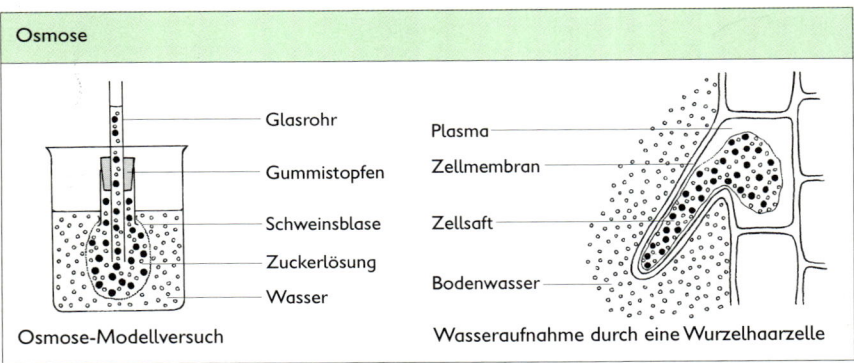

Osmose

Glasrohr
Gummistopfen
Schweinsblase
Zuckerlösung
Wasser

Plasma
Zellmembran
Zellsaft
Bodenwasser

Osmose-Modellversuch

Wasseraufnahme durch eine Wurzelhaarzelle

Stoff- und Energiewechsel der Pflanzen

Autotrophe Assimilation durch Fotosynthese		
Ausgangsstoffe und Energie	Aufnahme durch	Aufnahmevorgang
Kohlenstoffdioxid	Spaltöffnungen	Diffusion
Wasser	Wurzelhaarzellen	Osmose
Nährsalze (in Wasser gelöst)	Wurzelhaarzellen	Osmose
Energie des Lichtes	Chloroplasten	Absorption

Fotosynthese. Sie ist die wichtigste <u>Form der autotrophen Assimilation</u>. Dabei werden die <u>energieärmeren anorganischen Stoffe</u> Wasser und Kohlenstoffdioxid unter Umwandlung von <u>Lichtenergie</u> und durch die Mitwirkung des Blattgrüns (Chlorophyll) <u>zu energiereicheren organischen Stoffen</u> (Kohlenhydrate: Glucose, Stärke) aufgebaut. Bei der Fotosynthese entsteht als wichtiges „Nebenprodukt" <u>Sauerstoff</u>.

Ausgangsstoffe	Ort der Fotosynthese	Bedingungen	Produkte
Wasser, Kohlenstoffdioxid	Chloroplasten in Zellen	Licht, Chlorophyll	Kohlenhydrate, Sauerstoff

Übersicht über die Fotosynthese

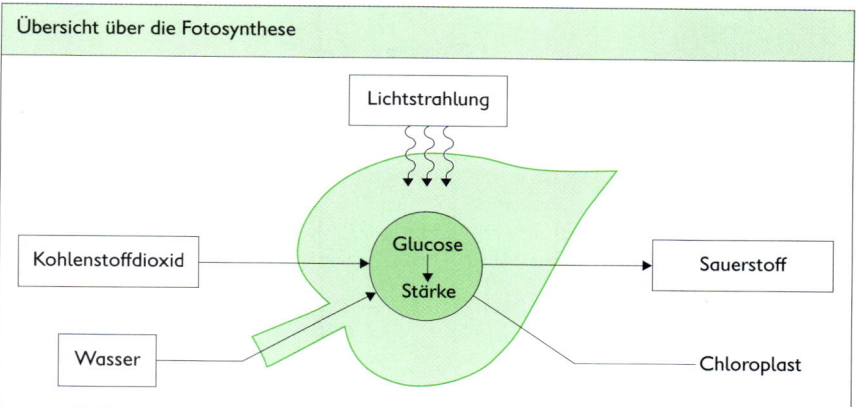

Stoffumwandlungen bei der Fotosynthese

$$\text{Kohlenstoffdioxid} + \text{Wasser} \xrightarrow[\text{Chlorophyll}]{\text{Lichtenergie}} \text{Traubenzucker (Glucose)} + \text{Sauerstoff}$$

Summengleichung:

$$6\ CO_2 + 12\ H_2O \longrightarrow C_6H_{12}O_6 + 6\ O_2 + 6\ H_2O$$

Energieumwandlungen bei der Fotosynthese

$$\text{Lichtenergie} \longrightarrow \text{Energie der Teilchen} \longrightarrow \text{Energie im Traubenzucker}$$

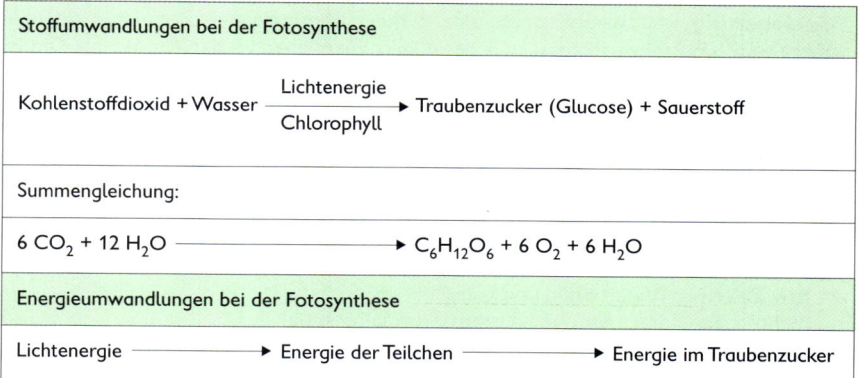

Die Fotosynthese ist der einzige Vorgang, bei dem auf der Erde Energie des Sonnenlichts schrittweise in chemische Energie umgewandelt wird. Die chemische Energie ist z. B im Traubenzucker, in der Stärke oder anderen organischen Verbindungen gespeichert.
↗Chloroplasten, S. 44

Bildung von Assimilaten. Die gebildeten Kohlenhydrate (Traubenzucker, Stärke) werden als Assimilate bezeichnet. Sie sind Material für den Aufbau weiterer körpereigener Stoffe (z. B. Eiweiße und Fette).

Durch den ständigen Auf-, Um- bzw. Abbau von Stoffen gewährleistet die Pflanze den Ablauf ihrer Lebensvorgänge.

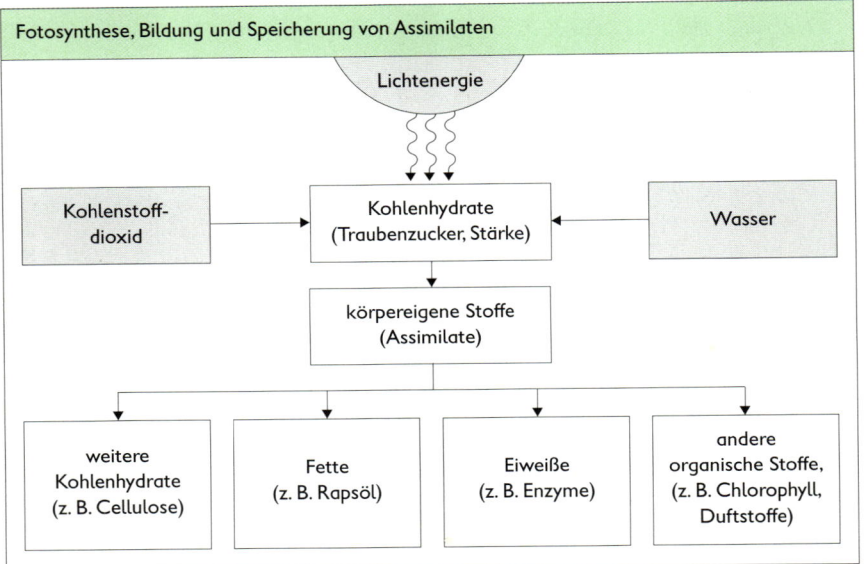

Speicherung von Assimilaten. Die Bildung körpereigener Stoffe ermöglicht das Wachstum (Plasmawachstum) und deckt den Energiebedarf der Pflanze ab. Die restlichen Assimilate werden als Speicherstoffe in spezielle Speicherorgane eingelagert, z. B. in Spross- oder Wurzelknollen (Kartoffeln, Dahlien).

Bedeutung der Fotosynthese. Ihre Entstehung war Voraussetzung für die Entwicklung höher strukturierten Lebens. Durch sie kam Sauerstoff in die Atmosphäre (Voraussetzung für die Atmung von Lebewesen).

Bei der Fotosynthese werden aus anorganischen Stoffen organische Stoffe aufgebaut. Diese sind:

— Grundlage für Leben, Wachstum und Entwicklung der Pflanzen
  bzw. Zellen (z. B. Duftstoffe und Gifte),
— Nahrungsgrundlage für alle heterotrophen Lebewesen
  (z. B. Pilze, Tiere, Menschen),
— Ausgangsmaterial zur Entstehung fossiler Energieträger
  (Kohle, Erdöl, Erdgas),
— Grundstoffe für viele Produktionszweige
  (z. B. Bauindustrie, Möbelherstellung, chemische Industrie, Nahrungsgüterwirtschaft, Spielzeugherstellung).

↗ Wachstum, S. 78

Dissimilation – Energiefreisetzung im Organismus

Formen der Dissimilation	
Atmung	**Gärung**
Energiereiche, körpereigene Stoffe werden unter Sauerstoffverbrauch schrittweise zu Kohlenstoffdioxid und Wasser abgebaut. Dabei wird die Energie für alle Lebensvorgänge frei: Traubenzucker + Sauerstoff $\longrightarrow$ Kohlenstoffdioxid + Wasser + Energie Ort der Atmung sind die Mitochondrien in den Zellen von Pflanzen, Pilzen, Tieren und Menschen.	Energiereiche, körpereigene Stoffe werden bei vielen Bakterien und Pilzen schrittweise unvollständig zu energieärmeren, organischen Stoffen abgebaut. Dabei wird die Energie für deren Lebensvorgänge freigesetzt. Die Energieausbeute ist geringer als bei der Atmung. Gärungen verlaufen meist ohne Sauerstoffverbrauch.

4

Gärungsformen und ihre praktische Nutzung			
Gärungsform	Gärungserreger	Produkte	Nutzung
alkoholische Gärung	Hefepilze	Ethanol	Bier- und Weinherstellung Backen von Brot und Hefekuchen
Milchsäuregärung	Milchsäurebakterien	Milchsäure	Konservierung von Gemüse und Futter Herstellung von Milchprodukten
Essigsäuregärung	Essigsäurebakterien	Essigsäure	Herstellung von Speiseessig

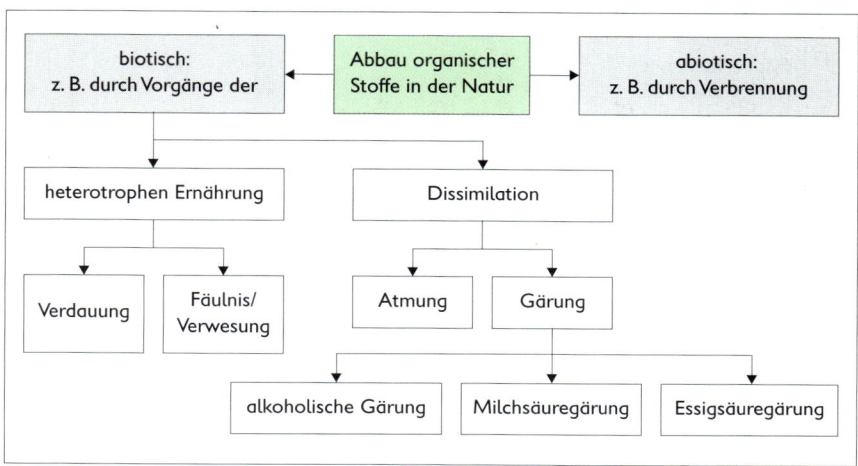

↗ Destruenten, S. 146

69

Stoff- und Energiewechsel heterotropher Lebewesen

Aufnahme von Stoffen und Energie. Heterotroph lebende Organismen benötigen Nahrung (energiereiche organische Nährstoffe, Wasser, Mineralstoffe und Vitamine) sowie zur Atmung Sauerstoff. Bei der Verdauung werden Nährstoffe (Kohlenhydrate, Fette, Eiweiße) durch Enzyme biochemisch so verändert, dass sie von den Körperzellen aufgenommen werden können.

Enzyme. Enzyme sind körpereigene Eiweißstoffe, die jeweils spezifische biochemische Stoffwechselreaktionen steuern (Biokatalysatoren). Sie wirken nur unter bestimmten Bedingungen (z. B. Temperaturen, pH-Werte) und liegen nach der biochemischen Reaktion wieder unverändert vor.

Vitamine. Vitamine sind oft Bestandteil von Enzymen. Daher kann Vitaminmangel zu schweren Stoffwechselstörungen führen. Sie müssen von Tieren und Menschen meist mit der Nahrung aufgenommen werden. Heute können Vitamine auch industriell hergestellt werden.

↗ Bestandteile der Nahrung und ihre biologische Bedeutung, S. 102

4

Zusammensetzung der Nahrung			
Nährstoffe	Modell	Vorkommen z. B. in	Bedeutung
Kohlenhydrate			hauptsächlich Energiequelle
– Vielfachzucker (Polysaccharide), z. B. Stärke		Getreide, Kartoffeln	
– Zweifachzucker (Disaccharide), z. B. Rübenzucker		Zuckerrüben, Zuckerrohr	
– Einfachzucker (Monosaccharide), z. B. Traubenzucker		Obst, Bienenhonig	
Fette		Milch, Speck, Pflanzenöl	hauptsächlich Energiequelle
Eiweiße		Milch, Fleisch, Sojabohne	hauptsächlich Aufbaustoffe
Wirkstoffe und Ergänzungsstoffe: Wasser, Vitamine, Mineralsalze, Ballaststoffe			

„Künstliche" Ernährung. Bei schweren Störungen des Stoffwechsels, zum Beispiel nach Unfällen oder Operationen, werden lebenswichtige Nährstoffe unter Umgehung der Verdauungsorgane direkt in den Blutkreislauf eingeführt (Infusion). Diese Infusionslösungen enthalten u. a. Traubenzucker, Aminosäuren und Fettemulsionen.

Verdauung. Nährstoffe (Kohlenhydrate, Fette, Eiweiße) werden schrittweise durch Verdauungsenzyme in ihre von den Körperzellen aufnehmbaren (resorbierbaren) Bausteine umgewandelt.

Nährstoffe	Verdauungs-enzyme →	Zwischen produkte	Verdauungs-enzyme →	Resorbierbare Endprodukte
Stärke				Traubenzucker
Eiweiß				Aminosäuren
Fett G — F₁ F₂ F₃				
F = Fettsäuren; G = Glycerin				

Die Verdauung läuft bei einzelligen Tieren in der Zelle, bei den meisten Wirbellosen und Wirbeltieren im Verdauungssystem ab.

Einige Tiere (z. B. Spinnen) geben Verdauungsenzyme in ihre Beute und saugen dann die außerhalb ihres Körpers verdaute Nahrung auf.

↗ Verdauungssystem des Menschen, S. 100 ff.

Resorption. Aufnahme der Endprodukte der Verdauung sowie von Vitaminen, Wasser und anderen Stoffen durch Darmzellen in den Körper. Im Bereich des Dünndarms vergrößern die Dünndarmzotten die Oberfläche der Darminnenwand und damit die Resorptionsfläche.

Viele Medikamente, Alkohol und Nikotin werden ebenfalls resorbiert. Nicht verdaute Nahrungsbestandteile, wie z. B. Cellulose, werden nicht resorbiert, sondern ausgeschieden.

Verweildauer der Nahrung. Je nach Zusammensetzung der Mahlzeiten und Beschaffenheit des Körperzustandes benötigt die Nahrung etwa 24 bis 30 Stunden um den Verdauungskanal zu passieren.

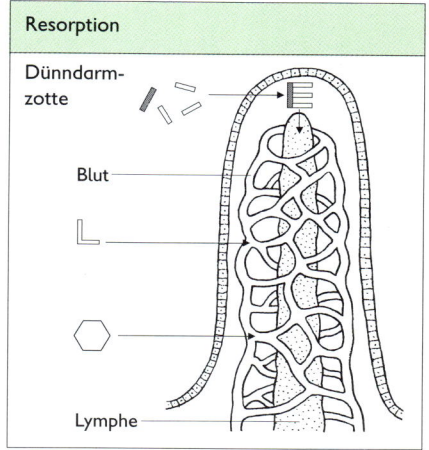

Resorption

Dünndarm-zotte

Blut

Lymphe

Zusammenwirken der Stoff- und Energiewechselprozesse

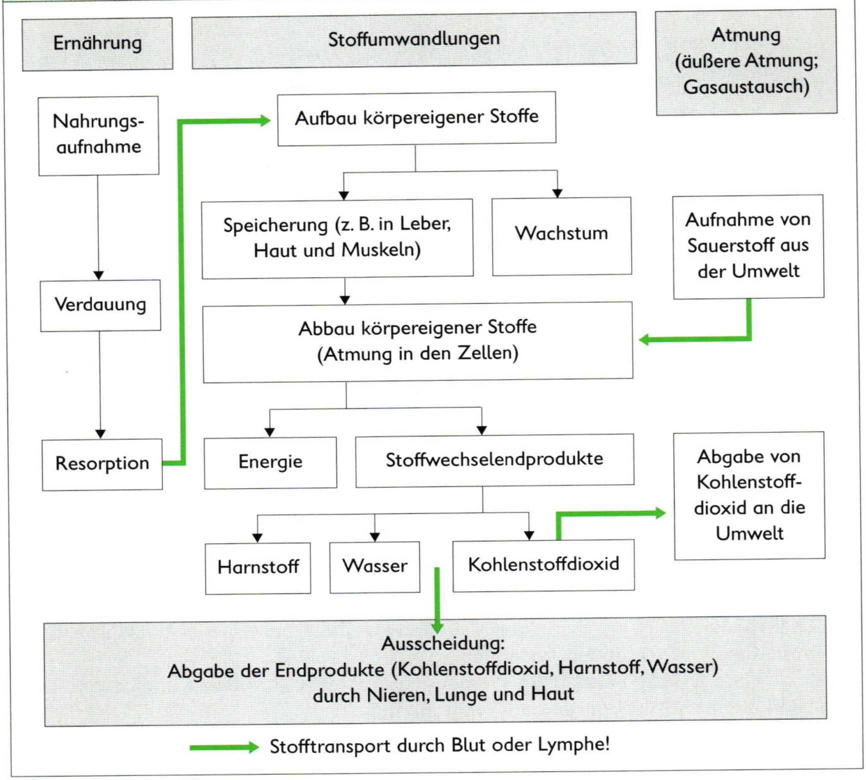

Ernährung	Stoffumwandlungen	Atmung (äußere Atmung; Gasaustausch)

Nahrungs-aufnahme → Aufbau körpereigener Stoffe

Aufbau körpereigener Stoffe →
- Speicherung (z. B. in Leber, Haut und Muskeln)
- Wachstum

Aufnahme von Sauerstoff aus der Umwelt

Verdauung

Abbau körpereigener Stoffe (Atmung in den Zellen)

Resorption

Energie

Stoffwechselendprodukte
- Harnstoff
- Wasser
- Kohlenstoffdioxid

Abgabe von Kohlenstoff-dioxid an die Umwelt

Ausscheidung:
Abgabe der Endprodukte (Kohlenstoffdioxid, Harnstoff, Wasser) durch Nieren, Lunge und Haut

→ Stofftransport durch Blut oder Lymphe!

Wechselbeziehungen zwischen autotrophen und heterotrophen Organismen

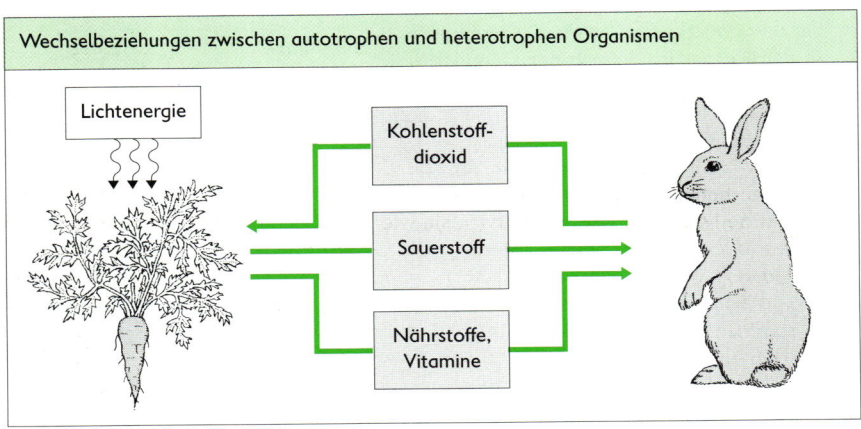

Lichtenergie

Kohlenstoff-dioxid

Sauerstoff

Nährstoffe, Vitamine

REIZBARKEIT, SINNES- UND NERVENFUNKTIONEN

Grundvorgänge und Grundbegriffe

Reizbarkeit. Reizbarkeit ist die Fähigkeit auf Einwirkungen (Reize, Informationen) aus der Umwelt oder dem Körperinneren zu reagieren. Dadurch werden die Regulation der Lebensvorgänge im Organismus sowie seine Aktionen und Reaktionen in der Umwelt ermöglicht.

Reize. Reize sind Einwirkungen aus der Umwelt (z. B. Licht, Wärme, Druck, Schwerkraft), die bei ausreichender Stärke Aktionen und Reaktionen des Organismus auslösen.
↗ Sinnesorgane des Menschen, S. 105 ff.

Erregung und Erregungsleitung. Wirken auf Sinnes- oder Nervenzellen (beim Einzeller auf die Zellorganelle) entsprechende Reize in ausreichender Stärke ein, so werden sie in einen Zustand gesteigerten Stoffwechsels (Erregung) versetzt. Erregungen können weitergeleitet und auf andere Zellen (z. B. Nervenzellen) übertragen werden.

Reaktionen. Eine Reaktion ist die „Beantwortung" eines Reizes durch ein Lebewesen oder eines seiner Teile. Bei Tieren erfolgen Reaktionen durch Muskeln (z. B. bei Abwehr- oder Fluchtbewegungen) oder Drüsen (z. B. erhöhter Speichelfluss, Schwitzen).

4

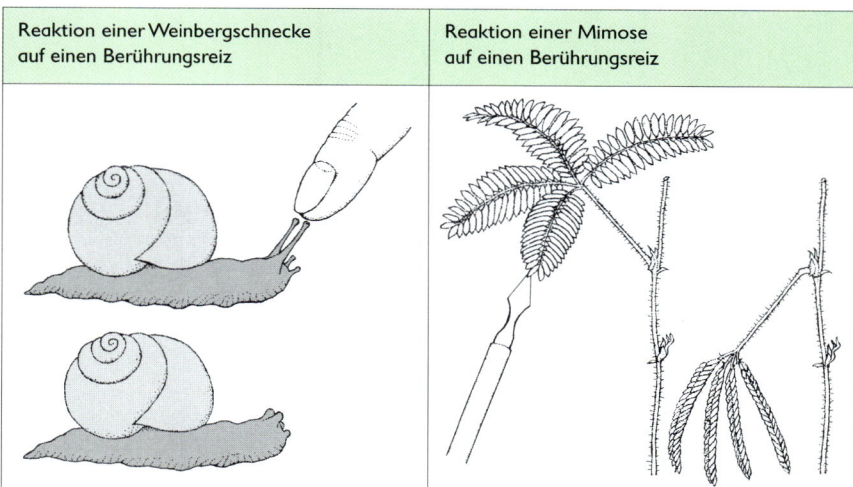

| Reaktion einer Weinbergschnecke auf einen Berührungsreiz | Reaktion einer Mimose auf einen Berührungsreiz |

Reizbarkeit und Bewegungen bei Pflanzen

Pflanzen haben im Unterschied zu den Tieren keine Sinnesorgane, kein Nervensystem und keine Muskeln. Dennoch müssen sie wie alle anderen Lebewesen auf Umweltreize reagieren. Meist handelt es sich um sehr langsam ablaufende Bewegungen, die durch direkte Beobachtung kaum wahrnehmbar sind. Dazu gehören die Wachstumsbewegungen. Sie ermöglichen es den Pflanzen insbesondere in eine Richtung zu wachsen, die bessere Umweltbedingungen bietet (z. B. zum Licht hin).
Bei Pflanzen gibt es aber auch Bewegungsabläufe, die sehr rasch ablaufen können. Dazu gehören blitzschnelle Klappvorgänge beim Fangen kleiner Beutetiere durch Tier fangende („Fleisch fressende") Pflanzen.

73

4

Wachstumsbewegungen. Wachstumsbewegungen können gleichmäßig oder un-gleichmäßig verlaufen. Krümmungsbewegungen sind die Folge ungleichmäßigen Wachs-tums durch ungleichmäßige Verteilung der Wachstumshormone in einem Pflanzenorgan. Beispielsweise bewirkt einseitige Belichtung eine höhere Konzentration von Wachstums-hormonen in der vom Licht abgewandten Seite. Diese wächst schneller, die Pflanze wen-det sich zum Licht. Eine Besonderheit sind die Rankenbewegungen einiger Pflanzen (z. B. Erbsen, Lianen, Wein). Die fadenförmigen Ranken führen dabei kreisende Suchbewegun-gen durch. Nach Berührungsreizen krümmen sich die Ranken, umwickeln die vorhandene Stütze und verankern damit den eigenen Spross. Die Reaktionszeit kann weniger als 30 Sekunden betragen.

Lichtwendigkeit

Licht

Erdwendigkeit

Schwerkraft der Erde

Turgorbewegungen. Turgorbewegungen werden durch Veränderung des Zellinnen-drucks infolge osmotischer Aufnahme oder Abgabe von Wasser in die Zelle verur-sacht:
– Öffnen und Schließen der Spaltöffnungen von Laubblättern,
– Öffnen und Schließen von Blüten in Ab-hängigkeit vom Licht bzw. von der Tem-peratur
  (z. B. Schneeglöckchen, Krokus),
– Schließen von Fangeinrichtungen bei Tier fangenden Pflanzen (z. B. Sonnentau ‚Ve-nusfliegenfalle).
– „Schlafbewegungen" von Blättern, mit denen z. B. Feuerbohne und Sauerklee auf abnehmende Helligkeit reagieren.
  Diese Bewegungen treten in Gelenkpols-tern an den Blattstielen auf (Zellsaft strömt von Zellen der einen in die der anderen Seite)
↗ Innerer Bau eines Laubblattes, S. 60

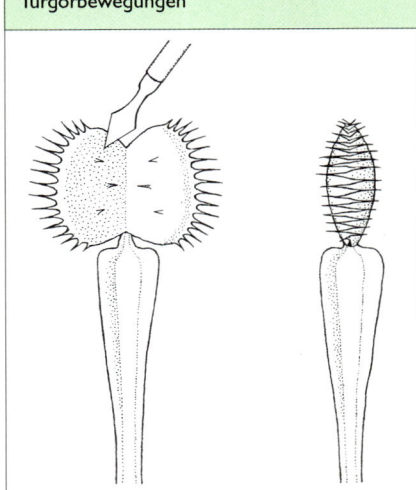

Turgorbewegungen

Bei einer Berührung schließen sich die Fang-blätter der Venusfliegenfalle im Bruchteil einer Sekunde.

Sinnes- und Nervenfunktionen bei Tieren und Menschen

Reizaufnahme. Die Reizaufnahme erfolgt durch spezialisierte Sinneszellen. In Sinnesorganen sind Sinneszellen in großer Anzahl konzentriert und von Schutz- und Hilfseinrichtungen umgeben.

Das Auge als Sinnesorgan		
Sinneszellen	Schutzeinrichtungen	Hilfseinrichtungen
Lichtsinneszellen der Netzhaut	Wimpern, Augenlider, Tränendrüsen, Horn-, Leder- und Bindehaut	Regenbogenhaut mit Ziliarmuskel, Augenlinse, Glaskörper

Sinneszellen reagieren nur auf spezifische Reize		
Informationen aus der Umwelt oder dem Körperinneren	Sinnesorgane zur Reizaufnahme	Spezifische Sinneszellen
Licht	Auge	Lichtsinneszellen
Schall	Ohr	Hörsinneszellen
Wärme/Kälte	Haut	Temperatursinneszellen
Geruch	Nase	Geruchssinneszellen
Geschmack	Zunge	Geschmackssinneszellen
Berührung	Haut	Tastsinneszellen
Bewegung und Lage des Körpers	Ohr	Bewegungs- und Lagesinneszellen
Zusammensetzung von Körperflüssigkeiten	–	chemische Sinneszellen

↗ Bau des Auges, S. 105; ↗ Nervensystem des Menschen, S. 110; ↗ Sinnesorgane des Menschen, S. 105

Informationsverarbeitung. Treffen auf Sinneszellen die ihnen entsprechenden (adäquaten) Reize in ausreichender Stärke, werden sie erregt. Die Erregungen werden auf Nervenzellen übertragen, die sie zum Nervenzentrum (Nervenknoten, Gehirn, Zentralnervensystem) leiten. Hier werden sie verarbeitet und Reaktionen werden ausgelöst.

Reiz → Erregung der Sinneszelle → Erregungsleitung durch Nerven → Verarbeitung der Erregung im Nervenzentrum → Reaktion

Empfindungs- und Bewegungsnerven. Empfindungsnerven leiten Erregungen von den Sinneszellen bzw. Sinnesorganen zu Nervenzentren. Bewegungsnerven leiten Erregungen von den Nervenzentren zu den Erfolgsorganen (z. B. Muskeln, Drüsen). Reaktionen auf Reizeinwirkungen können unwillkürlich oder willkürlich sein.

↗ Zentralnervensystem des Menschen, S. 110

Unwillkürliche Reaktionen	Willkürliche Reaktionen
laufen unbewusst, ohne Beeinflussung durch den Willen ab (z. B. Vergrößerung der Pupille)	laufen über das Bewusstsein ab, werden vom Willen beeinflusst (z. B. Fluchtreaktion)

Reflexe. Reflexe sind unwillkürliche Reaktionen des Organismus auf Reizeinwirkungen. Alle Reflexe laufen prinzipiell ähnlich ab; den Ablauf bezeichnet man als Reflexbogen.
↗ Bau und Funktion des Rückenmarks, S. 111

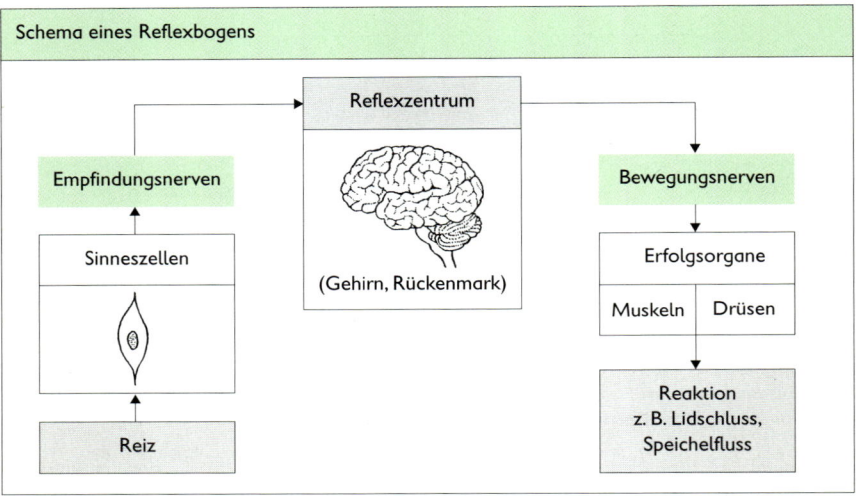

Schema eines Reflexbogens

Unbedingte und bedingte Reflexe. Reflexe können angeboren oder im Verlauf des Lebens erworben sein. Danach unterscheidet man unbedingte und bedingte Reflexe.

Einteilung der Reflexe	
Unbedingte Reflexe	**Bedingte Reflexe**
angeboren, bleiben das ganze Leben erhalten (außer „Baby"reflexe: Saugreflex, Greifreflex)	erworben, unbeständig,
laufen ohne Beteiligung der Großhirnrinde ab (z. B. Kniesehnenreflex, Bauchdeckenreflex, Lidschlussreflex)	laufen mit Beteiligung der Großhirnrinde ab (z. B. Tagesablaufreflexe wie Hungergefühl und erhöhter Speichelfluss zur Essenszeit)

↗ Lernformen, S. 123

Ausbildung erfahrungsbedingter Reflexe. Sie werden auf der Grundlage unbedingter Reflexe erworben. Kombiniert man einen reflexauslösenden Reiz (z. B. Geruch einer Nahrung) wiederholt mit einem zunächst neutralen Reiz (z. B. Licht), so löst nach einiger Zeit der neutrale Reiz allein den Reflex aus (z. B. Speichelfluss). Wird diese Reizkombination (Nahrung/Licht) längere Zeit nicht wiederholt, dann kann der bedingte Reflex „Speichelfluss nach Lichtreiz" nicht mehr ausgelöst werden.

Führt man täglich sich ständig wiederholende Tätigkeiten zur gleichen Uhrzeit durch (z. B. Essen, Notdurft, Schlafengehen, Aufstehen), so stellt sich der Körper durch die Ausbildung von bedingten Reflexen auf diesen Rhythmus ein.

Informationsspeicherung. Tiere, die über ein hoch entwickeltes Nervensystem (mit Gehirn) verfügen, können Informationen im Gedächtnis speichern. Diese werden vergessen, wenn sie über einen längeren Zeitraum nicht abgerufen werden.

Jede Lernleistung ist im Gedächtnis gespeichert.

↗Leistungen des menschlichen Gehirns, S. 123

Biologische Regelung. Im Organismus müssen Zustände wie z. B. die Körpertemperatur (bei Vögeln und Säugetieren), der Blutzuckerspiegel, der Gehalt an Kohlenstoffdioxid im Blut, die Lichtstärke im Auge annähernd gleichbleibend erhalten werden. Dies wird durch biologische Regelung gewährleistet.

4

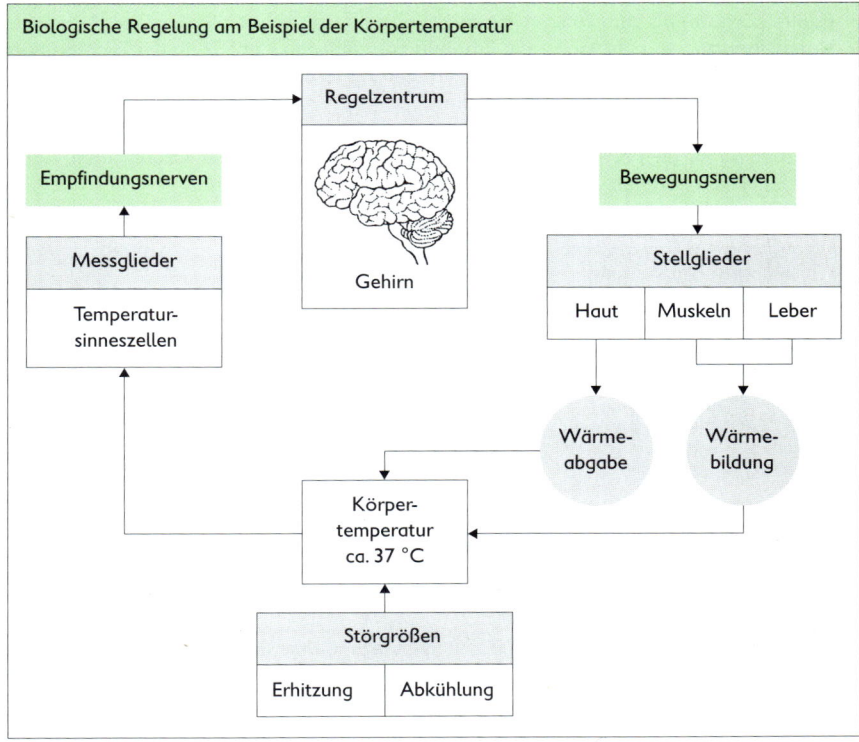

Biologische Regelung am Beispiel der Körpertemperatur

↗Regelung des Blutzuckerspiegels beim Menschen, S. 114

77

FORTPFLANZUNG UND INDIVIDUALENTWICKLUNG

Grundvorgänge und Grundbegriffe

Fortpflanzung. Fortpflanzung ist ein Merkmal des Lebens. Sie bringt artgleiche Nachkommen hervor. Dabei werden genetische Informationen von der Elterngeneration an die Tochtergeneration weitergegeben (Vererbung). Fortpflanzung kann ungeschlechtlich oder geschlechtlich erfolgen. Meist ist sie mit einer Vermehrung verbunden.
↗Vererbung, S. 155

Fortpflanzungsformen bei Lebewesen	
Ungeschlechtliche Fortpflanzung	Geschlechtliche Fortpflanzung
Bakterien, Pflanzen, Pilze und viele wirbellose Tiere	Einzeller, Pilze, Pflanzen, Tiere und Menschen

4

Individualentwicklung. Sie umfasst die Entwicklung eines Organismus vom Entstehen bis zum Vergehen. Bei geschlechtlicher Fortpflanzung verläuft sie von der befruchteten Eizelle (Zygote) bis zum Tod.

Vermehrung. Vermehrung ist die Erhöhung der Individuenanzahl in der Tochtergeneration gegenüber der Elterngeneration. Vermehrung sichert durch den Ausgleich von Verlusten den Fortbestand einer Population.

Zellteilung. Zellteilung ist die Teilung einer Zelle in zwei Tochterzellen. Sie ist die Voraussetzung für die Fortpflanzung und Individualentwicklung aller Organismen. Jede Teilung einer kernhaltigen Zelle beginnt mit der Teilung des Zellkerns.
↗Mitose, S. 160; ↗Meiose, S. 161

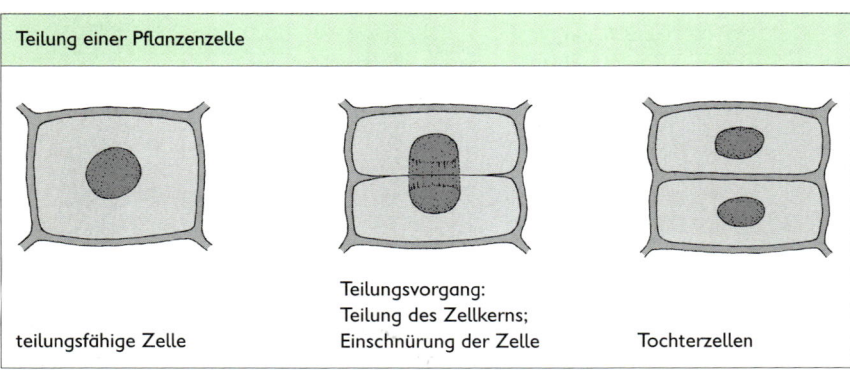

Teilung einer Pflanzenzelle		
teilungsfähige Zelle	Teilungsvorgang: Teilung des Zellkerns; Einschnürung der Zelle	Tochterzellen

Wachstum. Wachstum erfolgt durch Massezunahme (Plasmawachstum durch den Aufbau körpereigener Stoffe) und damit verbundene Zellteilungen sowie Volumenvergrößerung. Wachstumsvorgänge sind nicht umkehrbar und werden durch Hormone gesteuert.
↗Hormonsystem des Menschen, S. 113; ↗Speicherung von Assimilaten, S. 68

Ungeschlechtliche Fortpflanzung

Ungeschlechtliche Fortpflanzung ist das Entstehen von Nachkommen aus Einzelzellen oder mehrzelligen Teilstücken eines Organismus ohne Befruchtung (z. B. aus Sporen bei Pilzen, Moosen und Farnen). Dabei werden Erbanlagen eines Elternteils an die nächste Generation weitergegeben. Alle von einem Organismus auf ungeschlechtlichem Wege abstammenden Nachkommen werden als Klon (griech. : Zweig) bezeichnet.

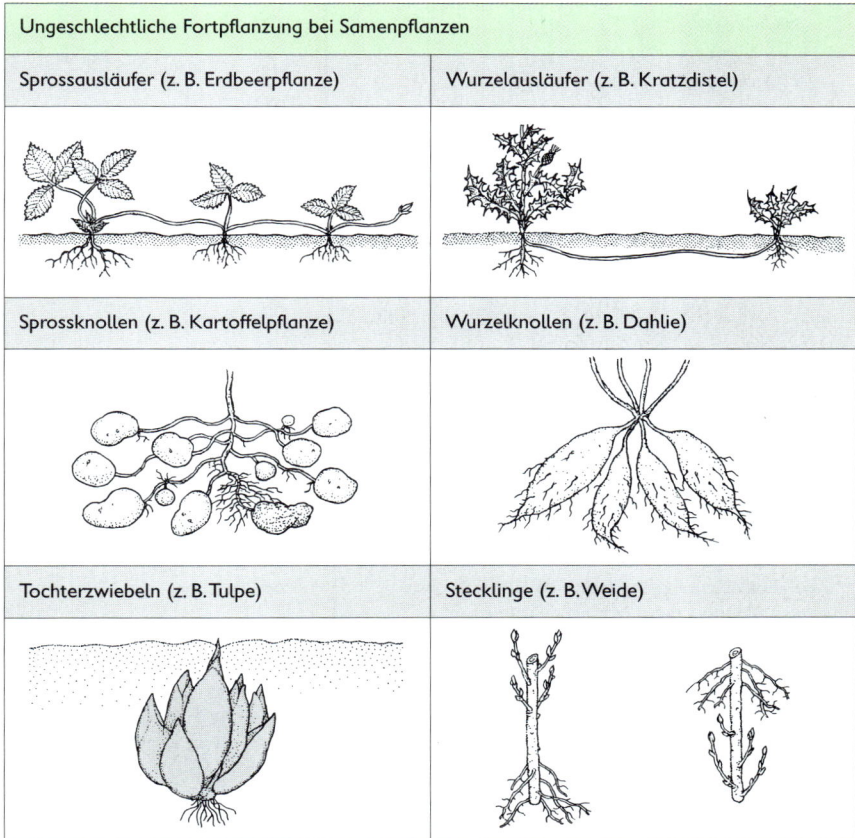

Ungeschlechtliche Fortpflanzung bei Samenpflanzen	
Sprossausläufer (z. B. Erdbeerpflanze)	Wurzelausläufer (z. B. Kratzdistel)
Sprossknollen (z. B. Kartoffelpflanze)	Wurzelknollen (z. B. Dahlie)
Tochterzwiebeln (z. B. Tulpe)	Stecklinge (z. B. Weide)

4

Ungeschlechliche Vermehrung von Pflanzen durch den Menschen. Das Wissen über die ungeschlechtliche Fortpflanzung wird in der Land- und Forstwirtschaft sowie im Gartenbau angewandt, um Kulturpflanzen zu vermehren. Dadurch können z. B. in relativ kurzer Zeit höhere Nachkommensraten erreicht werden.

Alle auf diese Weise erzeugten Nachkommen haben völlig gleiche Merkmale wie die Ausgangspflanzen. Man vermehrt daher solche Pflanzen, deren Eigenschaften wirtschaftlich besonders gefragt sind (z. B. Geschmack, Größe, Form und Kochfestigkeit von Speisekartoffeln).

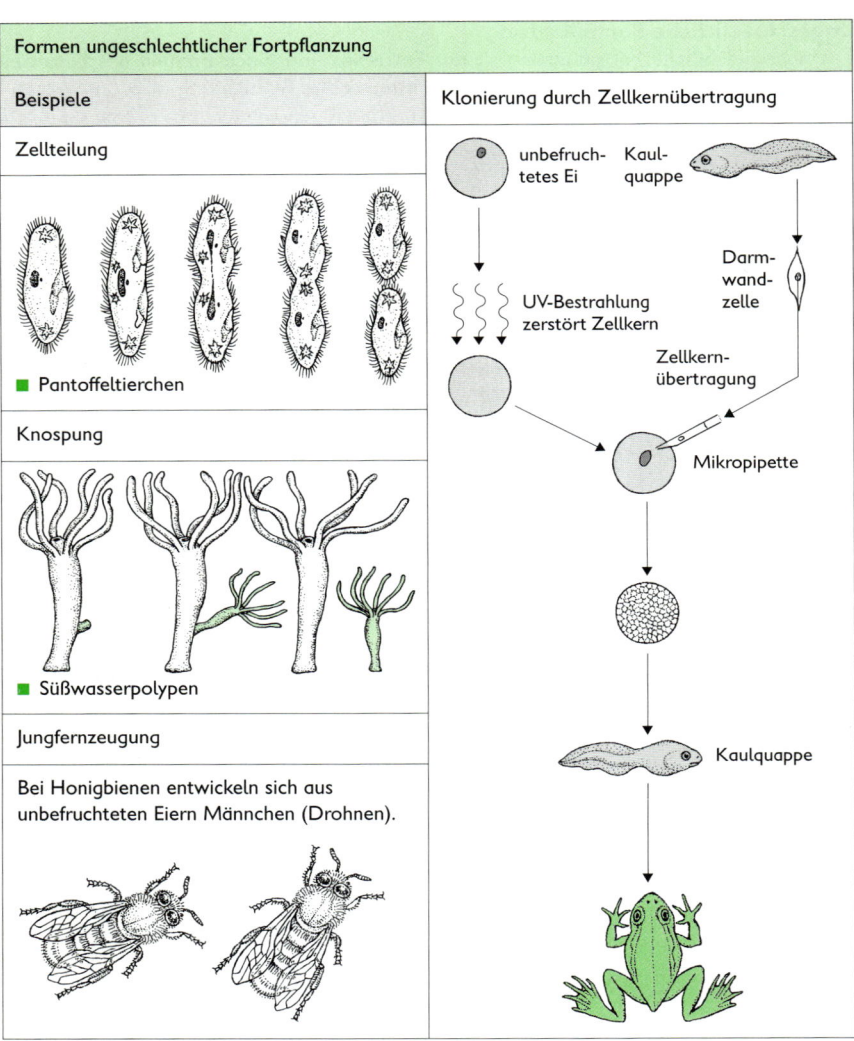

Formen ungeschlechtlicher Fortpflanzung	
Beispiele	Klonierung durch Zellkernübertragung

Ungeschlechtliche Vermehrung von Tieren durch den Menschen. Setzt man den Zellkern einer Körperzelle in eine vorher entkernte artgleiche Eizelle ein und bringt man diese Eizelle zur Entwicklung, so erhält man genetisch gleiche, mit dem Spender des Zellkerns identische Nachkommen.

Ein solches Verfahren (Klonen) ist bei Wirbeltieren zuerst mit Fröschen experimentell gelungen. Inzwischen ist auch das Klonen von Säugetieren (z. B. Hausschaf) technisch möglich (Anwendung in der Tierzüchtung, Tierproduktion und Arzneimittelherstellung).

↗ Bedeutung der Mitose, S. 160

Geschlechtliche Fortpflanzung

Bei geschlechtlicher Fortpflanzung verschmelzen je eine Eizelle und eine männliche Geschlechtszelle (Samenzelle, Spermium) zu einer befruchteten Eizelle (Zygote). Aus Zygoten entwickeln sich Nachkommen. Sie haben Erbanlagen von beiden Eltern.
↗ Geschlechtliche Fortpflanzung und Individualentwicklung, S. 162

Geschlechtliche Fortpflanzung bei Samenpflanzen. Fortpflanzungsorgane der Samenpflanzen sind die Blüten. Sie können eingeschlechtig (nur weiblich oder nur männlich) oder zweigeschlechtig (zwittrig) sein.

Einhäusigkeit und Zweihäusigkeit bei eingeschlechtigen Samenpflanzen	
Einhäusig	Zweihäusig
Auf einer Pflanze befinden sich männliche und weibliche Blüten.	Auf einer Pflanze befinden sich männliche oder weibliche Blüten.
■ Kiefer, Haselstrauch, Kürbis, Gurke	■ Eibe, Weide

Bestäubung. Bestäubung ist die Übertragung der Pollenkörner auf die Narben der Blüten von Bedecktsamern bzw. auf die freiliegenden Samenanlagen der Nacktsamer. Pollen kann innerhalb einer Blüte (Selbstbestäubung) oder zwischen Blüten verschiedener Pflanzen einer Art (Fremdbestäubung) übertragen werden. Nach den Überträgern unterscheidet man Windbestäubung (z. B. Getreide, Kieferngewächse), Tierbestäubung (z. B. Obstgehölze, Raps) und Wasserbestäubung (z. B. Wasserpest, Seegras).
↗ Bedecktsamer, S. 26; ↗ Nacktsamer, S. 25

Befruchtung bei Bedecktsamern. Das durch Bestäubung auf die Narbe einer Blüte gelangte Pollenkorn bildet einen Pollenschlauch aus, der durch den Griffel zum Fruchtknoten wächst.

Mit dem Pollenschlauch werden die Samenzellen zur Eizelle transportiert. Eine Samenzelle befruchtet die Eizelle; aus der Zygote entwickelt sich der pflanzliche Embryo im Samen der Pflanze.

Einige Zellen in der Samenanlage speichern Nährstoffe für die später erfolgende Entwicklung des pflanzlichen Embryos (mit Keimwurzel, Keimspross, Keimblättern). Die äußeren Gewebe der Samenanlage werden zur Samenschale umgebildet.
↗ Bau der Blüten, S. 62

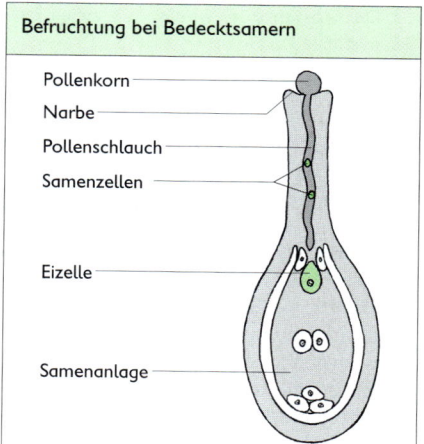

Befruchtung bei Bedecktsamern

Pollenkorn
Narbe
Pollenschlauch
Samenzellen
Eizelle
Samenanlage

Geschlechtliche Fortpflanzung bei Tieren und Menschen

Übertragung der männlichen Geschlechtszellen (Samenzellen, Spermien).
Bei Hohltieren schwimmen die männlichen Geschlechtszellen vom Ort ihrer Bildung zu den weiblichen Geschlechtszellen (Eizellen). Bei den meisten Fisch- und Lurcharten werden die Samen- und Eizellen ins Wasser entleert, die Samenzellen schwimmen zu den Eizellen. Bei Landtieren werden die Samenzellen durch Begattung übertragen.
Begattung. Begattung ist die Übertragung der Samenzellen in den weiblichen Körper. Hier bewegen sie sich in den weiblichen Geschlechtsorganen zum Ort der Befruchtung.

Befruchtung	
Äußere Befruchtung	**Innere Befruchtung**
Verschmelzung der Geschlechtszellen findet außerhalb des Körpers im freien Wasser statt. ■ Hering, Grasfrosch	Verschmelzung der Geschlechtszellen findet innerhalb der weiblichen Geschlechtsorgane statt. ■ Buntspecht, Hausrind, Mensch

Befruchtung bei Säugetieren		
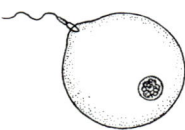	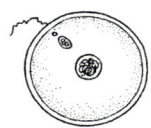	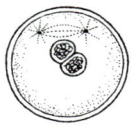
Eine Samenzelle (Spermium) dringt mit Kopf und Mittelstück in das Ei ein. Das Schwanzstück wird abgestoßen.	Danach bildet sich um das Ei eine Membran, die das Eindringen weiterer Samenzellen verhindert.	Der Kern der Samenzelle vereinigt sich mit dem Kern der Eizelle. Aus der befruchteten Eizelle (Zygote) entwickelt sich ein neues Individuum.

Technische Besamung und Befruchtung. Das Wissen über die Fortpflanzungsbiologie wird in der Tierzucht und in der Medizin vielfältig angewandt.
In der modernen Tierproduktion werden z. B. Kühe, Stuten und Sauen technisch besamt. Besamungstechniker oder Tierärzte übertragen mit Pipetten Sperma von ausgewählten Zuchttieren (Bullen, Hengste, Eber) in die Muttertiere. Möglich ist auch eine künstliche Befruchtung ausserhalb der weiblichen Geschlechtsorgane unter Laborbedingungen.
Künstliche Befruchtung beim Menschen. Die Erkenntnisse über Möglichkeiten, Befruchtungen mit technischen Mitteln herbeizuführen, haben auch in der Humanmedizin Anwendung gefunden. Mithilfe der Fortpflanzungsmedizin können Ehepaare mit Kinderwunsch, die ohne ärztliche Hilfe keine Kinder bekommen würden, doch noch leibliche Eltern werden.
↗Fortpflanzung und Individualentwicklung des Menschen, S. 114 ff.

Individualentwicklung der Samenpflanzen

Keimung. Keimung ist die Beendigung der Samenruhe. Unter entsprechenden Bedingungen (z. B. Feuchtigkeit, Sauerstoff, bestimmte Temperaturen und Licht) quillt der Samen (Wasseraufnahme). Der Keimling ernährt sich vom Nährgewebe des Samens (heterotrophe Ernährung). Zuerst durchbricht die Keimwurzel die Samenschale, dann folgt die Sprossknospe. Mit der Ergrünung der Keimblätter (Beginn der autotrophen Ernährung) ist die Keimung abgeschlossen.

⤻ Bau der Samen, S. 63

Wachstum bei Samenpflanzen. Pflanzen können zeitlebens wachsen. Wachstum erfolgt an bestimmten Stellen von Spross und Wurzel (Wachstumszonen).

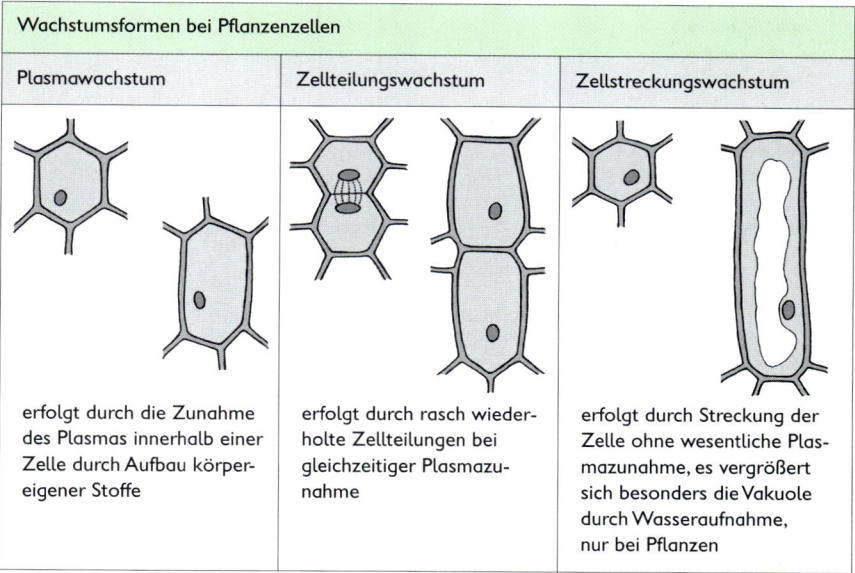

Wachstumsformen bei Pflanzenzellen		
Plasmawachstum	Zellteilungswachstum	Zellstreckungswachstum
erfolgt durch die Zunahme des Plasmas innerhalb einer Zelle durch Aufbau körpereigener Stoffe	erfolgt durch rasch wiederholte Zellteilungen bei gleichzeitiger Plasmazunahme	erfolgt durch Streckung der Zelle ohne wesentliche Plasmazunahme, es vergrößert sich besonders die Vakuole durch Wasseraufnahme, nur bei Pflanzen

Altern und Tod bei Samenpflanzen. Bei den Samenpflanzen haben einzelne Organe (z. B. Blätter, Blüten) oft eine viel kürzere Lebensdauer als die Gesamtpflanze. Altern und Tod treten bei ein- und zweijährigen Pflanzen nach Samenreife ein.

Bäume können ein sehr hohes Alter erreichen. Ihr Absterben ist wahrscheinlich eine Folge der für sie immer schwieriger werdenden Versorgung mit Wasser, Nähr- und Wirkstoffen. Die zunehmenden Umweltbelastungen durch menschlichen Einfluss (z. B. Luft-, Boden- und Grundwasserverschmutzung) wirken hier zusätzlich. Infolgedessen verringert sich die Lebensdauer der Bäume.

Höchstalter ausgewählter Baumarten in Jahren							
Borstenkiefer	Mammutbaum	Linde	Eibe	Eiche	Rotbuche	Kirsche	Birke
4 900	4 000	1 900	1 800	1 300	900	400	120

Individualentwicklung bei Tieren und Menschen

Die Individualentwicklung der vielzelligen Tiere umfasst komplexe Umwandlungsprozesse. Dazu gehören Zellteilungen, Wachstumsvorgänge, Zelldifferenzierungen, Organbildungen und vor allem beim Altern auch Abbauvorgänge. Auf diese Prozesse wirken sowohl innere als auch äußere Faktoren ein.

↗ Fortpflanzung und Individualentwicklung des Menschen, S. 114 ff.

Entwicklungsphasen	
Befruchtung, vorgeburtliche Entwicklung, Schlupf/Geburt	intensives Wachstum, Zelldifferenzierungen, Organbildungen
Jugendentwicklung	Wachstum, Ausbildung sekundärer Geschlechtsmerkmale
Erwachsenenstadium	Bildung und Reifung der Geschlechtszellen, Fortpflanzung
Altern und Tod	Abbauprozesse

Direkte und indirekte Entwicklung bei Tieren. Bei direkter Entwicklung gleichen die Jugendstadien in Gestalt und Lebensweise weitgehend den erwachsenen Tieren (z. B. Säugetiere). Bei indirekter Entwicklung treten Larvenstadien auf, die sich in Gestalt und Lebensweise wesentlich von den erwachsenen Tieren unterscheiden. Es vollzieht sich ein Gestaltwechsel (Metamorphose – z. B. bei Insekten und Lurchen).

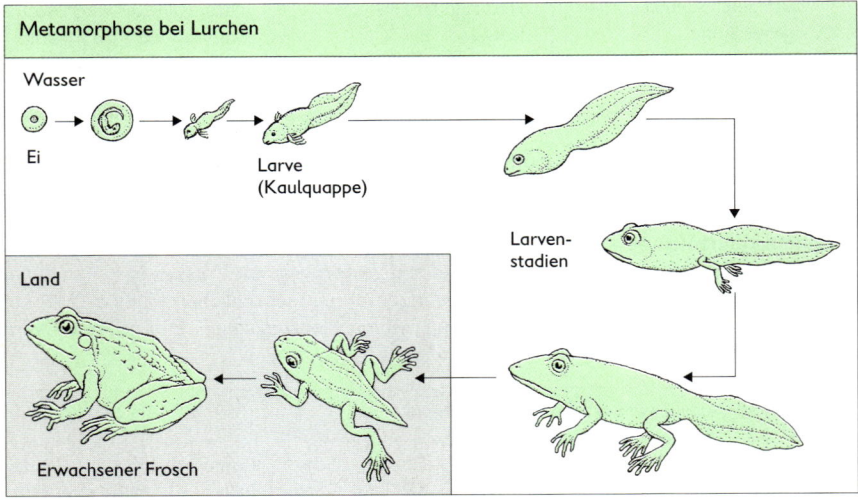

Metamorphose bei Lurchen

Wasser

Ei

Larve
(Kaulquappe)

Larven-
stadien

Land

Erwachsener Frosch

↗ Embryonalentwicklung des Menschen, S. 119

Der Mensch

STÜTZ- UND BEWEGUNGSSYSTEM

Allgemeines

Das Stütz- und Bewegungssystem besteht aus Skelett und Muskulatur. Seine Funktionen sind die Stützung des Körpers, das Ausführen von Bewegungen und der Schutz innerer Organe. Die Knochen bilden das Skelett (Kopfskelett, Rumpfskelett, Gliedmaßenskelett). ↗Stützsysteme, S. 48; ↗Bewegungssysteme, S. 49

Bau des Skeletts (Vorderansicht)

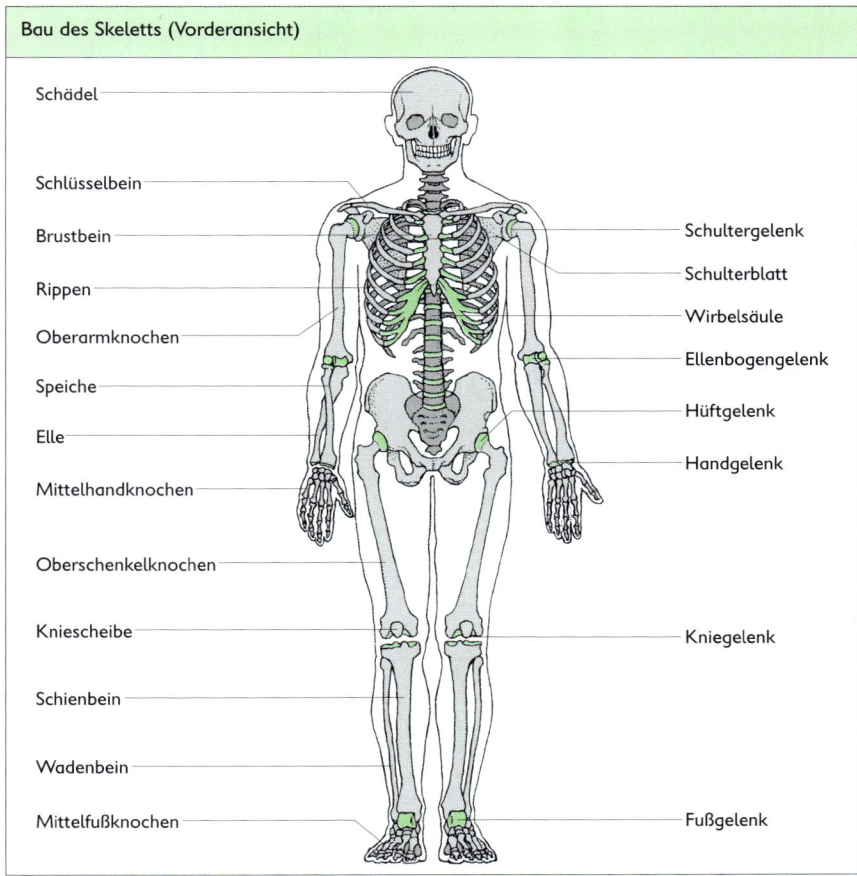

Schädel

Schlüsselbein

Brustbein

Rippen

Oberarmknochen

Speiche

Elle

Mittelhandknochen

Oberschenkelknochen

Kniescheibe

Schienbein

Wadenbein

Mittelfußknochen

Schultergelenk

Schulterblatt

Wirbelsäule

Ellenbogengelenk

Hüftgelenk

Handgelenk

Kniegelenk

Fußgelenk

5

Wirbelsäule. Die zentrale Stütze des Skeletts ist doppelt s-förmig gekrümmt. Sie besteht aus einzelnen knöchernen Wirbeln mit knorpligen Zwischenwirbelscheiben. Dadurch ist sie beweglich.

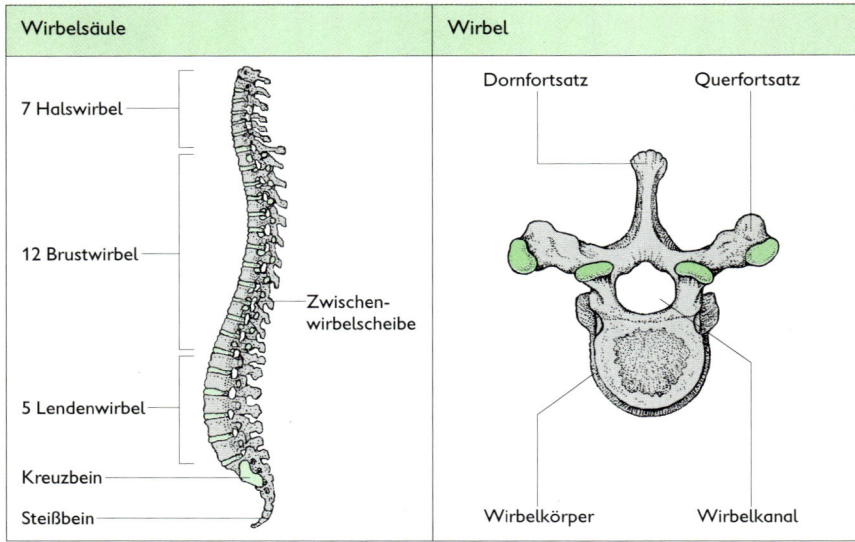

Wirbelsäule	Wirbel
7 Halswirbel	Dornfortsatz Querfortsatz
12 Brustwirbel	
Zwischen-wirbelscheibe	
5 Lendenwirbel	
Kreuzbein	
Steißbein	Wirbelkörper Wirbelkanal

Schädel. Er schützt das Gehirn und die im Kopf liegenden Sinnesorgane. Der Hirnschädel besteht aus Plattenknochen, deren Knochennähte beim Neugeborenen noch nicht vollständig geschlossen sind. Den größten Teil des Gesichtsschädels bilden der Ober- und Unterkiefer mit den Zähnen.

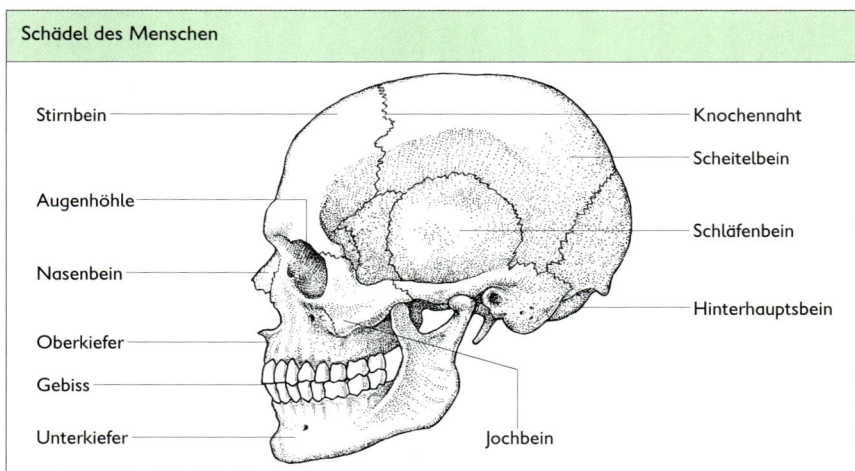

Schädel des Menschen

Stirnbein — Knochennaht — Scheitelbein — Augenhöhle — Schläfenbein — Nasenbein — Hinterhauptsbein — Oberkiefer — Gebiss — Unterkiefer — Jochbein

5

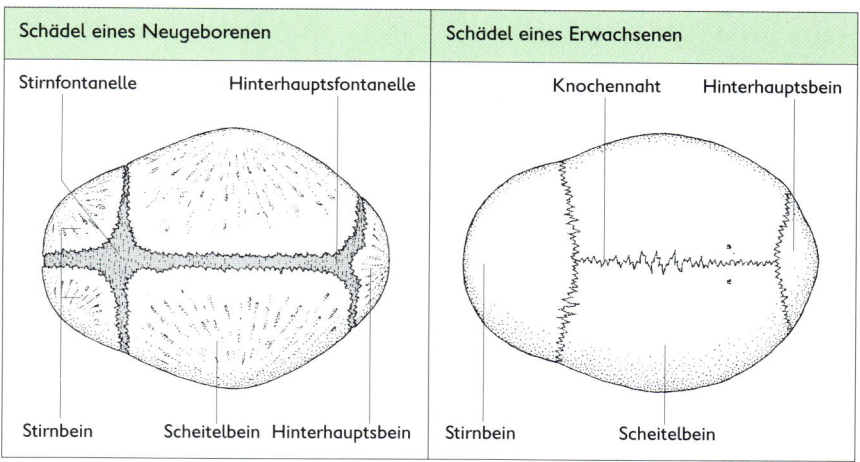

Schädel eines Neugeborenen	Schädel eines Erwachsenen

Schädel eines Neugeborenen: Stirnfontanelle, Hinterhauptsfontanelle, Stirnbein, Scheitelbein, Hinterhauptsbein

Schädel eines Erwachsenen: Knochennaht, Hinterhauptsbein, Stirnbein, Scheitelbein

Knochen. Knochen bestehen aus einer festen Knochenrinde, Knochengewebe und Knochenmark. Sie sind von einer Knochenhaut umgeben. Man unterscheidet Röhren- und Plattenknochen. Röhrenknochen haben Stütz-, Plattenknochen Schutzfunktionen.

5

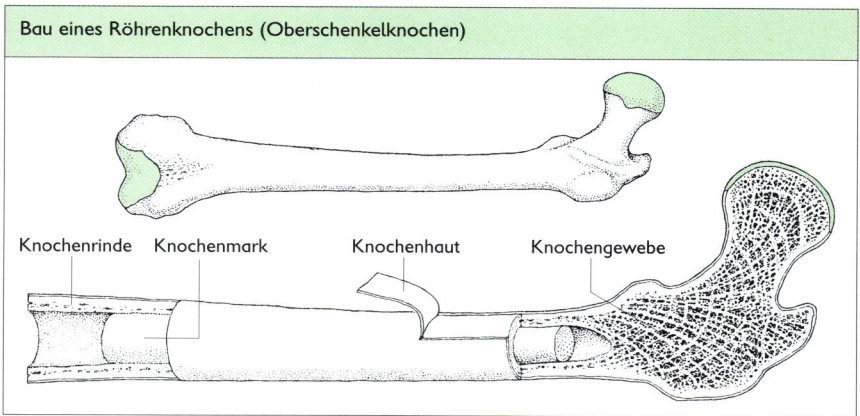

Bau eines Röhrenknochens (Oberschenkelknochen)

Knochenrinde, Knochenmark, Knochenhaut, Knochengewebe

Plattenknochen sind flach und werden vollständig von Knochengewebe durchzogen. Sie besitzen nur innerhalb des Knochengewebes Knochenmark.
Knochen können fest miteinander verwachsen (z. B. Knochennähte des Schädels) oder über Gelenke bzw. Knorpel beweglich miteinander verbunden sein.
Knorpel. Knorpel ist elastisches Stützgewebe. Es dient als biegsame Verbindung zwischen Knochen (z. B. Rippenknorpel zwischen Rippen und Brustbein, Zwischenwirbelscheiben). Knorpel überzieht alle Gelenkenden. Knorpel ist auch Bestandteil von Nase, Kehlkopf und Luftröhre.
Gelenke. Gelenke sind bewegliche Verbindungen zwischen Knochen.

Gelenkformen (Modelle)	Bau eines Gelenks

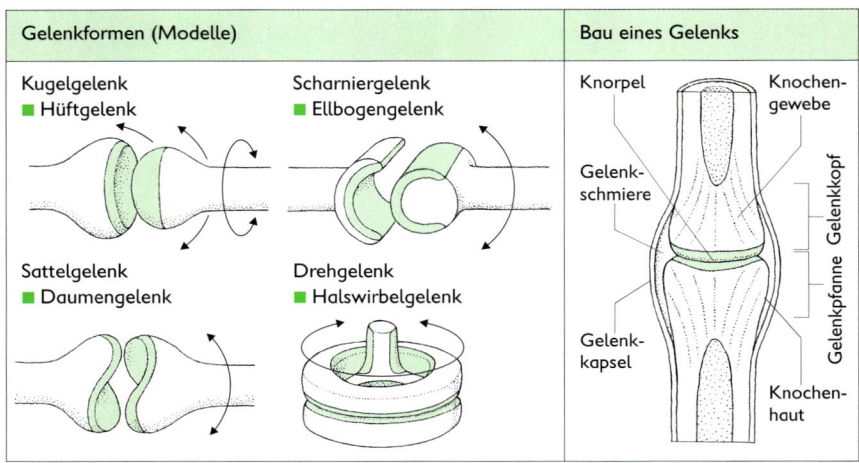

Kugelgelenk
■ Hüftgelenk

Scharniergelenk
■ Ellbogengelenk

Sattelgelenk
■ Daumengelenk

Drehgelenk
■ Halswirbelgelenk

Knorpel

Knochengewebe

Gelenkschmiere

Gelenkkapsel

Knochenhaut

Gelenkpfanne

Gelenkkopf

Muskulatur und Muskelfunktionen

5

Skelettmuskulatur des Menschen

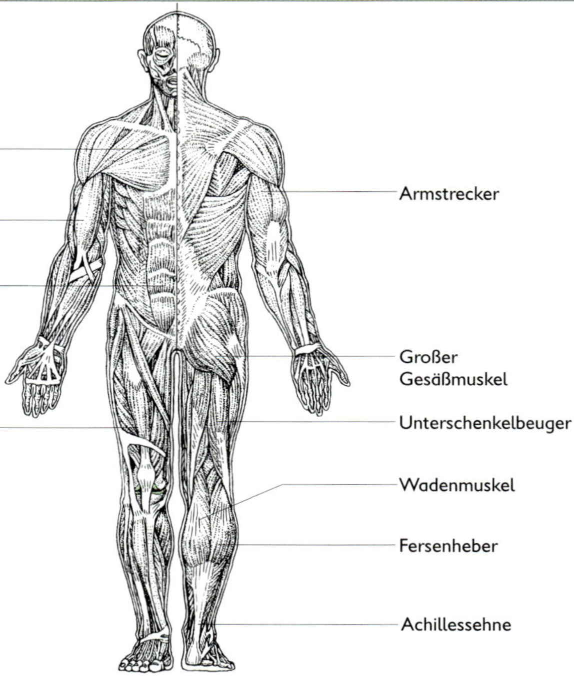

Brustmuskel

Armbeuger

Bauchmuskel

Unterschenkelstrecker

Armstrecker

Großer
Gesäßmuskel

Unterschenkelbeuger

Wadenmuskel

Fersenheber

Achillessehne

Funktion der Muskeln. Sie vollziehen im Verbund mit Gelenken und Skelett die Körperbewegungen sowie die Bewegungen im Körperinneren (z. B. Herzschlag, Magen- und Darmbewegungen). Man unterscheidet glatte Muskulatur (z. B. Eingeweidemuskulatur) und quer gestreifte Muskulatur (z. B. Skelettmuskulatur).

↗Muskeln, Sehnen, Knochen und Gelenke, S. 49

Schädigungen des Stütz- und Bewegungssystems

Ursachen dafür sind z. B. Mangel an körperlicher Betätigung, langes Sitzen, einseitige körperliche Belastung und falsche Körperhaltung beim Sitzen, Laufen oder Stehen. Es kann zu Haltungsschwächen und Veränderungen an der Wirbelsäule kommen.

Durch Abnutzung der knorpligen Zwischenwirbelscheiben (Bandscheiben) reiben die knöchernen Wirbel aufeinander. Dadurch werden Rückenschmerzen verursacht.

Zweckmäßige Schulbänke und leichte Schulranzen (keine Taschen!) unterstützen die richtige Körperhaltung.

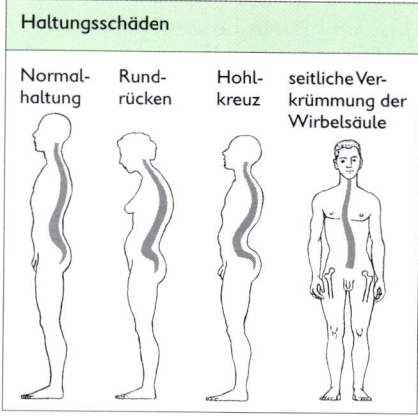

Haltungsschäden

| Normal-haltung | Rund-rücken | Hohl-kreuz | seitliche Verkrümmung der Wirbelsäule |

Richtige Körperhaltung, regelmäßige Bewegung und aktive sportliche Tätigkeit tragen zur Vermeidung von Haltungsschäden bei. Durch spezielle Gymnastik (Rückenschule) können Haltungsschäden gezielt behandelt werden.

Erste Hilfe bei Verletzungen an Knochen, Gelenken und Muskeln

Durch Unfall, Überlastung und ungenügende Erwärmung vor sportlicher Betätigung kann es zu Verletzungen des Stütz- und Bewegungssystems kommen.

Verletzung	Erste Hilfe
Knochenbruch	Gebrochenen Knochen über die anschließenden Gelenke hinaus mit einer Schiene ruhig stellen! Offene Brüche vor dem Schienen steril abdecken! Sofort Arzt aufsuchen! Bei Verdacht auf Wirbelsäulenverletzung Verunglückten nicht bewegen bzw. transportieren. Notdienst rufen!
Gelenkverstauchung	Gelenk ruhig stellen, kühlen und Arzt aufsuchen!
Verrenkung eines Gelenks	Gelenk ruhig stellen und Arzt aufsuchen, nicht selbst einrenken!
Muskel- und Sehnenriss	Betroffenes Körperteil ruhig stellen und Arzt aufsuchen! Abdecken der Wunde (steril), sofort zum Notarzt!

89

HERZ UND BLUTKREISLAUFSYSTEM

Allgemeines

Der Mensch hat einen doppelten geschlossenen Blutkreislauf (Körper- und Lungenkreislauf). Das Blutgefäßsystem besteht aus Herz, Arterien, Venen und Kapillaren.

↗ Blutkreislaufsysteme, S. 55

Bau und Funktion des Herzens

Das Herz ist ein Hohlmuskel, der sich rhythmisch zusammenzieht. Diese Pumpbewegung bewirkt den Transport des Blutes durch den Körper.

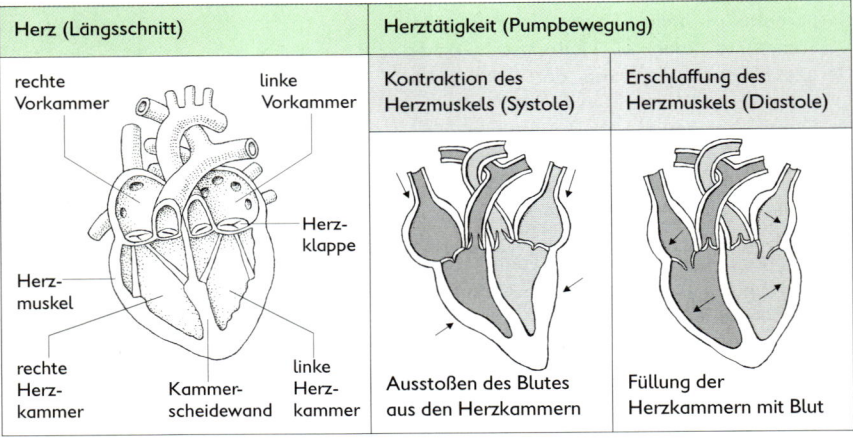

Herz (Längsschnitt)	Herztätigkeit (Pumpbewegung)	
rechte Vorkammer, linke Vorkammer, Herzklappe, Herzmuskel, rechte Herzkammer, Kammerscheidewand, linke Herzkammer	Kontraktion des Herzmuskels (Systole)	Erschlaffung des Herzmuskels (Diastole)
	Ausstoßen des Blutes aus den Herzkammern	Füllung der Herzkammern mit Blut

Blutgefäße und Blutkreislauf

Blutgefäß	Bau	Funktion
Arterie	dickwandig, muskulös, elastisch	Transport des Blutes vom Herzen in den Körper, durch Kontraktion und Elastizität verteilen sie das Blut gleichmäßig (Dämpfung der Druckwelle des Herzens) im Körper
Vene	dünnwandig, wenig muskulös, wenig elastisch, Venenklappen	Transport des Blutes vom Körper zum Herzen, die Venenklappen verhindern ein Zurückfließen des Blutes
Kapillare	sehr dünnwandig, durchlässig	An- und Abtransport des Blutes bis zu den Zellen des Körpers und der Lunge, durch die Kapillarwände erfolgt der Gas- und Stoffaustausch zwischen Blut und Körper

Blutkreislauf (Übersicht)

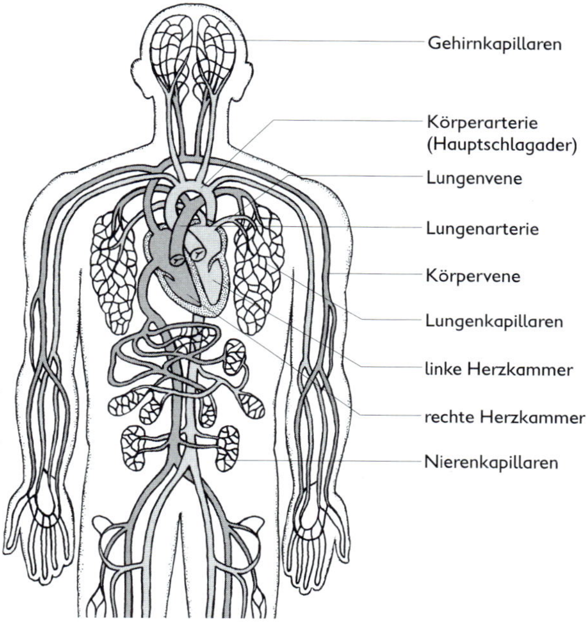

Gehirnkapillaren

Körperarterie
(Hauptschlagader)

Lungenvene

Lungenarterie

Körpervene

Lungenkapillaren

linke Herzkammer

rechte Herzkammer

Nierenkapillaren

Körperkreislauf: von der linken Herzkammer über die Körperarterien zu den Körperkapillaren, z. B. Gehirnkapillaren, Nierenkapillaren (Stoffaustausch), über die Körpervenen zur rechten Herzvorkammer

Lungenkreislauf: von der rechten Herzkammer über die Lungenarterien zu den Lungenkapillaren (Gasaustausch), über die Lungenvenen zur linken Herzvorkammer

5

Puls und Blutdruck. Das bei der Herzkontraktion ausgestoßene Blut strömt in die Arterien. Die Druckwelle ist an hautnahen Arterien (z. B. am Handgelenk, am Hals) als Puls zu spüren. Jeder Pulsschlag entspricht einem Herzschlag. Der durch die Herztätigkeit erzeugte Druck in den Blutgefäßen wird als Blutdruck bezeichnet.

Bluttransport in den Venen. Er wird durch die Pulswelle von benachbarten Arterien, die Muskeltätigkeit und die Sogwirkung des Herzens bewirkt. Venenklappen verhindern das Zurückfließen von Blut. Sie werden durch den Blutstrom geöffnet und geschlossen.

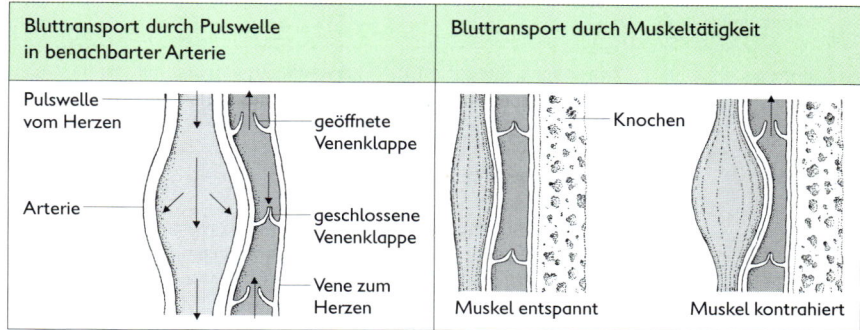

Bluttransport durch Pulswelle in benachbarter Arterie	Bluttransport durch Muskeltätigkeit
Pulswelle vom Herzen — geöffnete Venenklappe — Arterie — geschlossene Venenklappe — Vene zum Herzen	Knochen — Muskel entspannt — Muskel kontrahiert

Erkrankungen des Herz-Kreislaufsystems

Häufigste Ursachen dafür sind hoher Blutdruck, falsche Ernährung, Stress, Bewegungsmangel, Alkoholmissbrauch und Rauchen.

Arteriosklerose. Arteriosklerose ist eine krankhafte Veränderung der Arterienwände (Zerstörung der Innenschicht, Anlagerung von Fettpartikeln, Verkalkungen). Der innere Hohlraum von Arterien kann völlig „zuwachsen". Der Blutstrom wird gestoppt. Nachfolgende Körperteile können nicht mehr ausreichend mit Sauerstoff und Nährstoffen versorgt werden.

Herzinfarkt. Wenn sich Herzkranzgefäße durch Verkalkungen oder Blutgerinnsel verschließen, kommt es zur plötzlichen Unterbrechung der Durchblutung und damit zum lebensgefährlichen Ausfall von Teilen der Herzmuskulatur.

Schlaganfall (Hirninfarkt). Zu diesem plötzlichen Ausfall von Hirnfunktionen kommt es bei Unterbrechung der Hirndurchblutung durch Verstopfung einer Hirnarterie.

Gesunderhaltung des Herz-Kreislaufsystems

Durch eine gesunde Lebensweise (z. B. viel an frischer Luft bewegen, regelmäßig Sport treiben, ausreichend schlafen sowie auf vitaminreiche, fettarme, abwechslungsreiche Ernährung und damit auf Normalgewicht achten), kann man Herz und Kreislauf leistungsfähig erhalten. Rauchen und übermäßigen Alkoholgenuss vermeiden.

Erste Hilfe bei Verletzungen der Blutgefäße

Im Alltag kommt es häufig zu kleineren Verletzungen von Blutgefäßen. Schnelle und richtige Hilfe kann größere Komplikationen verhindern. Bei großen Wunden mit starken Blutungen sowie bei stark verschmutzten Wunden sollte in jedem Fall ein Arzt aufgesucht werden.

Verletzung	Kennzeichen	Erste Hilfe
kleine Schürf- und Schnittwunden	mäßig blutende Wunde	Nur um die Wunde herum (nicht die Wunde selbst) säubern, Pflasterschnellverband anlegen oder an der Luft trocknen lassen!
großflächige und tief gehende Verletzung	stark blutende Wunde	Druckverband anlegen, sofort Arzt aufsuchen, Wunde nicht waschen!
Bisswunde	Schwellung, Blutung, Kratzer, Tierbiss	Wunde auswaschen, mit steriler Wundauflage abdecken, sofort Arzt aufsuchen, Tollwutgefahr!
Bluterguss	kleine innere Blutung („blauer Fleck"), große innere Blutung, Gelenkblutung, Schwellung, starker Schmerz	Kühlen! Betroffenes Körperteil ruhig stellen, hochlagern, kühlen, Arzt aufsuchen!

ATMUNGSSYSTEM

Bau und Funktion

Alle Körperzellen benötigen Sauerstoff und müssen Kohlenstoffdioxid abgeben. Die Funktionen des Atmungssystems im Zusammenwirken mit dem Blutkreislauf sind Aufnahme von Sauerstoff und Abgabe von Kohlenstoffdioxid sowie der Transport dieser Gase im Körper.

↗Atmungsorgane, ↗S. 52; Dissimilation (Energiefreisetzung im Organismus), S. 69

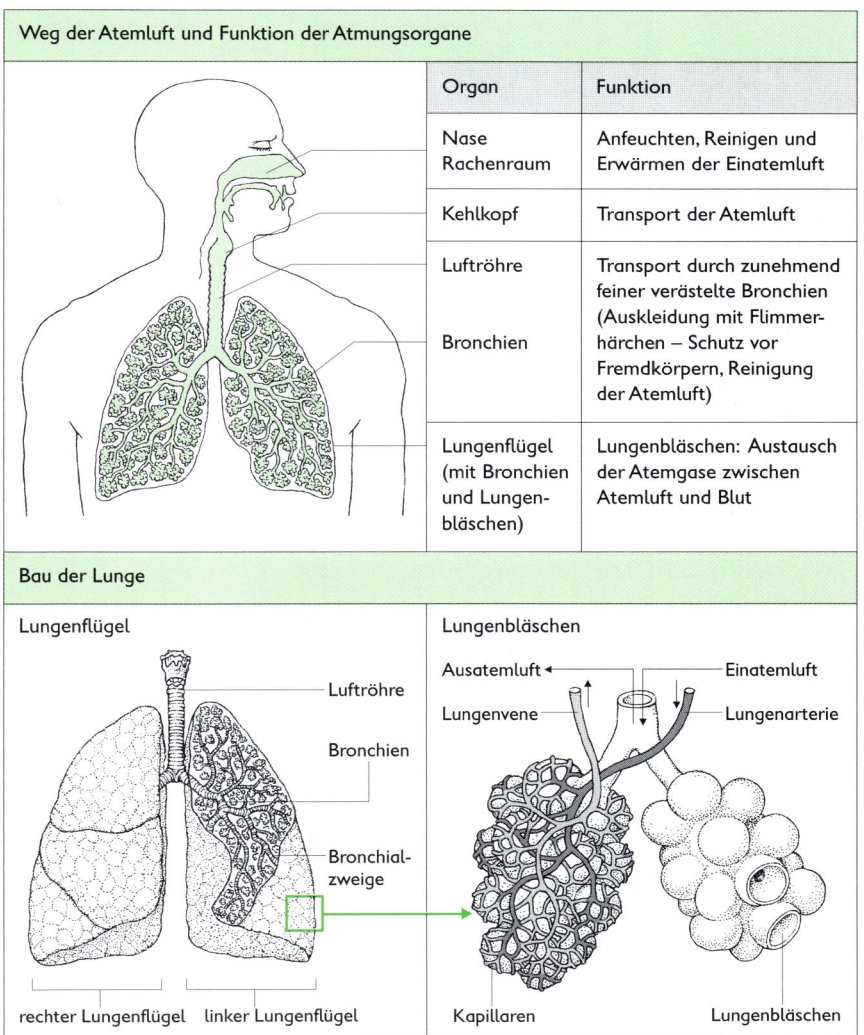

Weg der Atemluft und Funktion der Atmungsorgane

Organ	Funktion
Nase Rachenraum	Anfeuchten, Reinigen und Erwärmen der Einatemluft
Kehlkopf	Transport der Atemluft
Luftröhre Bronchien	Transport durch zunehmend feiner verästelte Bronchien (Auskleidung mit Flimmerhärchen – Schutz vor Fremdkörpern, Reinigung der Atemluft)
Lungenflügel (mit Bronchien und Lungenbläschen)	Lungenbläschen: Austausch der Atemgase zwischen Atemluft und Blut

Bau der Lunge

Lungenflügel

Luftröhre
Bronchien
Bronchialzweige
rechter Lungenflügel   linker Lungenflügel

Lungenbläschen

Ausatemluft ←   Einatemluft
Lungenvene   Lungenarterie
Kapillaren   Lungenbläschen

5

Gasaustausch in einem Lungenbläschen

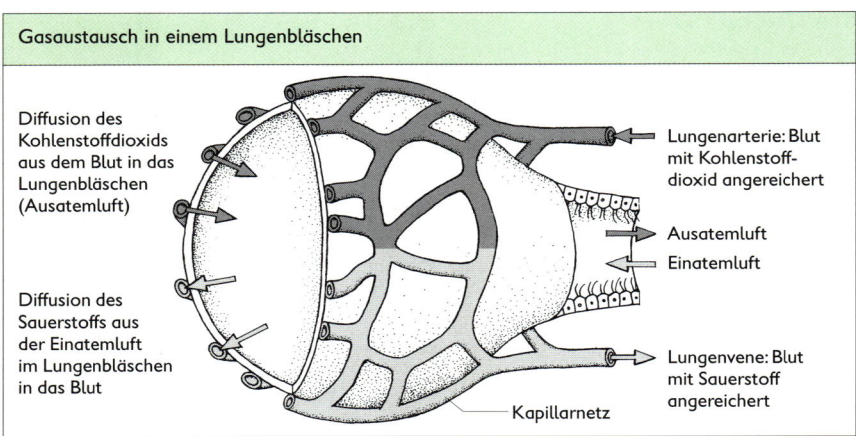

Diffusion des
Kohlenstoffdioxids
aus dem Blut in das
Lungenbläschen
(Ausatemluft)

Diffusion des
Sauerstoffs aus
der Einatemluft
im Lungenbläschen
in das Blut

Lungenarterie: Blut
mit Kohlenstoff-
dioxid angereichert

Ausatemluft
Einatemluft

Lungenvene: Blut
mit Sauerstoff
angereichert

Kapillarnetz

↗ Diffusion, S. 66

Zusammensetzung der Atemluft			
Einatemluft		Ausatemluft	
78 % Stickstoff	0,03 % Kohlenstoffdioxid	78 % Stickstoff	4 % Kohlenstoffdioxid
21 % Sauerstoff	1 % Edelgase	17 % Sauerstoff	1 % Edelgase

Kohlenstoffdioxid-Nachweis in der Atemluft. Nachweismittel: klares Kalkwasser.
Durchführung: Mit einem Glasröhrchen oder Strohhalm wird Ausatemluft in frisches,
klares Kalkwasser (in einem Becherglas oder Reagenzglas) geblasen.
Nachweisreaktion: Bildung eines weißen Niederschlags
(Fällung von Calciumcarbonat: $CO_2 + Ca^{2+} + 2\ OH^- \longrightarrow CaCO_3\!\downarrow + H_2O$).

Atemmuskulatur und Atembewegungen

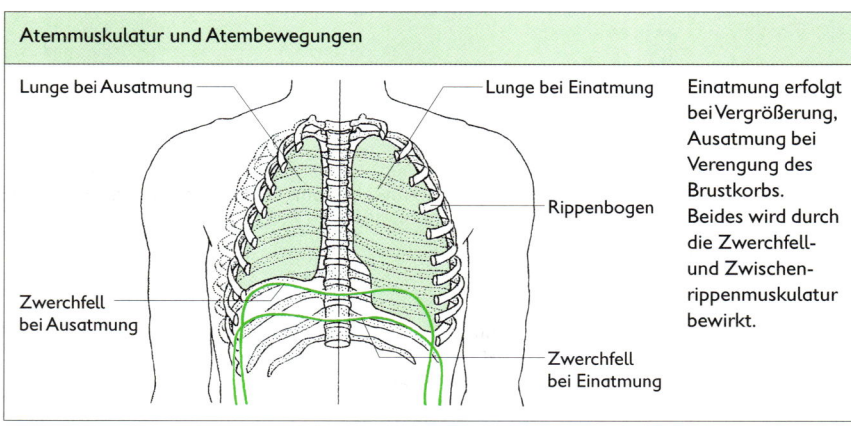

Lunge bei Ausatmung

Lunge bei Einatmung

Rippenbogen

Zwerchfell
bei Ausatmung

Zwerchfell
bei Einatmung

Einatmung erfolgt
bei Vergrößerung,
Ausatmung bei
Verengung des
Brustkorbs.
Beides wird durch
die Zwerchfell-
und Zwischen-
rippenmuskulatur
bewirkt.

Brustatmung. Durch Kontraktion der Zwischenrippenmuskulatur heben sich die Rippenbögen. Der Brustkorb vergrößert sich, die Lunge wird gedehnt, in ihr entsteht ein Unterdruck. Atemluft wird in die Lunge gesaugt (Einatmen). Die Zwischenrippenmuskulatur erschlafft, dadurch senken sich die Rippenbögen. Der Brustkorb wird verkleinert, die Ausatemluft wird aus der Lunge gepresst (Ausatmen).

Bauchatmung (Zwerchfellatmung). Das Zwerchfell kontrahiert und senkt sich. Die Lunge folgt dieser Bewegung. Der Brustkorb wird vergrößert, in der Lunge entsteht ein Unterdruck, Atemluft wird eingesaugt (Einatmen). Das Zwerchfell erschlafft und hebt sich wieder. Der Brustkorb verkleinert sich, die Ausatemluft wird aus der Lunge gepresst (Ausatmen).

Gesunderhaltung des Atmungssystems

Viel Bewegung an frischer Luft, richtiges Atmen (besonders im Winter durch die Nase atmen, in frischer Luft tief einatmen, tief ausatmen, richtige Körperhaltung, aufrechtes Sitzen) und regelmäßiges Lüften von Innenräumen kann zur Gesunderhaltung beitragen. Tabakrauch und verunreinigte Luft (Smog) sollten gemieden werden.

Durch Viren bzw. Bakterien kann es zu Erkrankungen wie z. B. Schnupfen, Bronchitis und Lungenentzündung kommen.

Schädigungen durch Rauchen	
Bestandteile des Tabakrauchs	Wirkung im Organismus
Nikotin	wird rasch über die Schleimhäute ins Blut aufgenommen, blutdrucksteigernd, Verengung der Blutgefäße
Teerstoffe	Verkleben der Flimmerhärchen des Atemsystems, Hustenreiz, langfristig erhöhtes Krebsrisiko
Kohlenstoffmonooxid	Behinderung des Sauerstofftransports zu den Körperzellen, Konzentrationsmangel, Ermüdung

↗ Drogensucht, Drogen, S. 112

BLUT UND LYMPHE

Allgemeines

Blut und Lymphe sind Körperflüssigkeiten. Sie transportieren Nährstoffe, Atemgase, Abfallstoffe (Stoffwechselendprodukte) und Abwehrstoffe. Das Blut wird in Blutgefäßen transportiert, die Lymphe fließt in Lymphgefäßen und Zellzwischenräumen. Zwischen Blut und Lymphe findet ein ständiger Stoffaustausch statt.

Die Gesamtblutmenge eines Erwachsenen beträgt etwa 5 Liter bis 6 Liter. Die farblose Blutflüssigkeit (Blutplasma) besteht zu 90 Prozent aus Wasser und zu 10 Prozent aus Eiweißen, Fettstoffen und gelösten Salzen. In 1 mm^3 Blut befinden sich etwa 4,5 Millionen rote Blutzellen (mit dem roten Blutfarbstoff Hämoglobin) und 8 000 weiße Blutzellen.

↗ Kreislaufsysteme, S. 55; ↗ Stoff- und Energiewechselprozesse, S. 65 ff.

Bestandteile des Blutes und ihre Funktionen

feste Be-standteile 44 %		rote Blutzellen (Erythrozyten)	Sauerstoff- und Kohlenstoff-dioxid-Transport
		weiße Blutzellen (Leukozyten)	Abwehr von Krankheitserregern durch verschiedene Formen weißer Blutzellen
		Blutplättchen (Thrombozyten)	Blutgerinnung
flüssige Be-standteile (Blutplasma) 56 %		Blutserum	Transport von Nähr- und Abfallstoffen
		Fibrinogen	Blutgerinnung

↗ Immunreaktion, S. 98; ↗ Lymphgefäßsystem, S. 97

5 Blutgruppen

Im AB0-Blutgruppensystem unterscheidet man die vier Blutgruppen A, B, AB und 0 (Null). Sie unterscheiden sich durch Oberflächensubstanzen der roten Blutzellen (Antigene) und spezifische Eiweißmoleküle (Antikörper) im Blutserum.

Blutgruppe	A	B	AB	0
rote Blut-zellen	mit Antigenen A	mit Antigenen B	mit Antigenen A u. Antigenen B	ohne Antigene
Blut-serum enthält	Antikörper B	Antikörper A	keine Antikörper	Antikörper A u. Antikörper B
Verklum-pung mit (Antigen-Antikörper-Reaktion)	Antikörpern A	Antikörpern B	Antikörpern A + B	keine Verklum-pung

Rhesusfaktor. Der Rhesusfaktor ist ein weiteres Blutgruppenmerkmal an der Oberfläche der roten Blutzellen. 85 % der Europäer besitzen es – ihr Blut wird als Rhesusfaktor positiv (Rh+) bezeichnet. Ist der Rhesusfaktor auf den roten Blutzellen nicht vorhanden, wird das Blut als rhesus negativ (rh⁻) bezeichnet.

Blutübertragungen. Zur Blutübertragung wird meist Blut der gleichen Blutgruppe verwendet, da es sonst zu lebensbedrohlichen Verklumpungen (Antigen-Antikörper-Reaktionen) der Blutbestandteile kommen kann.

Lymphe und Lymphgefäßsystem

Die Lymphe (Gewebeflüssigkeit) wird in einem offenen Gefäßsystem transportiert. Es durchzieht den ganzen Körper.

Lymphe. Die Lymphe ist eine gelbliche bis farblose Flüssigkeit, die Lymphzellen und Nährstoffe enthält. Sie bewegt sich in den Zellzwischenräumen und versorgt so jede einzelne Zelle mit Stoffen. Neben der Transportfunktion hat die Lymphe eine Schutz- und Abwehrfunktion. Sie nimmt Fremd- und Schadstoffe, Bakterien u.a. auf und transportiert sie zu den Lymphknoten .

Lymphgefäße. In diesen wird die Lymphe transportiert. Sie haben sehr dünne Wände und sind am Ende offen. Die Bewegung der Lymphe erfolgt passiv durch Muskelbewegungen benachbarter Organe.

Lymphknoten. Sie befinden sich im gesamten Lymphgefäßsystem. Hier wird die Lymphe durch Fresszellen (Phagozyten) gefiltert und gereinigt. In den Lymphknoten werden auch die Lymphzellen gebildet. In den Mandeln und im Wurmfortsatz des Blinddarms sind viele Lymphknoten konzentriert.

Eiterbildung. Die Lymphe enthält ebenso wie das Blut viele weiße Blutzellen. Ihre Hauptfunktion ist die Vernichtung von Bakterien, die in den Körper eingedrungen sind. Bestimmte weiße Blutzellen gelangen zu den Infektionsstellen, umschließen die Bakterien und vernichten sie. Dabei sterben auch weiße Blutzellen selbst ab. Eiterflüssigkeit besteht aus weißen Blutzellen, abgestorbenen Zellen und Eitererregern. Größere Eiterungen müssen unbedingt ärztlich behandelt werden.

Entzündungen der Lymphgefäße zeigen sich oft als der gefürchtete „rote Streifen" von einer Wunde zum Körperzentrum („Blutvergiftung", muss unbedingt ärztlich behandelt werden!).

↗Immunreaktion, S. 98

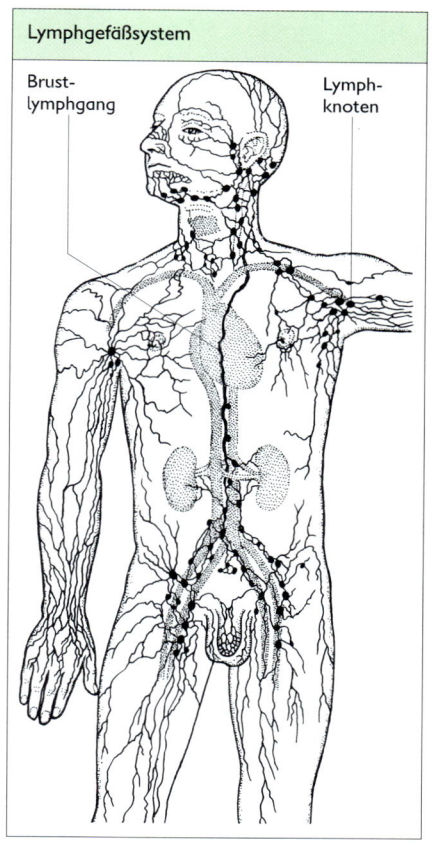

Lymphgefäßsystem

Brust-lymphgang

Lymph-knoten

5

Der Mensch

IMMUNSYSTEM – KRANKHEITSABWEHR

Allgemeines
Zum Immunsystem gehören das Blut bildende Knochenmark, die Milz, die Thymusdrüse und die Lymphknoten. Das Immunsystem wehrt Krankheitserreger, deren Giftstoffe oder andere Fremdstoffe ab. Dadurch können Infektionskrankheiten verhindert oder nach ihrem Ausbruch bekämpft werden.

Infektionskrankheiten und ihre Abwehr

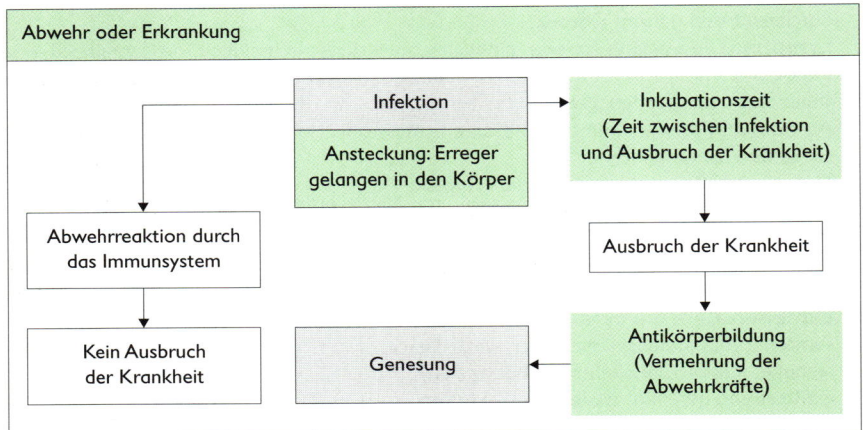

Immunreaktion
Die verschiedenen weißen Blutzellen des Menschen können Erreger oder andere Fremdstoffe direkt vernichten oder Abwehrstoffe (spezifische Antikörper) gegen die eingedrungenen Erreger bilden. Sie werden im Knochenmark und in den Lymphknoten gebildet, einige reifen in der Thymusdrüse aus. Neben den weißen Blutzellen können auch bestimmte, von den Zellen erzeugte Stoffe (Interferone) der Abwehr von Erregern dienen.
↗Lymphe, S. 97; ↗Bestandteile des Blutes und ihre Funktionen, S. 96

Antigen-Antikörper-Reaktion
Bei der Antigen-Antikörper-Reaktion des Immunsystems reagieren die Antigene (eingedrungene Erreger, z. B. Grippeviren) mit spezifischen Abwehrstoffen (z. B. Grippevirusantikörper) zu einem Antigen-Antikörper-Komplex. Dadurch werden die Erreger unwirksam gemacht. Der Mensch bleibt oder wird gesund.

Einige Infektionskrankheiten und ihre Erreger

Erreger	Viren	Bakterien	Pilze	Tierische Einzeller
Infektions-krankheit	■ Grippe, Schnupfen, Röteln, AIDS	■ Keuchhusten, Scharlach, Lungenentzündung	■ Fußpilz, Haut-flechte	■ Malaria, Amöbenruhr

Immunität

Eine angeborene Unempfindlichkeit gegenüber Krankheitserregern bezeichnet man als natürliche Immunität. Unter erworbener Immunität versteht man die Unempfindlichkeit gegenüber bestimmten Krankheitserregern als Folge einer „Auseinandersetzung" mit ihnen (Immunisierung).

Aktive Immunisierung. Der Körper wird durch Impfung mit abgeschwächten bzw. abgetöteten Erregern zur Bildung von spezifischen Abwehrstoffen (Antikörpern) angeregt (Schutzimpfung). Er ist langfristig immun gegen diese Krankheitserreger.
Die erste Schutzimpfung (gegen Pocken) wurde 1796 durch den englischen Arzt EDWARD JENNER durchgeführt.

Passive Immunisierung. Dem Körper werden spezifische Antikörper gegen eingedrungene Krankheitserreger eingeimpft (Heilimpfung). Er ist kurzfristig immun gegen diese Krankheitserreger.

Infektionswege, Vorbeugung und Behandlung von Infektionskrankheiten

Infektionswege. Krankheitserreger können auf verschiedenen Wegen in den Körper eindringen, z. B. durch
- Tröpfcheninfektion (Anniesen, Anhusten),
- Schmierinfektion (an Türklinken, Hand geben),
- Nahrungsmittelinfektion (durch verdorbene Lebensmittel, ungewaschenes Obst und Gemüse).

Bei Einhaltung der Hygiene-Regeln kann man sich weitgehend vor Infektionen schützen. Durch gesunde Lebensführung wird das Immunsystem gestärkt.

Impfungen. Kinder werden gegen lebensgefährliche Infektionskrankheiten (z. B. Wundstarrkrampf, Kinderlähmung, Diphtherie, Keuchhusten) nach einem empfohlenen Impfkalender geimpft.
Nachimpfungen bzw. Impfungen von Erwachsenen werden dringend empfohlen (Wundstarrkrampf, Kinderlähmung, Diphtherie, Hepatitis A und Virusgrippe).

Schutzimpfungen bei Auslandsreisen. Besonders bei vielen Reisen in die Dritte Welt werden regional oder saisonal bestimmte Schutzimpfungen verlangt (z. B. gegen Gelbfieber, Typhus, Cholera, Hepatitis). Darüber geben Gesundheitsämter Auskunft.

Impferfolg. Durch weltweite Schutzimpfungen können gefährliche Erreger weitgehend ausgerottet werden, wie das Beispiel der Pocken zeigt (1978 wurde der letzte Pockenkranke registriert).

Antibiotika. Sie sind Stoffe (z. B. Penicillin), die auf krankheitserregende Bakterien vernichtend wirken können und werden zur Behandlung von Infektionskrankheiten eingesetzt. Ein bestimmtes Antibiotikum wirkt nicht gegen alle, sondern jeweils nur gegen ganz bestimmte Bakterien.

↗Bakterien, S. 20 f.; ↗Viren, S. 20

5

AIDS

AIDS ist eine durch das HIV („Humanes Immundefekt-Virus") verursachte Abwehr-schwäche, die zum Zusammenbruch des Immunsystems führt. Man spricht vom erwor-benen Abwehrschwäche-Syndrom (engl.: **A**cquired **I**mmune **D**eficiency **S**yndrome).
Übertragung. Das HIV befindet sich im Blut und in der Samen- bzw. Scheidenflüssig-keit eines infizierten Menschen. Ein anderer Mensch kann infiziert werden
– über offene Hautverletzungen,
– über Schleimhäute (oft haben die Schleimhäute in der Scheide, am Penis oder im Mund sehr kleine Verletzungen, über die das Virus ins Blut gelangen kann),
– über infizierte Blutkonserven und Spritzen,
– durch Mutter-Kind-Kontakte, wenn die Mutter mit HIV infiziert ist (Übertragung im Mutterleib, bei der Geburt oder beim Stillen).
Der häufigste Ansteckungsweg ist der ungeschützte Geschlechtsverkehr.
Schutz. Gegen das HIV gibt es noch keine Schutzimpfung. Der einzige Schutz ist die Vermeidung einer Ansteckung (z. B. Benutzung von Kondomen beim Geschlechtsverkehr, Tragen von Einmalhandschuhen bei Maßnahmen der Ersten Hilfe).
Verlauf der HIV-Infektion – Krankheitsbild. Wenige Wochen nach der Ansteckung kann es zu Fieber, Hautausschlag und anhaltenden Lymphknotenschwellungen kommen. Der Infizierte ist danach häufig über Jahre beschwerdefrei. Das Immunsystem wird im Zeitraum von etwa zehn Jahren allmählich geschwächt. Es kommt zu chronischen Haut-erkrankungen. Funktionsstörungen des Magen-Darm-Traktes und andere Infektionen (Lungenentzündung, Hirnhautentzündung) häufen sich.
Behandlung. HIV-Infizierte müssen ihre Lebensführung so gestalten, dass ihr Immun-system gestärkt bzw. wenig belastet wird (z. B. Schutz vor Infektionen aller Art, gesunde Ernährung, Vermeiden intensiver UV-Strahlung, Vermeidung des Gebrauchs von Drogen aller Art). Es gibt Medikamente, die die Vermehrung des HIV im Körper für eine gewisse Zeit aufhalten. Behandlung mit spezifischen Therapeutika und Antibiotika kann den Ausbruch von häufig auftretenden Infektionskrankheiten (z. B. Lungenentzün-dung) aufhalten. Dadurch kann die Entstehung des komplexen Krankheitsbildes von AIDS verzögert, aber nicht verhindert werden.

VERDAUUNGSSYSTEM

Allgemeines

Das Verdauungssystem dient der Aufnahme von Nahrung, ihrer Umwandlung und der Ausscheidung von Reststoffen. Durch physikalische und chemische Vorgänge werden Nährstoffe in wasserlösliche resorbierbare Stoffe umgewandelt und im Dünndarm in Blut und Lymphe aufgenommen.
↗ Stoff- u. Energiewechsel heterotropher Lebewesen, S. 70; ↗ Verdauungssysteme, S. 50

Verdauungsenzyme

Die in den Verdauungssäften (Mundspeichel, Magensaft, Darmsaft) enthaltenen Enzyme bauen Kohlenhydrate bis zu Einfachzuckern, Eiweiße bis zu Aminosäuren und Fette der Nahrung bis zu Glycerin und Fettsäuren ab. Für jede Nährstoffgruppe gibt es besondere Enzyme, die von verschiedenen Teilen des Verdauungssystems gebildet werden.
↗ Enzyme, S. 70

Gebiss und Zähne

Das Gebiss dient der mechanischen Zerkleinerung der Nahrung. Im Kindesalter bildet sich zunächst das Milchgebiss (20 Zähne). Ab dem 5./6. Lebensjahr beginnt der Zahnwechsel. Die jeweils letzten Backenzähne im Unter- und Oberkiefer des Erwachsenengebisses (32 Zähne) bilden sich etwa im 18. Lebensjahr.

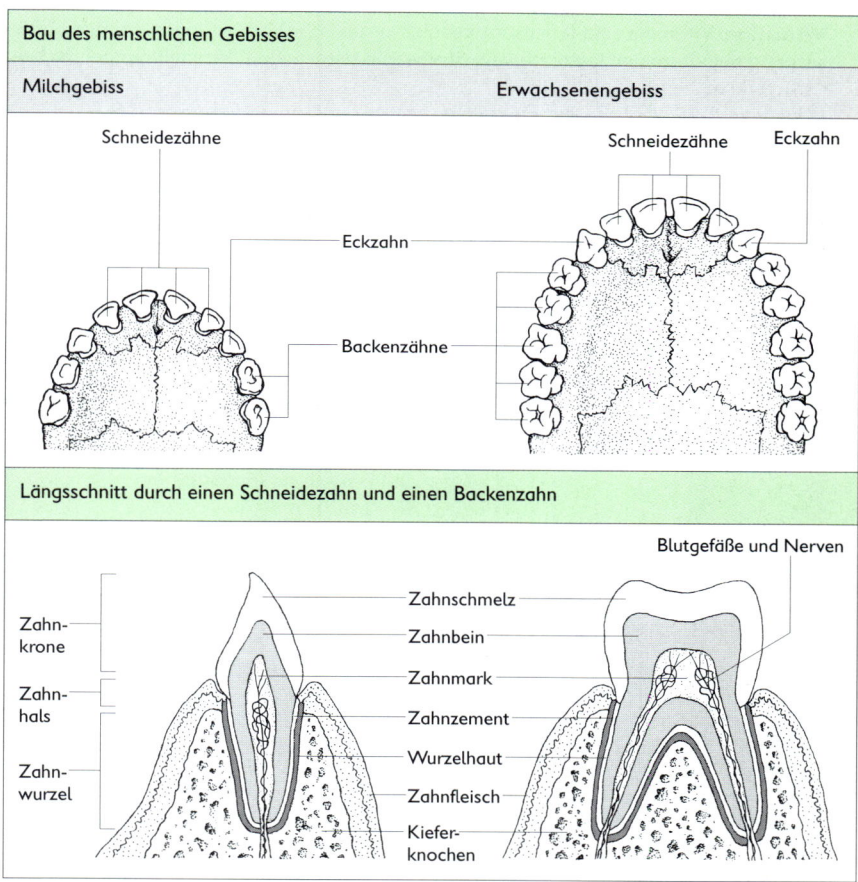

Bau des menschlichen Gebisses

Milchgebiss

Erwachsenengebiss

Schneidezähne

Schneidezähne   Eckzahn

Eckzahn

Backenzähne

Längsschnitt durch einen Schneidezahn und einen Backenzahn

Blutgefäße und Nerven

Zahnkrone

Zahnhals

Zahnwurzel

Zahnschmelz

Zahnbein

Zahnmark

Zahnzement

Wurzelhaut

Zahnfleisch

Kieferknochen

Gesunderhaltung der Zähne. Durch regelmäßige Zahn- und Mundpflege können Zähne und Zahnfleisch bis ins hohe Lebensalter gesund erhalten werden. Maßnahmen zur Vorbeugung von Zahnkrankheiten wie Karies (Zahnfäule) und Parodontose (Zahnbettschwund) sind:
– Reinigung der Zähne nach jeder Mahlzeit mit Zahnbürste und Zahncreme (beim Zähneputzen sind Gründlichkeit und Regelmäßigkeit wichtig),
– zahnärztliche Vorsorgeuntersuchung (alle 6 Monate),
– gesunde (z. B. möglichst zuckerarme) Ernährung.

Bestandteile der Nahrung und ihre biologische Bedeutung

Nährstoffe. Nährstoffe sind körperfremde energiereiche organische Verbindungen (Kohlenhydrate, Fette, Eiweiße). Aus ihnen werden die körpereigenen Stoffe für den Aufbau bzw. das Wachstum des Menschen bzw. seiner Zellen gebildet. Ein Teil wird zur Freisetzung der für alle Stoffwechselvorgänge benötigten Energie (Dissimilation) verbraucht.
↗ Eiweißsynthese, S. 158; ↗ Dissimilation, S. 65, 69

Vitamine. Vitamine sind lebensnotwendige organische Verbindungen. Mangelhafte Versorgung mit Vitaminen kann schwere Stoffwechselstörungen (Vitaminmangelerscheinungen) verursachen.
↗ Enzyme, S. 70; ↗ Stoff- und Energiewechsel heterotropher Lebewesen, S. 70

Einige Vitamine	Vorkommen in	Mangelerscheinungen
A	■ Tomaten, Möhren, Butter	■ Sehstörungen (Nachtblindheit), Wachstumsstörungen
B_1	■ Getreide, Hülsenfrüchte, Fleisch	■ Nervenkrämpfe, Blutarmut (Anämie)
C	■ Obst, Gemüse	■ Körperschwäche, Zahnausfall (Skorbut), Anfälligkeit gegenüber Krankheitserregern
D	■ Lebertran, Eigelb, Milch	■ Knochenerweichung- und Knochenverbiegung (Rachitis)

Mineralstoffe. Mineralstoffe können nur in Ionenform aufgenommen werden. Sie sind zur Bildung zahlreicher organischer Körperstoffe bzw. für den Ablauf bestimmter Lebensvorgänge notwendig.

Mineralstoffe	Vorkommen z. B. in	Bedeutung
Kalzium (Kalzium-Ionen, Ca^{2+})	■ Milch	Beteiligung an der Knochenbildung
Kalium (Kalium-Ionen, K^+)	■ Apfel	Beteiligung an der Aufrechterhaltung der Gewebespannung
Eisen (Eisen- Ionen, Fe^{2+})	■ Spinat	Bestandteil des Blutfarbstofffs (Hämoglobin) sowie der Atmungsenzyme

Wasser. Wasser ist Transport- und Lösungsmittel im Organismus. Die meisten biochemischen und biophysikalischen Vorgänge laufen nur in wässrigem Milieu ab. Anteil des Wassers an der Körpermasse des erwachsenen Menschen: etwa 60 %. Großer Flüssigkeitsverlust verursacht Störungen wichtiger Lebensfunktionen. Bei Wirbeltieren können Wasserverluste von 10 % bis 15 % der Körpermasse tödlich sein.

Weg der Nahrung durch den Körper – Funktion der Verdauungsorgane

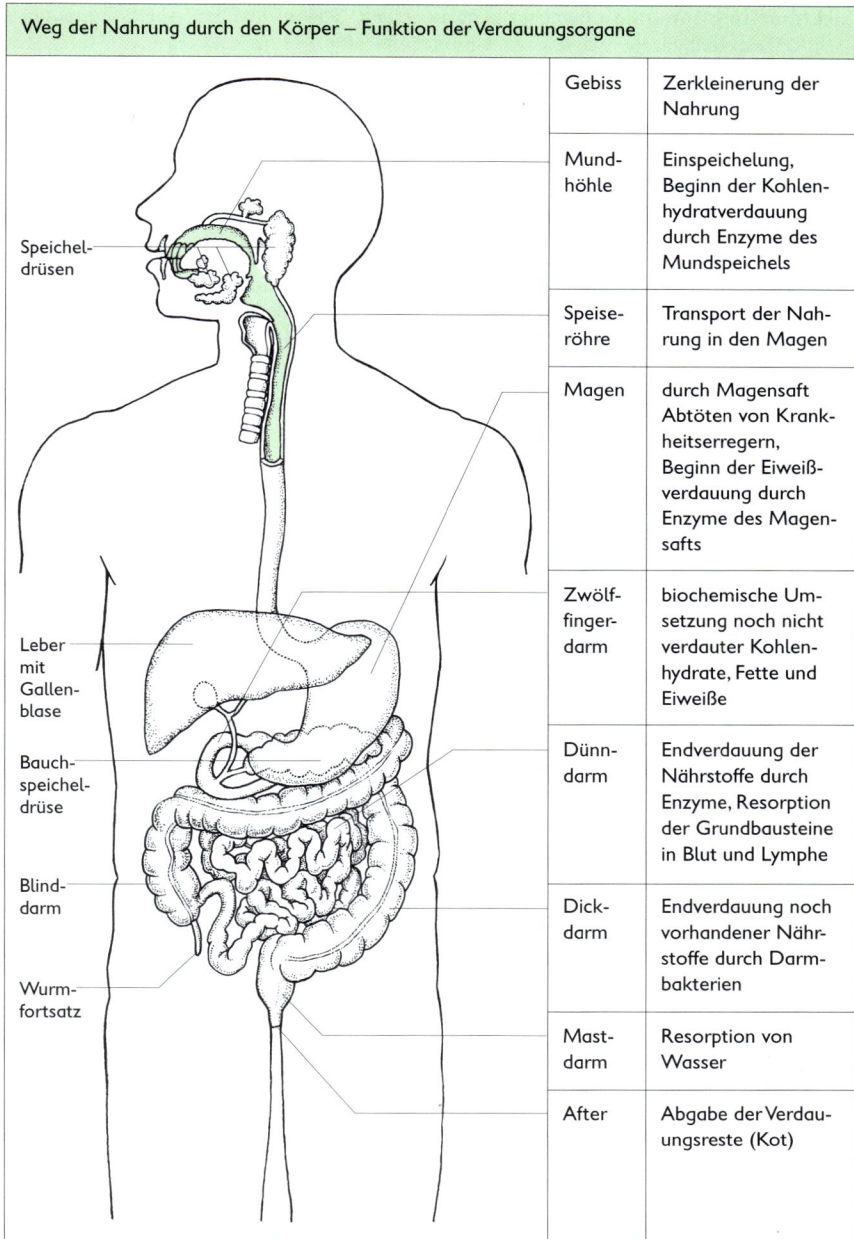

Organ	Funktion
Gebiss	Zerkleinerung der Nahrung
Mund-höhle	Einspeichelung, Beginn der Kohlen-hydratverdauung durch Enzyme des Mundspeichels
Speise-röhre	Transport der Nah-rung in den Magen
Magen	durch Magensaft Abtöten von Krank-heitserregern, Beginn der Eiweiß-verdauung durch Enzyme des Magen-safts
Zwölf-finger-darm	biochemische Um-setzung noch nicht verdauter Kohlen-hydrate, Fette und Eiweiße
Dünn-darm	Endverdauung der Nährstoffe durch Enzyme, Resorption der Grundbausteine in Blut und Lymphe
Dick-darm	Endverdauung noch vorhandener Nähr-stoffe durch Darm-bakterien
Mast-darm	Resorption von Wasser
After	Abgabe der Verdau-ungsreste (Kot)

Speichel-drüsen

Leber mit Gallen-blase

Bauch-speichel-drüse

Blind-darm

Wurm-fortsatz

5

↗Verdauung und Resorption, S. 71; ↗Verdauungssysteme, S. 51 f.

103

Leberfunktionen. Stoffwechselzentrum: bildet Gallensaft für die Fettverdauung, speichert Kohlenhydrate (Glykogen), nimmt Giftstoffe und überalterte rote Blutzellen aus dem Blut auf unf baut sie ab, bildet Körpereiweiße und Stoffe für die Blutgerinnung.
↗ Zuckerkrankheit (Diabetes), S. 114

Regeln für die gesunde Ernährung
– Achte auf abwechslungsreiche und gemischt zusammengesetzte Nahrung!
– Schätze die Nahrungsmengen hinsichtlich des Energieinhalts ab!
– Bevorzuge fett- und zuckerarme und wenig gesalzene Lebensmittel!
– Iss täglich vitamin-, mineralstoff- und ballaststoffreiche Nahrung!
– Nimm nur saubere und hygienisch einwandfreie Lebensmittel zu dir!
– Nimm dir Zeit für kleine statt weniger großer Mahlzeiten!
↗ Arteriosklerose, S. 92; ↗ Zuckerkrankheit, S. 114; ↗ Herz und Kreislauf, S. 90 ff.

AUSSCHEIDUNGSSYSTEM

Allgemeines
Das Ausscheidungssystem dient der Abgabe von Stoffwechselendprodukten (Kohlenstoffdioxid, Wasser, Harnstoff und Salzen) und der Regulierung des Wasserhaushalts. Ausscheidungsorgane sind die Nieren, die Haut und die Lungen.
↗ Ausscheidungsorgane, S. 53; ↗ Haut, S. 109; ↗ Lungen, S. 52, 93 f.

5

Bau und Funktion der Nieren
Die Nieren filtern aus dem Blut Stoffwechselendprodukte, die zu einer Vergiftung des Körpers führen würden.
Bau und Funktion eines Nierenkörperchens. In den Nierenkörperchen wird aus dem Blut Vorharn abgesondert (pro Tag etwa 170 l) und in den Harnkanälchen gefiltert.
Wasser, einige Salze und Zucker werden zum Teil ins Blut zurückgeführt, Wasser, Harnstoff und bestimmte Salze gelangen in den Harn. Er wird im Nierenbecken aus allen Harnkanälchen gesammelt und durch die Harnleiter in die Harnblase geleitet. Der Mensch scheidet pro Tag 1 l bis 2 l Harn aus.
↗ Ausscheidungsorgane, S. 53 ;
↗ Bau einer menschlichen Niere, S. 53
Harnuntersuchungen. Sind besonders wichtig bei Nierenerkrankungen und Zuckerkrankheit (Diabetes). Chemisch untersucht werden z. B.: der pH-Wert des Harns sowie sein Gehalt an Zucker, Eiweiß und Gallenfarbstoffen; mit dem Mikroskop werden festgestellt: z. B. Kristalle, rote oder weiße Blutzellen und Bakterien.
↗ Zuckerkrankheit; S. 114

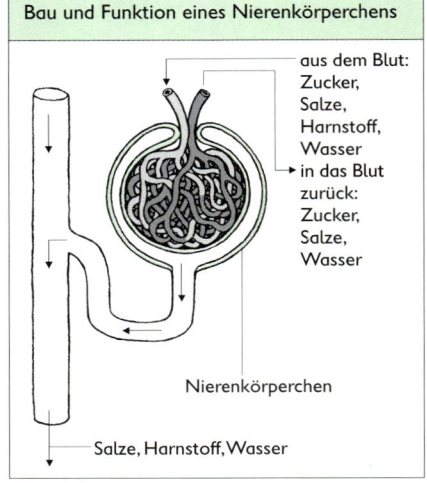

Bau und Funktion eines Nierenkörperchens

aus dem Blut:
Zucker,
Salze,
Harnstoff,
Wasser
in das Blut zurück:
Zucker,
Salze,
Wasser

Nierenkörperchen

Salze, Harnstoff, Wasser

Erkrankungen und Hygiene der Harnorgane. Unterkühlung kann zu schmerzhaften Entzündungen der Harnorgane führen (deshalb z. B. Wechseln nasser Badebekleidung). Nierensteine entstehen durch Kristallisieren von Harnbestandteilen und können durch Wanderung in die Harnleiter schmerzhafte Nierenkoliken verursachen. Über die Harnröhre können Krankheitserreger eindringen (bewirken z. B. Blasenentzündungen, Nierenbeckenentzündungen). Bei schwerer Unterfunktion der Nieren ist regelmäßige Blutfilterung mit einer künstlichen Niere erforderlich (Dialyse).

SINNESORGANE

Allgemeines

Reizaufnahme in den Sinneszellen, Erregungsbildung, Erregungsleitung sowie die Erregungsverarbeitung im Zentralnervensystem führen zur Wahrnehmung der Umwelt und des Körperzustandes. Sinneszellen sind auf die Aufnahme von Reizen spezialisiert.
↗Sinnessysteme, S. 57; ↗Sinneszellen, S. 57, 75; ↗Reize und Reaktionen, S. 73

Das Auge

Ein Linsenauge, das in der knöchernen Augenhöhle des Gesichtsschädels geschützt eingebettet ist. Es ist mit Schutzeinrichtungen (Augenbrauen, Augenlider, Wimpern, Bindehaut, Tränenflüssigkeit) ausgestattet. Augenmuskeln ermöglichen die gerichtete Bewegung der Augen.

5

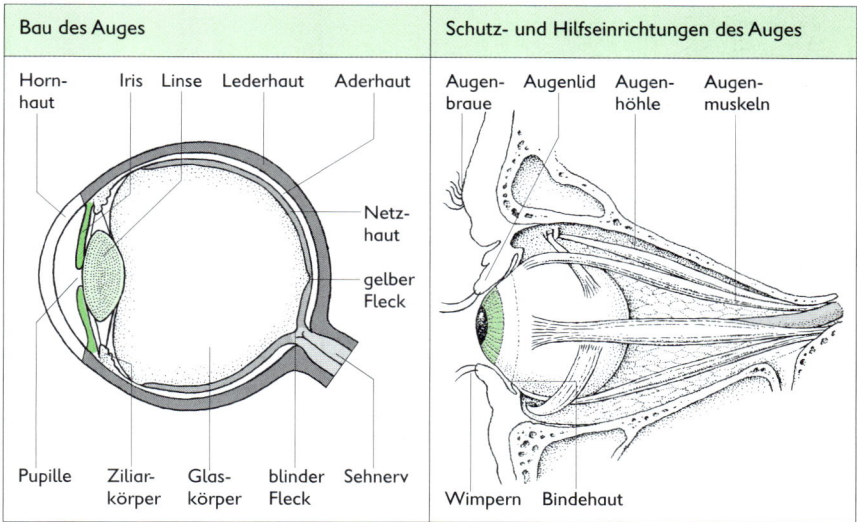

Bau des Auges	Schutz- und Hilfseinrichtungen des Auges
Hornhaut Iris Linse Lederhaut Aderhaut	Augenbraue Augenlid Augenhöhle Augenmuskeln
Netzhaut	
gelber Fleck	
Pupille Ziliarkörper Glaskörper blinder Fleck Sehnerv	Wimpern Bindehaut

Wirkung von Schutzeinrichtungen des Auges. Die salzige Tränenflüssigkeit spült Fremdkörper (z. B. Staubteilchen) aus dem Auge. Sie enthält auch einen Wirkstoff, der Krankheitserreger, die aus der Luft auf die Hornhaut gelangen, abtötet. Die Augenbrauen verhindern das Eindringen von Schweiß in die Augen.

105

Sehvorgang und Bildentstehung. Die Lichtstrahlen gelangen den Gesetzen der Optik entsprechend durch Hornhaut, Pupille, Linse und Glaskörper auf die Netzhaut. Durch die Lichtsinneszellen der Netzhaut werden die Lichtreize aufgenommen und Erregungen erzeugt.

Die Weiterleitung der Erregungen erfolgt über den Sehnerv.

Im Gehirn entstehen optische Empfindungen und Wahrnehmungen.

Die optische Abbildung im Auge ist der im Fotoapparat ähnlich.

In der Netzhaut entsteht ein verkleinertes, umgekehrtes reelles Bild des betrachteten Gegenstands.

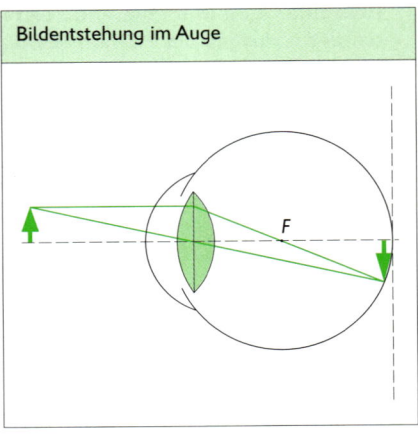

Bildentstehung im Auge

Adaptation. Adaptation ist die Anpassung des Auges an verschiedene Lichtstärken: Bei starkem Lichteinfall wird die Pupille durch Muskeln der Regenbogenhaut (Iris) verengt, bei geringem Lichteinfall erweitert (Pupillenadaptation).

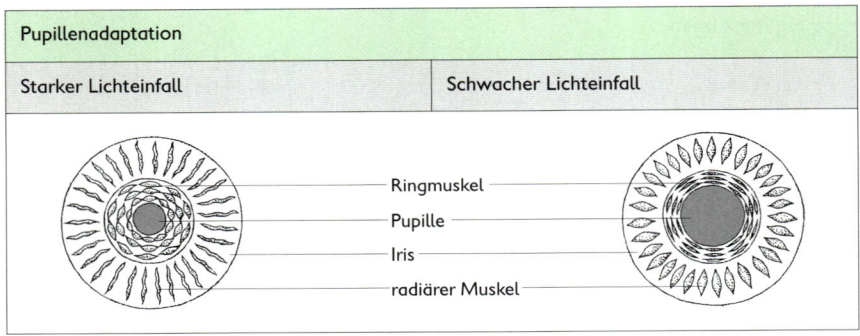

Pupillenadaptation

Starker Lichteinfall	Schwacher Lichteinfall

Ringmuskel
Pupille
Iris
radiärer Muskel

Akkommodation. Akkommodation ist die Anpassung des Auges an verschiedene Entfernungen: Beim Betrachten naher Gegenstände wird die Linse stark gewölbt, bei fernen Gegenständen abgeflacht (Änderung der Brechkraft der Linse).

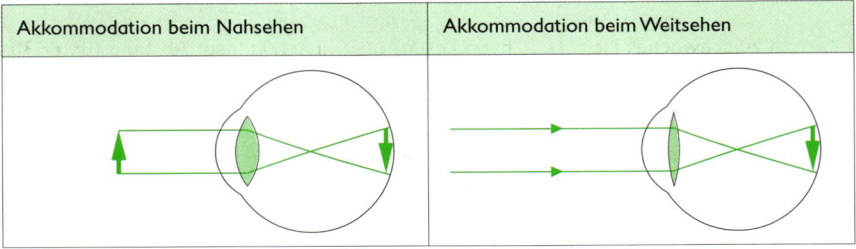

Akkommodation beim Nahsehen	Akkommodation beim Weitsehen

5

Sehfehler und ihre Korrektur. Sehfehler entstehen durch Abweichungen im Bau des Auges und auch durch Fehlleistungen der Augenmuskeln. Auf der Netzhaut entsteht ein unscharfes Bild. Durch speziell angepasste Brillen bzw. Kontaktlinsen können die meisten Sehfehler korrigiert werden.

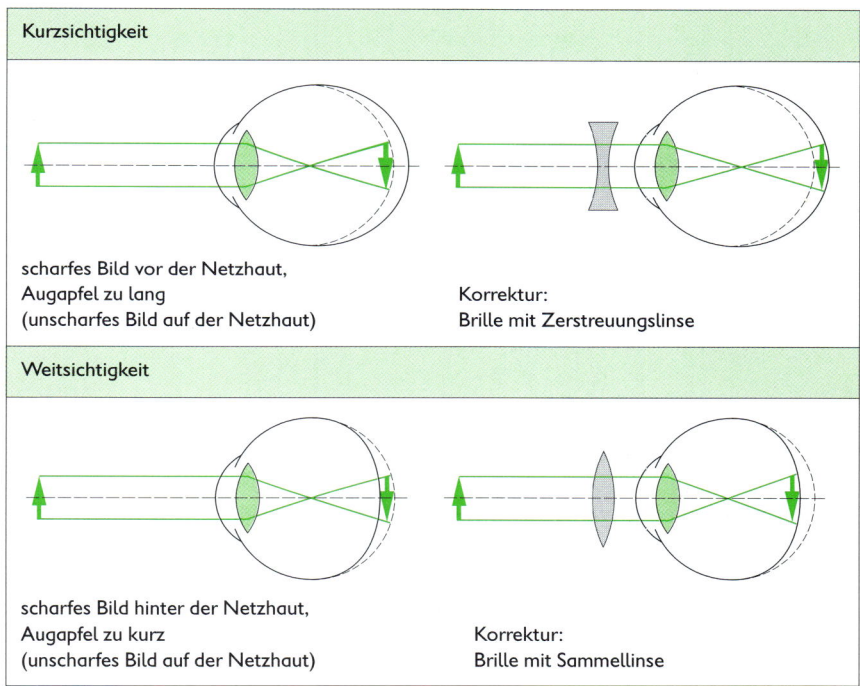

Kurzsichtigkeit

scharfes Bild vor der Netzhaut,
Augapfel zu lang
(unscharfes Bild auf der Netzhaut)

Korrektur:
Brille mit Zerstreuungslinse

Weitsichtigkeit

scharfes Bild hinter der Netzhaut,
Augapfel zu kurz
(unscharfes Bild auf der Netzhaut)

Korrektur:
Brille mit Sammellinse

Zusammenwirken von Augen und Gehirn. Die von den Augen aufgenommenen Bilder führen erst in der Hirnrinde zur Wahrnehmung der Umwelt (Hell-Dunkel-Sehen, Farbensehen, räumliches Sehen). Richtig sehen kann man also nur, wenn sowohl die Augen als auch die Sehnerven und das Sehzentrum im Gehirn funktionstüchtig sind.

Schutz und Hygiene der Augen. Vorsicht beim Glasschneiden, beim Öffnen von Konservengläsern und bei anderen die Augen gefährdenden Tätigkeiten. In bestimmten Situationen (z. B. Arbeiten bei grellem Licht, mit Funkenflug oder Staubbildung, Umgang mit Chemikalien, Motorradfahren) ist das Tragen spezieller Schutzbrillen notwendig. Auch zu schwaches Licht (z. B. beim Lesen) oder ungenügender Abstand (unter 30 cm) zum Arbeitsgegenstand sind schädlich für die Augen.

Erste Hilfe bei Augenverletzungen. Verletzungen und Erkrankungen der Augen müssen vom Arzt behandelt werden. Kleine Fremdkörper können vorsichtig mit einem sauberen Taschentuch oder Mulltupfer entfernt werden. Augenverletzungen können auch durch Verätzungen mit Chemikalien entstehen. In solchen Fällen muss sofort mit viel Wasser gespült werden. Dann — ebenso wie bei Verletzungen mit spitzen Gegenständen — unbedingt einen Arzt aufsuchen!

107

Das Ohr

Bau und Funktion. Das Ohr ist in Außenohr, Mittelohr und Innenohr gegliedert. Es wirkt nicht nur als Hörorgan, sondern enthält auch das Lage- und Gleichgewichtsorgan. Das Lagesinnesorgan befindet sich im Vorhof, das Gleichgewichtssinnesorgan in den Bogengängen des Innenohrs.

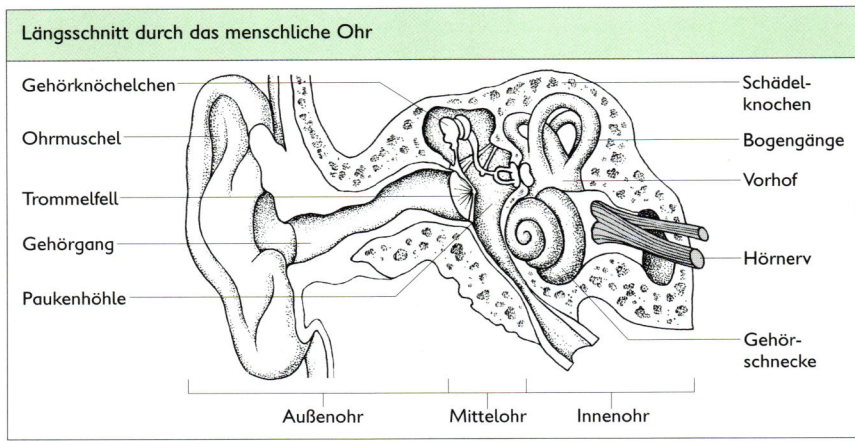

Längsschnitt durch das menschliche Ohr

Gehörknöchelchen — Schädelknochen
Ohrmuschel — Bogengänge
— Vorhof
Trommelfell
Gehörgang — Hörnerv
Paukenhöhle
— Gehörschnecke

Außenohr — Mittelohr — Innenohr

Hörvorgang. Äußeres und mittleres Ohr nehmen Schallwellen auf, leiten sie weiter und übertragen die Schwingungen auf das Trommelfell sowie auf die Flüssigkeit im Innenohr. Die schwingende Flüssigkeit wirkt als Reiz auf die Hörsinneszellen in der Gehörschnecke. Die Weiterleitung ihrer Erregungen erfolgt über den Hörnerv.

Schwerhörigkeit. Die häufigste Ursache für nicht angeborene Schwerhörigkeit ist Lärm (z. B. zu laute Musik, Maschinenlärm). Um Schwerhörigkeit bzw. Taubheit zu vermeiden, ist das Ohr vor Lärm zu schützen (z. B. Tragen eines Gehörschutzes).

Geruchs- und Geschmackssinnesorgane

Die Geruchssinneszellen eines Menschen liegen in der Riechschleimhaut der Nasenhöhlen. Hier werden Gerüche (gasförmige Stoffe) als Reize wirksam.

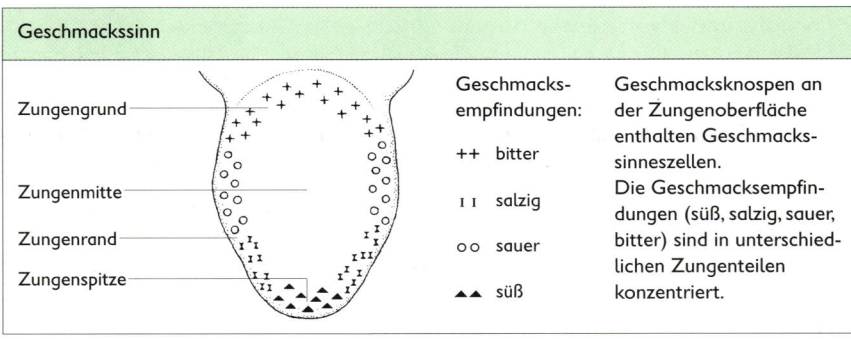

Geschmackssinn

Zungengrund

Zungenmitte

Zungenrand

Zungenspitze

Geschmacksempfindungen:

++ bitter

ı ı salzig

oo sauer

▲▲ süß

Geschmacksknospen an der Zungenoberfläche enthalten Geschmackssinneszellen. Die Geschmacksempfindungen (süß, salzig, sauer, bitter) sind in unterschiedlichen Zungenteilen konzentriert.

5

Die Haut

Bau und Funktion. Die Hautoberfläche des Menschen beträgt etwa 2 m². Sie ist ein vielseitiges Sinnesorgan (Sinneszellen für Kälte-, Wärme- und Druckreize, Schmerz-sinneszellen). Durch Regulation der Wärmeabgabe trägt sie zur Aufrechterhaltung der Körpertemperatur bei. Mit der Abgabe von Wasser und Salzen durch die Schweißdrüsen wirkt die Haut auch als Ausscheidungsorgan.

Die Haut schützt die inneren Organe des Körpers vor Kälte, Hitze, UV-Strahlung, Druck, Stoß sowie vor dem Eindringen von Krankheitserregern.

➚ Körperbedeckung, S. 48; ➚ Ausscheidungsorgane, S. 53

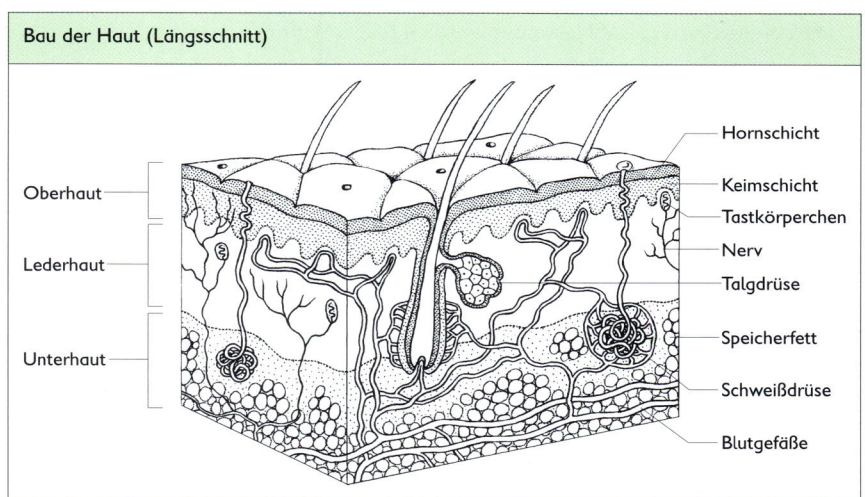

Bau der Haut (Längsschnitt)

- Hornschicht
- Keimschicht
- Tastkörperchen
- Nerv
- Talgdrüse
- Speicherfett
- Schweißdrüse
- Blutgefäße

Oberhaut

Lederhaut

Unterhaut

5

Hygiene und Schutz der Haut. Um die Haut gesund zu erhalten ist tägliches Waschen erforderlich (Entfernen von Schmutz, Fett aus den Talgdrüsen, Schweiß). Durch Eincremen kann beim Waschen mit Seife entzogenes Fett wieder zugeführt werden. Die nackte Haut muss vor zu starker Sonneneinstrahlung geschützt werden. Aktive Bewegung an frischer Luft, Saunabaden und Wechselduschen erhalten die Haut leistungsfähig.

Innere Haut (Schleimhäute). Die Schleimhäute (z. B. der Nase, der Bronchien, des Verdauungskanals) haben ebenfalls eine Schutzwirkung (z. B. Schutz der Atemwege vor Staub, Austrocknung). Über sie findet der für den Organismus lebensnotwendige Stoffaustausch (z. B. Gasaustausch in den Lungenbläschen, Nährstoffaufnahme im Darm) statt. Die Schleimhäute enthalten meist Drüsenzellen, die Sekrete ausscheiden.

Hautallergien. Sie sind überempfindliche Reaktionen der Haut (z. B. Rötung, Anschwellung, Quaddelbildung, starkes Jucken) auf bestimmte Chemikalien, Medikamente, Nahrungsmittel, auf Tierhaare, Hausstaub oder Blütenstaub. Allergien treten auch an den Schleimhäuten der Bronchien (Bronchialasthma), der Nase (Heuschnupfen) und der Verdauungswege auf.

Ist eine Allergie festgestellt, muss der betreffende Stoff unbedingt gemieden werden. Die Neigung zu allergischen Erkrankungen kann angeboren oder auch erworben sein. Bei Kindern verschwindet eine Überempfindlichkeit oft mit steigendem Lebensalter.

109

NERVENSYSTEM

Allgemeines

Das Nervensystem des Menschen ist ein Zentralnervensystem mit Gehirn und Rücken-
mark sowie den mit diesen Zentren verbundenen Nerven. Die Grundeinheiten des Ner-
vensystems sind etwa 25 Milliarden Nervenzellen. Sie ermöglichen die Erregungsleitung
und Erregungsverarbeitung. Nervenzellen leiten Informationen (Erregungen) mit einer
Geschwindigkeit von bis zu 120 Metern je Sekunde weiter.
In Verbindung mit dem Hormonsystem steuert und koordiniert das Nervensystem die
Körperfunktionen.
↗Nervenzellen, S. 56; ↗Nervensysteme, S. 110 ff.; ↗Hormonsystem, S. 113

Übersicht über das Nervensystem	Vegetatives Nervensystem

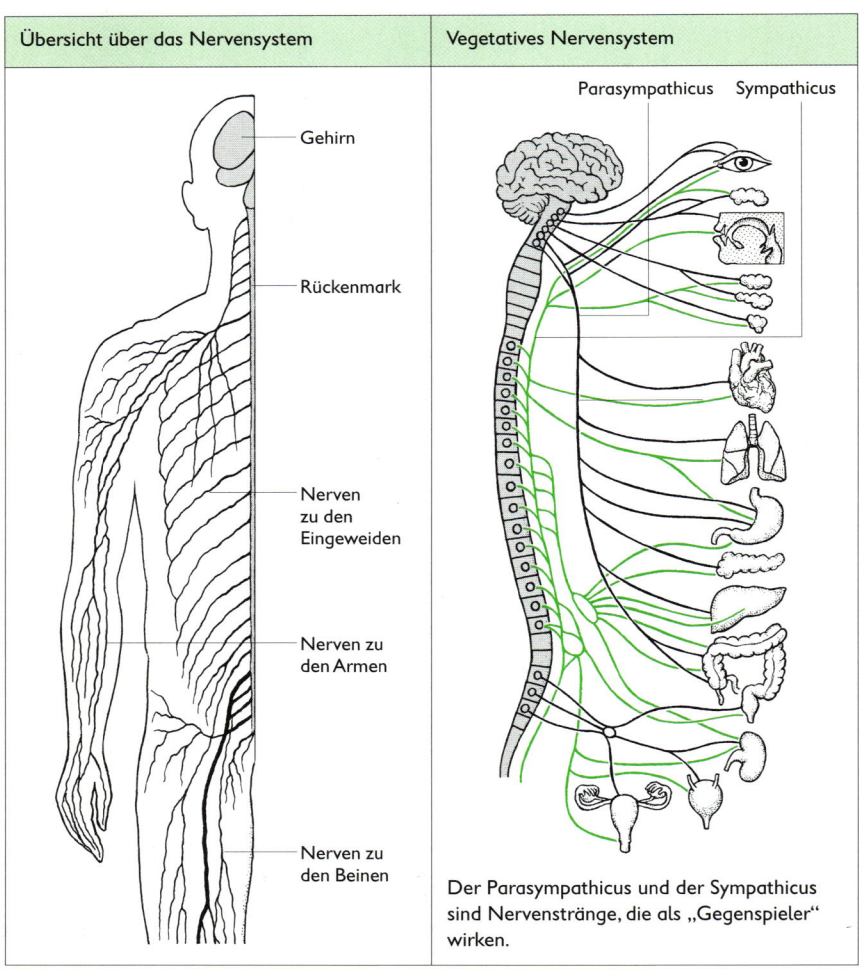

Der Parasympathicus und der Sympathicus
sind Nervenstränge, die als „Gegenspieler"
wirken.

Vegetatives Nervensystem. Es steuert die Tätigkeit der inneren Organe und unterliegt nicht der willkürlichen Kontrolle. Das vegetative Nervensystem besteht aus zwei Nervensträngen (Sympathicus, Parasympathicus), die als Gegenspieler wirken. Der Parasympathicus bewirkt z. B. die Senkung der Herzschlagrate, Blutdrucksenkung und Intensivierung der Darmtätigkeit, der Sympathicus die Aktivierung von Organtätigkeiten (z. B. Beschleunigung der Herzschlagrate und Blutdrucksteigerung).

Peripheres Nervensystem. Empfindungsnerven leiten Erregungen (Informationen) von Sinnesorganen zum zentralen Nervensystem, Bewegungsnerven vom Zentralnervensystem zu Muskeln und Drüsen.

↗Schema eines Reflexbogens, S. 76; ↗Ausbildung erfahrungsbedingter Reflexe, S.123

Zentralnervensystem

Gehirn. Es besteht aus der Hirnrinde (außen) und dem Hirnmark (innen). Die Hirnrinde enthält etwa 10 Milliarden Nervenzellen (graue Substanz), das Mark besteht aus Nervenfasern (weiße Substanz). Das Gehirn gliedert sich in Groß-, Zwischen-, Mittel-, Klein- und Nachhirn. Durch den knöchernen Schädel und die Hirnhäute wird es geschützt. Bewusstsein, Gedächtnis, Empfindungen, Wahrnehmungen und geistige Leistungen sind auf die Tätigkeit des Gehirns zurückzuführen.

Gehirn des Menschen		Leistungen der Hirnabschnitte
Schädel — Kopfhaut	Hirnhäute	Stoßdämpfer
	Großhirn	Bewusstsein, Intelligenz, Wille, Gedächtnis, Denken und Sprache
	Zwischenhirn	Steuer- und Umschaltzentrale, Steuerung von Gestik, Mimik und inneren Körperfunktionen
	Mittelhirn	Schaltstelle für Hör- und Sehreize
	Kleinhirn	Zentrum zur Regelung der Körperhaltung und Muskulatur (motorisches Zentrum)
	Nachhirn	Reflexzentrum, Steuerung von Atmung und Herzschlag

5

Bau und Funktion des Rückenmarks. Das Rückenmark schließt sich an das Nachhirn an. Es durchzieht den Wirbelkanal der Wirbelsäule und besteht aus den Zellkörpern vieler Nervenzellen (graue Substanz) sowie aus Nervenfasern (weiße Substanz).
Das Rückenmark ist eine Schaltzentrale für Reflexe. Es enthält alle Nervenfasern, die von Sinneszellen kommen und zum Gehirn aufsteigen. Zugleich schließt es alle Verbindungen zur Muskulatur ein.

111

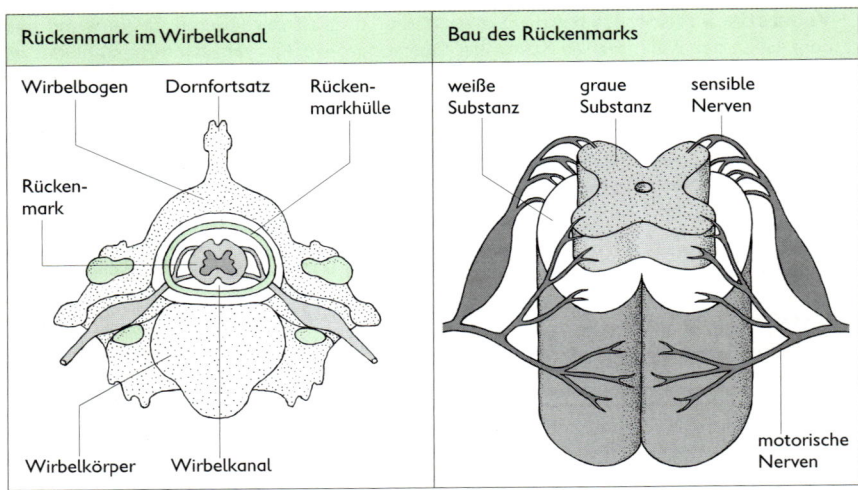

Rückenmark im Wirbelkanal	Bau des Rückenmarks

Rückenmark im Wirbelkanal: Wirbelbogen, Dornfortsatz, Rücken-markhülle, Rücken-mark, Wirbelkörper, Wirbelkanal

Bau des Rückenmarks: weiße Substanz, graue Substanz, sensible Nerven, motorische Nerven

↗Nervenzellen, S. 56; ↗Reflexe, S. 76 f., 23; ↗Schema eines Reflexbogens, S. 76

Gesunderhaltung des Nervensystems

Durch angemessene Gestaltung des Tages- und Lebensrhythmus kann man zur Gesunderhaltung des Nervensystems beitragen (z. B. ausreichender Schlaf; Wechsel von Anspannung und Entspannung, Arbeit und Erholung; Verminderung von Dauerstress).

Drogensucht

Drogen. Stoffe, die Rauschzustände auslösen und zur Abhängigkeit führen. Sie erzeugen kurzzeitig angenehme Gefühle und gesteigertes Selbstbewusstsein. Nikotin, Alkohol und bestimmte Arzneimittel (Beruhigungs-, Schlaf- und Schmerzmittel sowie „Muntermacher") gehören zu den legalen Drogen. Zu den gesetzlich verbotenen (illegalen) Drogen gehören Haschisch, Opiate (Morphium, Opium, Heroin), Kokain (Crack: mit Backpulver gestrecktes Kokain) sowie die synthetischen Drogen LSD und Ecstasy.

Drogenabhängigkeit und Suchtgefahr. Psychisch abhängig ist, wer aus eigener Kraft nicht mehr mit der Drogeneinnahme aufhören kann. Der Körper hat die Droge in den Stoffwechsel einbezogen und sich an das Mittel gewöhnt. Bei Entzug treten körperliche Störungen auf. Drogenabhängigkeit führt häufig zu chronischen Gesundheitsschäden sowie zum sozialen und beruflichen Abstieg. Das Zusammentreffen mehrerer belastender Faktoren (Schulprobleme, berufliche und private Probleme, Schwierigkeiten in der Familie, Langeweile, Geldnot) begünstigt den Einstieg in den Drogenkonsum.

Illegale Drogen und ihre Herkunft	
■ Haschisch, Marihuana	Cannabisprodukte (Hanfpflanze)
■ Morphium, Opium, Heroin	Opiate (Schlafmohnpflanze)
■ Kokain, Crack	Kokain (Kokapflanze)
■ LSD, Ecstasy, Speed	Synthetisch hergestellte Drogen

HORMONSYSTEM

Allgemeines

Das Hormonsystem steuert und koordiniert Körperfunktionen. Es steht in enger Verbindung mit dem Nervensystem. Hormone sind Wirkstoffe, die in Hormondrüsen gebildet und direkt ins Blut abgegeben werden. Durch das Blut werden sie zu ihrem Zielorgan transportiert.

➚ Nervensystem, S. 110; ➚ Bestandteile des Blutes und ihre Funktionen, S. 96

Wichtige Hormondrüsen und Wirkung der Hormone		
	Hormondrüse	Wirkung der Hormone
	Hirnanhangs-drüse	Reifung der Geschlechts-zellen, Geschlechts-entwicklung, Längenwachs-tum der Knochen, Eiweiß- und Fettabbau, Geburts-wehen, Milchproduktion
	Schilddrüse	Regelung des Zellstoff-wechsels, Körperwachstum
	Thymus	Beinflussung von Wachstum und Immunität
	Nebennieren	Blutzuckererhöhung, Regelung des Wasserhaus-halts und des Mineralstoff-wechsels
	Bauchspeichel-drüse	Blutzuckersenkung
	Keimdrüsen (Hoden bzw. Eierstöcke)	Ausbildung der äußeren Geschlechtsmerkmale, Keimzellenreifung, Sexual-verhalten, Menstruations-zyklus im weiblichen Körper

➚ Menstruationszyklus, S. 116; ➚ Immunität, S. 99

Hormonelle Regelung des Blutzuckergehalts

Blutzucker ist der im Blutplasma gelöste Traubenzucker. Beim gesunden Menschen ist der Blutzuckergehalt annähernd konstant (in 1 l Blut 0,6 bis 1,1 g Traubenzucker). An seiner Regulierung sind die Bauchspeicheldrüsenhormone Insulin und Glukagon sowie das Nebennierenrindenhormon Adrenalin beteiligt. Insulin bewirkt die Senkung, Adrenalin und Glukagon bewirken die Erhöhung des Blutzuckerspiegels.

5

113

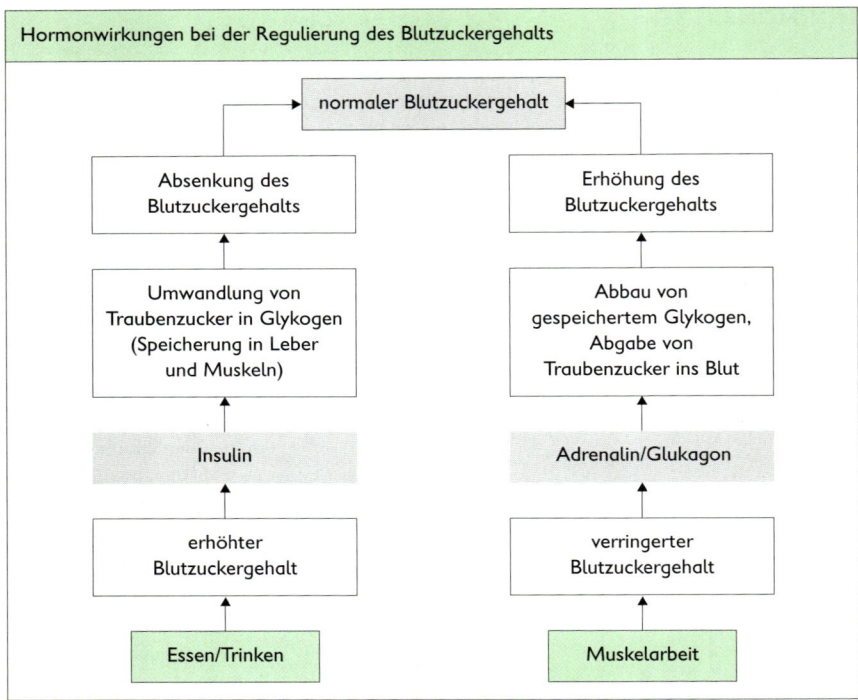

Zuckerkrankheit (Diabetes). Die Zuckerkrankheit ist eine Stoffwechselstörung, bei der in der Bauchspeicheldrüse nicht genügend Insulin gebildet wird. Dadurch reichert sich Traubenzucker im Blut an. Er wird zum Teil mit dem Harn ausgeschieden.
Symptome sind häufiges Wasserlassen, ungewöhnlich großer Durst, Gewichtsverlust bei steigender Nahrungsmenge, Schwächegefühl, Hautjucken, schlecht heilende Wunden, Durchblutungsstörungen, Nervenschädigungen.
Durch eine Harnuntersuchung kann die Zuckerkrankheit festgestellt werden. Insulinmangel kann durch regelmäßige Insulingaben ausgeglichen werden.Die Diätnahrung für Zuckerkranke enthält wenig Kohlenhydrate und wenig Fett.
↗ Harnuntersuchungen, S. 104; ↗ Leberfunktionen, S. 103 f. ↗ Biologische Regelung, S. 77

FORTPFLANZUNG UND INDIVIDUALENTWICKLUNG

Allgemeines

Der Mensch pflanzt sich geschlechtlich fort und ist lebend gebärend wie die anderen Säuger. Die Geschlechter unterscheiden sich nicht nur durch ihre Geschlechtsorgane, sondern auch in weiteren Geschlechtsmerkmalen (z. B. Brustentwicklung der Frau, Körperform, Behaarung, Knochenbau, Stimmlage, Verhalten).
↗ Fortpflanzung, S. 78; ↗ Sexualverhalten des Menschen, S. 132

Bau und Funktionen der weiblichen Geschlechtsorgane

Die Scheide, die Schamlippen und der Kitzler sind die äußeren, die Gebärmutter, die paarigen Eileiter und die paarigen Eierstöcke (Keimdrüsen) die inneren weiblichen Geschlechtsorgane.

Weibliche Geschlechtsorgane

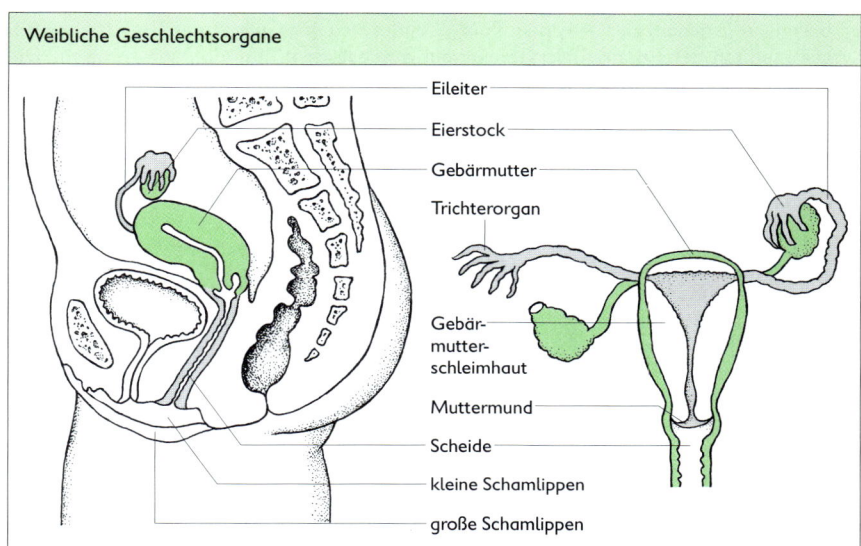

Eileiter

Eierstock

Gebärmutter

Trichterorgan

Gebär-
mutter-
schleimhaut

Muttermund

Scheide

kleine Schamlippen

große Schamlippen

5

Funktionen der weiblichen Geschlechtsorgane	
Schamlippen	Schutz der inneren Geschlechtsorgane
Kitzler	sexuelles Erregungszentrum
Scheide	Verbindung zur Gebärmutter, Aufnahme des Glieds während des Geschlechtsverkehrs, Abtötung von Bakterien durch Scheidensekret
Gebärmutter	Aufnahme der befruchteten Eizelle in die Gebärmutterschleimhaut, Schutz des Fötus bis zur Geburt, über Gebärmutterschleimhaut und Nabelschnur Nahrungs- und Gasaustausch zwischen Mutter und Kind, Austreibung des reifen Fötus durch Kontraktion der Muskulatur (Wehen)
Eileiter mit Trichterorgan	Aufnahme der reifen Eizelle, Weiterleitung der Samenzellen zu ihr, Befruchtung, Weiterleitung der befruchteten Eizelle zur Gebärmutter
Eierstöcke	hormonell gesteuerte Reifung der Eizellen, Follikelwachstum, Bildung des Follikelhormons, Follikelsprung, Bildung des Gelbkörpers und Gelbkörperhormonproduktion

Hygiene der weiblichen Geschlechtsorgane. Die äußeren Geschlechtsorgane bedürfen einer sorgfältigen täglichen Hygiene: Urinrückstände, Scheidensekret und Schweißabsonderungen müssen gründlich entfernt werden.

Menstruationszyklus. Mit Beginn der Pubertät reift jeden Monat eine Eizelle heran. Nach etwa 14 Tagen kommt es zum Follikelsprung. Die Eizelle wird im Eileiter zur Gebärmutter transportiert. Aus dem Follikel bildet sich der Gelbkörper. Die Eizelle wird zusammen mit der Gebärmutterschleimhaut ausgestoßen (Blutung, Menstruation). Dieser Zyklus wird durch Hormone gesteuert und wiederholt sich etwa alle 28 Tage. Nach Befruchtung einer Eizelle bleibt die Menstruation aus, die Schwangerschaft beginnt.

↗ Hormonsystem, S. 113

Ablauf des Menstruationszyklus				
	Follikelwachstum	Follikelsprung	Gelbkörper-bildung	Gelbkörper-rückbildung
Vorgänge im Eierstock				
Hormon-bildung	Follikelhormon		Gelbkörperhormon	
Gebär-mutter-schleim-haut				
Tage	1. bis 4. Tag Menstruation	5. bis 14. Tag Wachstum der Gebär-mutterschleimhaut	15. bis 28. Tag Sekretionsphase	1. bis 4. Tag Menstruation

Menstruationshygiene. Während der Blutung ist eine sorgfältige Körperpflege erforderlich. Die das Blut aufsaugenden Binden oder Tampons sollten je nach Stärke der Blutung gewechselt werden. Der Scheideneingang ist gründlich zu waschen.

Beginn, Dauer und Stärke der Blutung sollten in einem Menstruationskalender (Regelkalender) erfasst werden.

Bau und Funktionen der männlichen Geschlechtsorgane

Zu den männlichen Geschlechtsorganen gehören Hoden (Keimdrüsen) mit Nebenhoden, die Samenleiter, Bläschen- und Vorsteherdrüse, die Samenröhre und das männliche Glied (der Penis).

116

Männliche Geschlechtsorgane

Bau einer männlichen Samenzelle

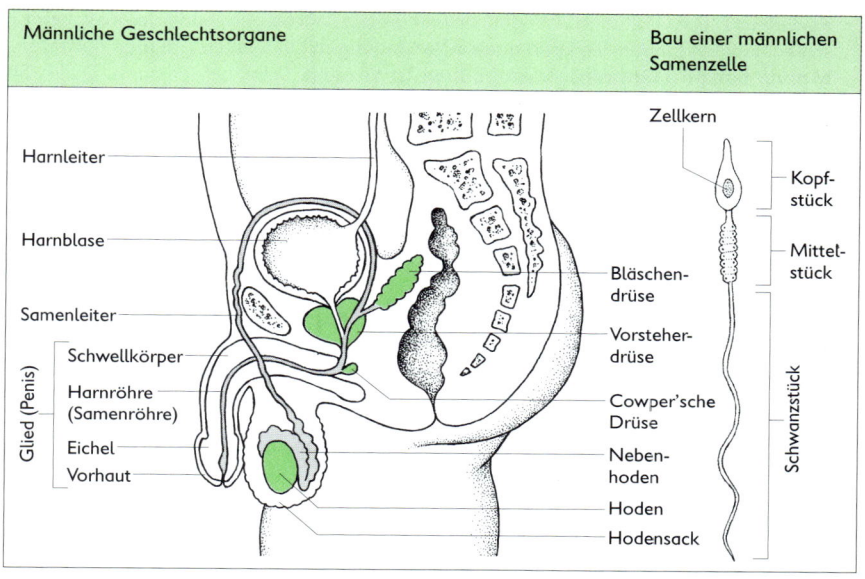

Männliche Geschlechtsorgane:
- Harnleiter
- Harnblase
- Samenleiter
- Glied (Penis)
  - Schwellkörper
  - Harnröhre (Samenröhre)
  - Eichel
  - Vorhaut
- Bläschendrüse
- Vorsteherdrüse
- Cowper'sche Drüse
- Nebenhoden
- Hoden
- Hodensack

Bau einer männlichen Samenzelle:
- Zellkern
- Kopfstück
- Mittelstück
- Schwanzstück

Funktionen der männlichen Geschlechtsorgane

Glied mit Schwellkörper	Versteifung (Erektion) durch die mit Blut gefüllten Schwellkörper, ermöglicht bei sexueller Erregung Geschlechtsverkehr (Einführen des Glieds in die Scheide), Samenerguss (Ejakulation, Ausstoßen der Samenflüssigkeit)
Eichel	sexuelles Erregungszentrum
Vorhaut	Schutzfunktion
Hoden und Nebenhoden	Bildung und Speicherung der Samenzellen, Hormonbildung
Hodensack	Schutz der Hoden und Nebenhoden
Vorsteherdrüse Bläschendrüse	Absonderungen von Sekreten, die u.a. die Fortbewegung der Samenzellen ermöglichen (bilden mit den Samenzellen die Samenflüssigkeit)
Samenleiter	Transport der Samenzellen

Hygiene der männlichen Geschlechtsorgane. Bei der täglichen Körperpflege muss das Glied gründlich gewaschen werden. Dazu muss die Vorhaut über die Eichel zurückgezogen werden, um alle Rückstände zu beseitigen. Bei ungenügender Hygiene kann es zu Entzündungen bzw. Infektionen kommen.

Pollution. Die Pollution ist der unwillkürliche nächtliche Samenerguss beim geschlechtsreifen Jungen. Sie kann auch in Verbindung mit sexuellen Träumen auftreten.
Masturbation (Onanie). Masturbation ist sexuelle Selbstbefriedigung. Durch Streicheln und Massieren erogener Zonen (z. B. bei Jungen und Männern das Glied, bei Mädchen und Frauen der Kitzler) werden Lust und Befriedigung ausgelöst.

Begattung und Befruchtung

Beim Geschlechtsverkehr wird das Glied in die Scheide eingeführt (Begattung). Nach Ausstoß der Samenflüssigkeit (Ejakulation) bewegen sich die Samenzellen aktiv in die Gebärmutter und von dort in die Eileiter. Hier kann die Befruchtung einer Eizelle erfolgen. Damit beginnt die Schwangerschaft.
↗ Geschlechtliche Fortpflanzung bei Tieren und Menschen, S. 82
Empfängnisregelung. Durch bestimmte Techniken, Methoden und Mittel kann eine ungewollte Schwangerschaft verhindert werden. Sie unterscheiden sich hinsichtlich ihrer Wirkung und Sicherheit. Jedes Paar sollte seine Methode der Empfängnisregelung finden.

Mittel und Methoden der Empfängnisverhütung	
Natürliche Methode	Ermittlung der unfruchtbaren Tage (Temperaturmessung, Kalendererrechnung)
Mechanische Verfahren	Kondom, Scheidendiaphragma, Intrauterinpessar, Gebärmutterkappe
Chemische Mittel	Cremes, Tabletten, Zäpfchen und Schaumsprays mit Samenzellen abtötender Wirkung
Hormonale Methode	Hormongaben in verschiedenen Variationen („Antibabypille")

Sexualität (Geschlechtlichkeit). Sie dient beim Menschen nicht nur der Fortpflanzung, sondern hat darüber hinaus eine überragende partnerbindende Funktion. Die Sexualität eines Menschen wird von individuellen Gefühlen, Bedürfnissen, Erwartungen und Wünschen, Vorstellungen und Erfahrungen sowie von kulturellen und gesellschaftlichen Verhältnissen und Normen beeinflusst. Bei Heterosexualität richten sich geschlechtliches Empfinden und Liebe auf das andere Geschlecht, bei Homosexualität auf Partner gleichen Geschlechts.
↗ Sexualverhalten des Menschen, S. 132
Sexuell übertragbare Krankheiten. Beim Geschlechtsverkehr können Krankheitserreger übertragen werden (Krankheitsbeispiele: Tripper, Syphillis, AIDS). Infektionsgefahr besteht vor allem bei häufigem Partnerwechsel (Promiskuität), sie kann durch Benutzung von Kondomen verringert werden.
↗ AIDS, S. 100

Schwangerschaft

Eine Schwangerschaft beginnt mit der Befruchtung einer Eizelle und endet mit der Geburt des Kindes.

Überblick über die vorgeburtliche Entwicklung		
Alter	Entwicklungsstadium	Embryo
0	befruchtete Eizelle	
3 Tage	Achtzellen-Stadium	
8-10 Tage	Keimblase (Einnistung in Gebärmutterschleimhaut)	
21 Tage	Embryo	Fötus
3 Monate	Fötus	
9 Monate	neugeborenes Kind	

Fötus im Mutterleib – kurz vor der Geburt

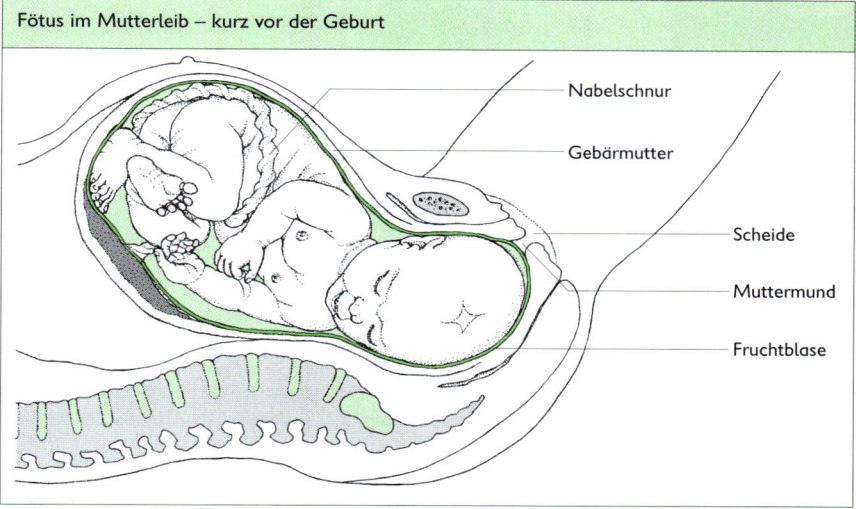

- Nabelschnur
- Gebärmutter
- Scheide
- Muttermund
- Fruchtblase

5

Geburt

Durch eine hormonale Steuerung wird normalerweise 9 Monate nach Beginn der Schwangerschaft die Geburt eingeleitet.

Eröffnungsphase. Rhythmische Kontraktionen der Gebärmutter- und Bauchmuskulatur (Wehen) drücken das Kind gegen den Muttermund und öffnen ihn. Die Fruchtblase platzt, Fruchtwasser fließt aus.

Austreibungsphase. Presswehen drücken das Kind, normalerweise mit dem Kopf zuerst, durch die Scheide. Die Nabelschnur wird abgebunden und durchtrennt.

Nachgeburt. Durch Nachwehen lösen sich Mutterkuchen, Fruchtblase und der Rest der Nabelschnur ab. Sie werden als Nachgeburt ausgeschieden.

Zwillinge

Eineiige Zwillinge gehen aus einer befruchteten Eizelle hervor. Zweieiige Zwillinge entstehen aus zwei befruchteten Eizellen.

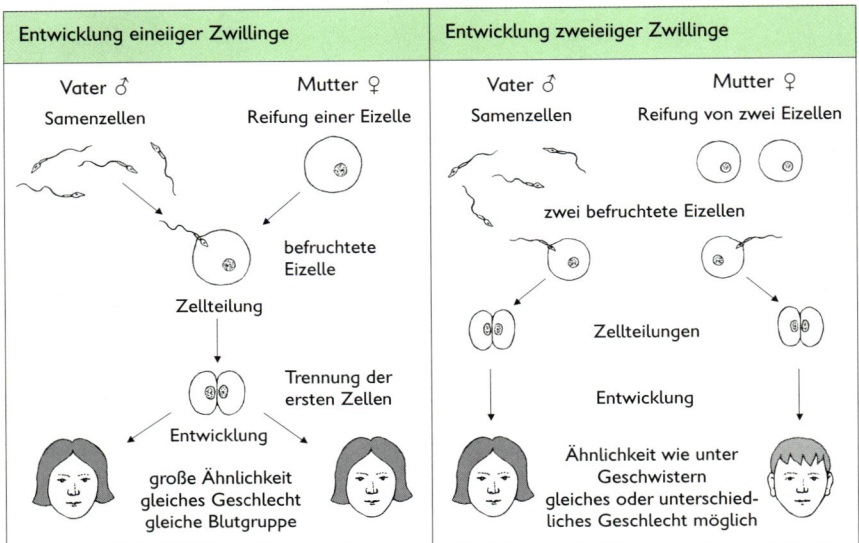

Entwicklung eineiiger Zwillinge	Entwicklung zweieiiger Zwillinge
Vater ♂ — Samenzellen / Mutter ♀ — Reifung einer Eizelle / befruchtete Eizelle / Zellteilung / Trennung der ersten Zellen / Entwicklung / große Ähnlichkeit gleiches Geschlecht gleiche Blutgruppe	Vater ♂ — Samenzellen / Mutter ♀ — Reifung von zwei Eizellen / zwei befruchtete Eizellen / Zellteilungen / Entwicklung / Ähnlichkeit wie unter Geschwistern gleiches oder unterschiedliches Geschlecht möglich

Nachgeburtliche Entwicklung

Die nachgeburtliche Entwicklung verläuft über mehrere Altersphasen.

Säuglingsalter 0 bis 1 Jahr	rasches Längenwachstum, Gewichtszunahme, Milchgebissentwicklung, Sitzen, Krabbeln, Stehen, Beginn des Laufens, erste Wortnachahmungen
Kindheit 1 bis 13 Jahre	Entwicklung vom Kleinkind (2.+3. Lebensjahr) zum Vorschulkind und Schulkind (1. Gestaltwandel), Wachstum, Zahnwechsel, bewusster Sprachgebrauch, rasche geistige Entwicklung
Jugendzeit 13 bis 18 Jahre	Abschluss des Längenwachstums, starke Ausbildung von Skelett und Muskulatur (2. Gestaltwandel), Ausbildung der äußeren Geschlechtsmerkmale, Reifezeit und Pubertät
Erwachsenenalter	Leistungsphase: volle Entfaltung der körperlichen und geistigen Kräfte, soziale Reife, Familienplanung und -gründung; Alterung: Veränderungen im Hormonhaushalt (Wechseljahre), Nachlassen der körperlichen Leistungsfähigkeit, von Funktionen der Sinnesorgane und des Nervensystems, Geweberückbildung, im höheren Alter Nachlassen der Fortpflanzungsfunktion
	Tod: Nach Ausfall lebenswichtiger Organe (klinischer Tod/Gehirntod)

120

Verhaltensbiologie

VERHALTEN – ANGEBOREN UND ERLERNT

Allgemeines

Zum Verhalten der Tiere gehören ihre Bewegungen, Körperstellungen und Lautäußerungen, z. B. bei der Ernährung, bei der Fortpflanzung oder bei der Körperpflege. Ziel des Verhaltens ist die Erhaltung des eigenen Lebens sowie des Lebens der Nachkommen. Das Verhalten ist vom inneren Zustand eines Tiers und der Einwirkung von Reizen aus der Umwelt abhängig. Kenntnisse darüber sind wichtig, damit wir richtig mit Tieren – z. B. Haus- und Heimtieren – umgehen können.

Die meisten Verhaltensweisen können durch „Dazugelerntes" vervollkommnet werden. Die menschliche Sprache ist z. B. überwiegend erlernt.

↗Umwelt, Umweltfaktoren, S. 135

Einige Methoden der Verhaltensbiologie

Verhaltensbiologen beschreiben Verhaltensweisen und suchen die Ursachen des Verhaltens. Vermenschlichende Bewertungen tierischen Verhaltens (z. B. schlau, listig, mutig, stolz, dumm, feige) sind dabei nicht hilfreich und deshalb zu unterlassen. Die Beschreibung aller Verhaltensweisen einer Tierart nennt man ihr Ethogramm.

6

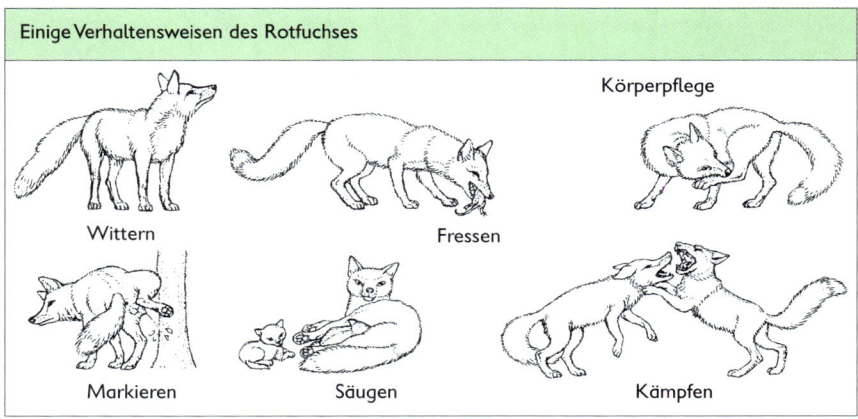

Einige Verhaltensweisen des Rotfuchses

Körperpflege

Wittern

Fressen

Markieren

Säugen

Kämpfen

Beobachtungen und Experimente. Sie werden an Tieren im Freiland oder im Labor durchgeführt. Verhaltensweisen können mit Film-, Video- bzw. Tonaufnahmen besonders exakt aufgezeichnet und erfasst werden. Das gilt auch für die Beobachtung des Ablaufs menschlicher Verhaltensweisen (z. B. beim Neugeborenen).

↗Ablauf des Handgreifreflexes beim Menschenbaby, S. 122

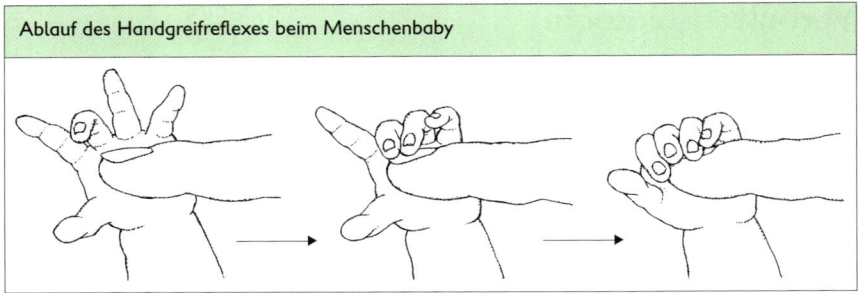

Ablauf des Handgreifreflexes beim Menschenbaby

Attrappenversuche. Es sind Experimente, mit denen geprüft wird, welche Reize bestimmte Verhaltensweisen auslösen. Nachbildungen (Attrappen) ahmen dabei Reize nach, wie z. B. Größenverhältnisse, Körperformen, Farbkontraste, Gerüche oder Lautfolgen. Sie werden oft auch stark „übertrieben", um ihre Wirkungen deutlicher beobachten zu können. So bevorzugt ein Austernfischer, wenn er wählen kann, ein künstliches Riesenei gegenüber seinem „echten" Ei.
↗ Reizarten und Sinnesorgane, S. 57

6

Attrappenversuche

Ei-Attrappe

Rotkehlchen ♂

Angriff

keine Reaktion

Eigröße als auslösender Reiz

rote Brustfedern (Attrappe)

Jungvogel ohne rote Brustfedern (Attrappe)

Kaspar-Hauser-Versuche. Bei solchen Experimenten werden Tiere zur Prüfung auf angeborene Verhaltensweisen ohne Kontakt zu Artgenossen aufgezogen. Ihr Verhalten wird später mit dem normal aufgewachsener Tiere verglichen. Beispiel: Taubenaufzucht in Käfigen, die so eng waren, dass die Vögel darin nicht mit den Flügeln schlagen konnten. Später frei gelassen, flogen sie sofort wie gleichaltrige frei lebende Tauben.

Durch Lernen erworbenes Verhalten

Je lernfähiger Tiere sind, desto besser können sie ihr Verhalten an die Bedingungen ihrer Umwelt anpassen. Jeder Lernvorgang führt zur Bildung eines Gedächtnisinhalts.
↗ Umwelt, S. 135; ↗ Reflexe, S. 76; ↗ Gehirn, S. 111

Lernformen

Lernen durch Gewöhnung. Ist die stammesgeschichtlich älteste Lernform. Tiere verhalten sich gegenüber für sie folgenlosen Reizen schließlich „gleichgültig": Beispielsweise wird die Rückzugsreaktion von Schnecken nach wiederholter Berührung der Schneckenfühler immer schwächer, bis sie ganz ausbleibt. Durch Gewöhnung haben die Tiere für andere, für ihr Überleben bedeutendere Reize eine erhöhte Reaktionsbereitschaft.

Ausbildung erfahrungsbedingter Reflexe. Diese einfachen Lernvorgänge spielen sich im Großhirn ab: Wirkt neben dem unbedingten Reiz für einen angeborenen Reflex ein Reiz, der den Reflex sonst nicht auslöst, dann kann der Reflex bald allein durch den „dazugelernten" Reiz ausgelöst werden. Wird er lange nicht ausgelöst, dann „vergisst" das Tier einen erlernten Reflex. Er muss neu eingeübt werden.
Ein Schutzreflex ist z. B. der unbedingte Lidschlussreflex: Er wird durch die Luftströmung (unbedingter Reiz) ausgelöst, die ein sich unserem Auge nähernder Gegenstand verursacht. Ein bedingter Lidschutzreflex entsteht z. B., wenn im Versuch mehrfach kurz vor diesem unbedingten Reiz ein Klingelzeichen ertönt. Das Klingeln (bedingter Reiz) bewirkt schließlich allein den Lidschluss.
↗Reflexe, S. 76 f.

Lernen durch Prägung. Prägungen sind Lernvorgänge, die Tiere nur in bestimmten Zeiträumen ihres Lebens vollziehen können. Ein „Umlernen" ist danach nur schwer möglich. Elternprägung: Erblicken Entenküken nach dem Schlüpfen zuerst ihre Mutter und hören deren Stimme, dann folgen sie nur ihr nach. Prägungsähnliches Lernen beim Menschen: Dem Kind ist z. B. das Erlernen der Muttersprache in erstaunlich kurzer Zeit möglich. So schnell und intensiv kann es nie wieder in seinem Leben eine Sprache lernen.
↗Soziale Bindung, S. 131

Lernen durch Gewöhnung

Ausbildung eines bedingten Reflexes

Futter

Futter

Erlernen eines erfahrungsbedingten Speicheldrüsenreflexes

Elternprägung

6

Lernen am Erfolg. Viele Tierdressuren beruhen auf dieser Lernform. Erhält ein Tier nach zufälliger Ausführung einer Handlung (z. B. Drücken eines Hebels im Versuchskäfig, Durchqueren eines Labyrinths) eine Belohnung (z. B. Futter), dann probiert es immer wieder diese Handlung aus. Erfolgreiches Verhalten wird durch die Belohnungen „verstärkt".

Lernen am Misserfolg. Macht ein Tier nach Ausführung einer Handlung eine schlechte Erfahrung (z. B. Schmerz), dann unterlässt es später dieses Verhalten: Bekommt das Tier z. B. nach Drücken des Hebels in der Skinner-Box einen Strafreiz (z. B. einen leichten elektrischen Schlag), vermeidet es später das Hebeldrücken.

Lernen durch Nachahmung. Diese Lernform ist der Traditionsbildung in der menschlichen Gesellschaft ähnlich. Bewegungen bzw. Laute werden von Artgenossen oder auch von artfremdem Tieren übernommen.

Besonders Menschenaffen lernen viel (z. B. den Bau von Schlafnestern oder das Pflücken von Bananen) durch Nachahmung des von ihnen beobachteten Verhaltens erfahrener Tiere ihrer Gruppe. Auch Menschenkinder lernen gern durch Nachahmung ihrer Bezugspersonen (z. B. Großeltern, Eltern und Geschwister).

Lernen durch Einsicht. Ist die höchstentwickelte Lernform. Dabei können sich z. B. Schimpansen und andere Menschenaffen unter Einbeziehung früherer Erfahrungen Zusammenhänge ihrer Umwelt vorausschauend vorstellen und daraufhin zielgerichtet handeln.

Lernen durch Einsicht spielt beim Menschen als Folge des Zusammenwirkens von Bewusstsein, Denken und Sprache eine überragende Rolle.

Bei durch Menschen aufgezogenen und intensiv trainierten Menschenaffen konnten nur einfache Ansätze sprachlichen Denkens beobachtet werden.

↗Lernen beim Menschen, S. 132

Lernen am Erfolg oder Misserfolg

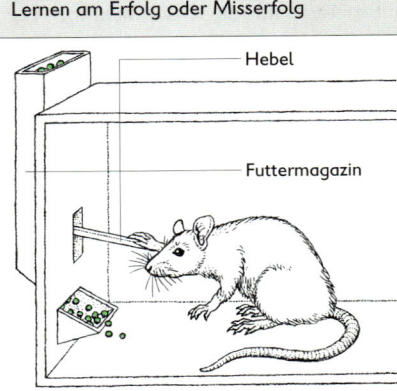

Hebel

Futtermagazin

Lernen im Versuchskäfig (Skinner-Box)

Lernen durch Nachahmung

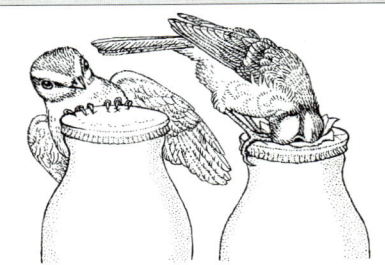

Beobachtung und Nachahmung bei Blaumeisen

Lernen durch Einsicht

Termitenangeln bei Schimpansen

Neugierverhalten und Spielverhalten

Neugierverhalten ist das Erkunden von bisher Unbekanntem. Es kann in Spielverhalten übergehen. Dabei machen die Tiere im Umgang mit dem eigenen Körper, mit Artgenossen und Umweltgegenständen lebenswichtige Erfahrungen. Neugier und Spielverhalten kommen vor allem bei Säugetieren und einigen Vogelarten vor, besonders bei Jungtieren.

Verhaltensabläufe

Verhaltensbereitschaften. Die Bereitschaft, Nahrung aufzunehmen, ist z. B. vom Füllungsgrad des Magens, die Bereitschaft zum Sexualverhalten vom Hormonhaushalt abhängig. Je länger ein Verhalten zeitlich zurückliegt, desto stärker ist im Allgemeinen die Bereitschaft eines Tiers, dieses zu wiederholen. Je größer seine innere Bereitschaft für ein Verhalten ist, desto stärker wirken die auslösenden Reize auf ein Tier.

Suchverhalten. Erhöhte Verhaltensbereitschaften bewirken Unruhe und das Suchen nach der jeweils „notwendigen" Umweltsituation. Dabei werden auch Lernleistungen (Erfahrungen) einbezogen. Ist z. B. ein Vogel hungrig, dann sucht er in seiner Umwelt gezielt nach den Reizen, die von seinem Futter ausgehen.

Schlüsselreize (Kennreize). Reize, die ein Verhalten auslösen, bezeichnet man als die Schlüsselreize dafür. Beispiele: Der Geruch im Wasser verteilten Fleischsaftes löst das Beutefangverhalten beim Gelbrandkäfer, das Flugbild eines Greifvogels das Fluchtverhalten von Putenküken, ein Katzenbaby das Brutpflegeverhalten seiner Mutter aus.

Zum Schlüsselreiz „Kindchenschema" gehören typische Merkmale von Menschenbabys oder Jungtieren wie der relativ große Kopf, große Augen, Pausbacken sowie der insgesamt rundliche und weiche Körper. Dieser Schlüsselreiz löst das Pflegeverhalten der Eltern, auch unsere besondere Zuwendung zu Jungtieren aus.

↗ Reizarten und Sinnesorgane, S. 57

6

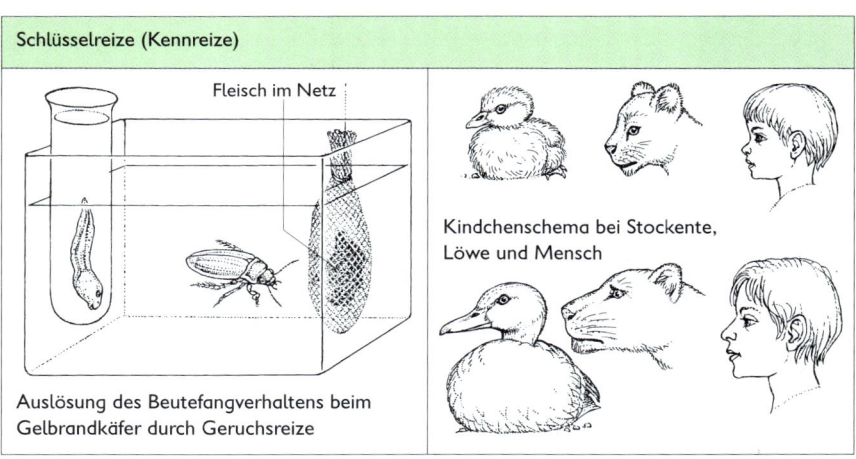

Schlüsselreize (Kennreize)

Fleisch im Netz

Kindchenschema bei Stockente, Löwe und Mensch

Auslösung des Beutefangverhaltens beim Gelbrandkäfer durch Geruchsreize

Handlungswahl. Ein Tier „entscheidet sich" je nach den Bedingungen für eine von den ihm in einer bestimmten Situation möglichen Verhaltensweisen (z. B. bei Begegnung mit einem Feind: Fliehen, Abstand halten, Verstecken oder Angriff, Aggression).

↗ Aggressionsverhalten, S. 130

Endhandlungen. Endhandlungen (bei der Nahrungssuche z. B. das Fressen) sind das Ziel des von einer Verhaltensbereitschaft ausgelösten Suchverhaltens. Ist eine Endhandlung ausgeführt, dann wird das Verhalten von anderen Bereitschaften bestimmt, nach dem Fressen z. B. Suche nach Nistmaterial (Brutpflege) oder nach Schlafstellen (Ruheverhalten). Auch in Endhandlungen können Tiere Erfahrungen einbeziehen.

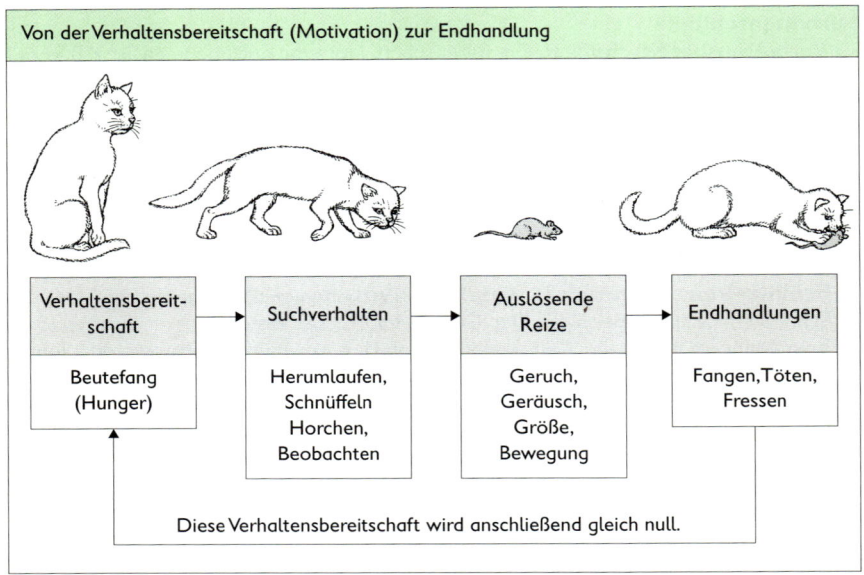

Von der Verhaltensbereitschaft (Motivation) zur Endhandlung

Verhaltensbereit-schaft	Suchverhalten	Auslösende Reize	Endhandlungen
Beutefang (Hunger)	Herumlaufen, Schnüffeln Horchen, Beobachten	Geruch, Geräusch, Größe, Bewegung	Fangen, Töten, Fressen

Diese Verhaltensbereitschaft wird anschließend gleich null.

SOZIALVERHALTEN DER TIERE

Allgemeines

Das Sozialverhalten umfasst alle Verhaltensweisen, die zwischen ständig oder zeitweilig zusammenlebenden Tieren einer Art auftreten. Es vergrößert die Überlebenschancen der Tiere (z. B. durch Teilen von Beute, Fürsorge für Nachkommen, Schutz vor Feinden).
↗Art, S. 20; ↗Population, S. 143; ↗Population und Evolution, S. 177

Tiergemeinschaften

Sie entstehen bei Tieren mit sozialer Bindungsfähigkeit. Die Einzeltiere stimmen ihr Verhalten in der Gruppe aufeinander ab. Es gibt Tiergemeinschaften, in denen sich die Einzeltiere gegenseitig nicht kennen und denen sich jeder Artgenosse anschließen kann (z. B. Heringsschwarm, Heuschreckenschwarm). Andererseits kennen sich z. B. die Bienen eines Bienenstockes ebenfalls nicht „persönlich", verjagen aber fremde Bienen, die nicht den gleichen „Stockgeruch" wie das eigene Bienenvolk haben. Dagegen sind sich in vielen Verbänden von Vögeln (z. B. Möwen-Brutkolonie) und Säugetieren (z. B. Affenhorde) die dazugehörigen Tiere gegenseitig als „unverwechselbare" Individuen bekannt. Fremde Tiere werden erkannt, abgelehnt oder in die Gruppe aufgenommen.

6

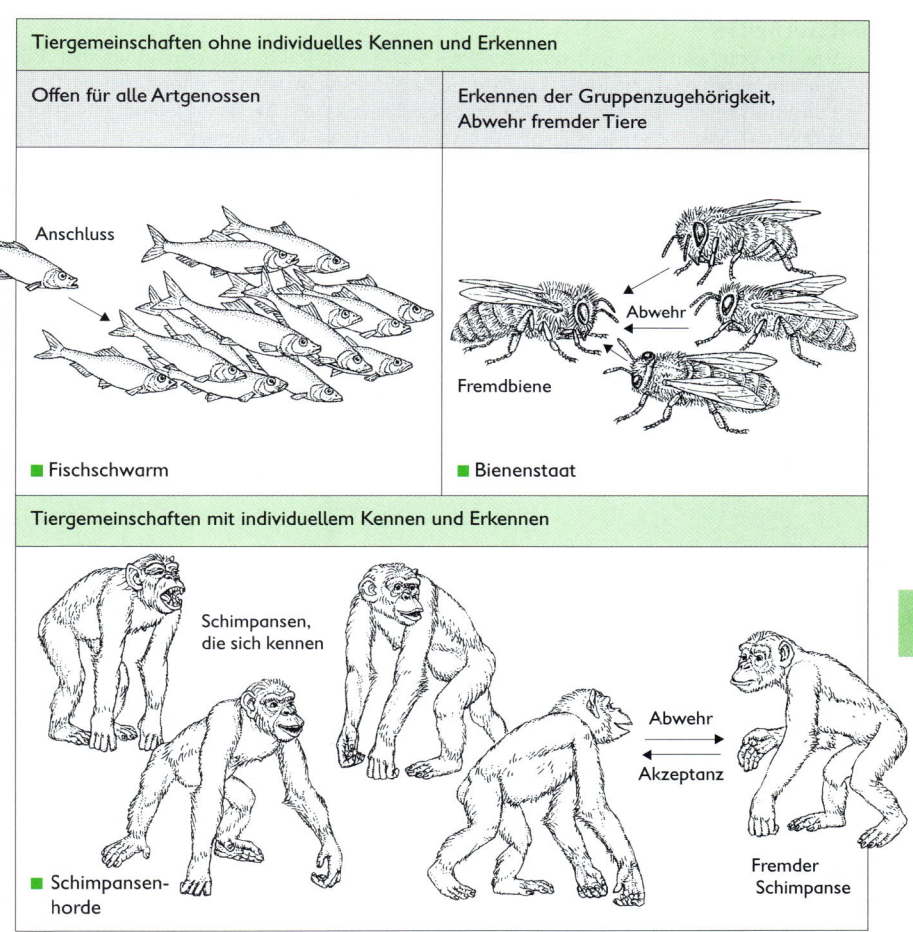

Tiergemeinschaften ohne individuelles Kennen und Erkennen	
Offen für alle Artgenossen	Erkennen der Gruppenzugehörigkeit, Abwehr fremder Tiere
Anschluss ■ Fischschwarm	Abwehr Fremdbiene ■ Bienenstaat

Tiergemeinschaften mit individuellem Kennen und Erkennen

Schimpansen, die sich kennen

Abwehr
Akzeptanz

■ Schimpansen-horde

Fremder Schimpanse

Fortpflanzungsverhalten

Allgemeines. Durch Fortpflanzung erhalten sich Arten. Zum Fortpflanzungsverhalten gehören das Sexualverhalten mit Balz, Paarbildung und Begattung sowie die Brutpflege. Das Fortpflanzungsverhalten wird durch Sexualhormone und äußere Reize (z. B. durch den Rhythmus der Jahreszeiten) gesteuert. Bei manchen Tierarten kommt es zu kurzzeitigen oder längerfristigen Partnerbindungen.

↗Geschlechtliche Fortpflanzung bei Tieren und Menschen, S. 132; ↗Hormone, S. 113

Besonderheiten menschlichen Fortpflanzungsverhaltens. Nach Erreichen der Geschlechtsreife besteht eine ständige, von der Jahreszeit weitgehend unabhängige Bereitschaft zu sexuellem Verhalten. Intensität und Zeitdauer des Brutpflegeverhaltens sind beim Menschen am umfassendsten ausgeprägt.

↗Sexualverhalten des Menschen, S. 132

Balzverhalten

Bei der Balz werden durch das Vorzeigen von Körperfärbungen, durch auffällige Bewegungen, Lautgebungen oder Duftstoffe Fortpflanzungspartner angelockt, ausgewählt und in Erregung versetzt. Ziel des Balzverhaltens ist die Begattung. Dadurch gelangen männliche Keimzellen (Samenzellen) zu den Eizellen der Weibchen.

↗ Geschlechtszellen, S. 156; ↗ Fortpflanzung bei Tieren und Menschen, S. 82

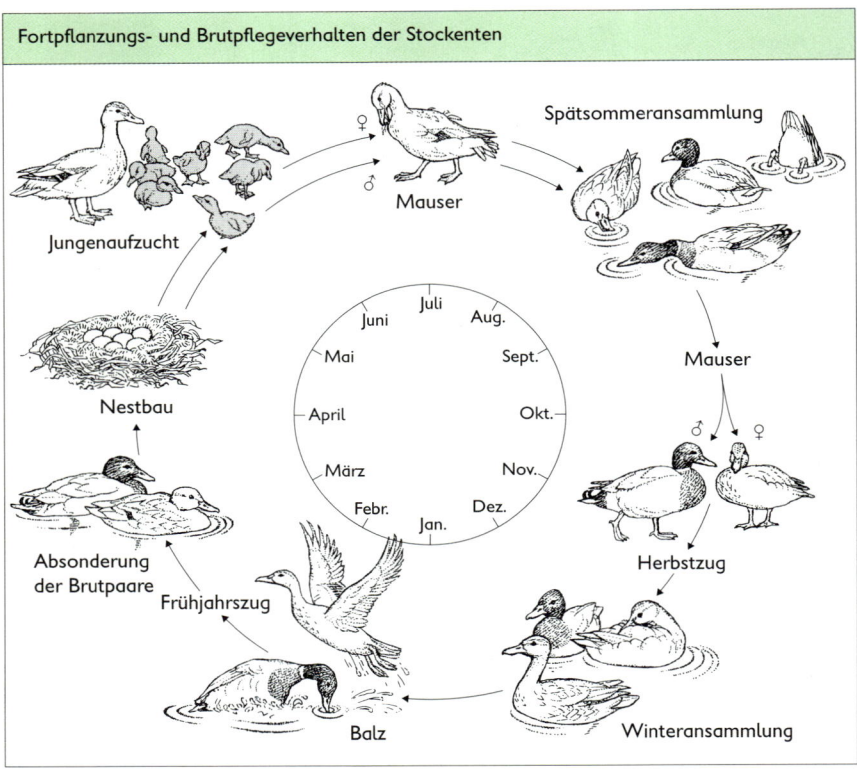

Fortpflanzungs- und Brutpflegeverhalten der Stockenten

Brutpflegeverhalten

Tiere, die sehr viele Nachkommen erzeugen (z. B. Karpfen) leisten keine, Tiere mit wenigen Nachkommen (z. B. Menschenaffen) hingegen sehr intensive Brutpflege.

Brutvorsorge. Verhalten, das die selbstständige Entwicklung der Jungen nach Eiablage oder Schlupf fördert (z. B. Anlage von Futtervorräten, Wahl der Eiablageplätze). Es endet mit dem Absetzen der Eier oder der Jungen (z. B. Schlupfwespen, Kuckuck).

Brutfürsorge. Verhalten, das Jungtiere vor und besonders auch noch nach dem Schlupf oder der Geburt schützt und ihre Entwicklung unterstützt (z. B. Bebrüten von Eiern, Füttern, Schützen, Wärmen und Reinigen der Jungen). Daran sind beide Eltern (z. B. Graugans), nur die Mütter (z. B. Stockente, Igel) oder – sehr selten – nur die Väter (z. B. Seepferdchen, Dreistachliger Stichling, Strauß, Emu) beteiligt.

Einteilung der Jungtiere nach ihrem Verhalten	
Nesthocker  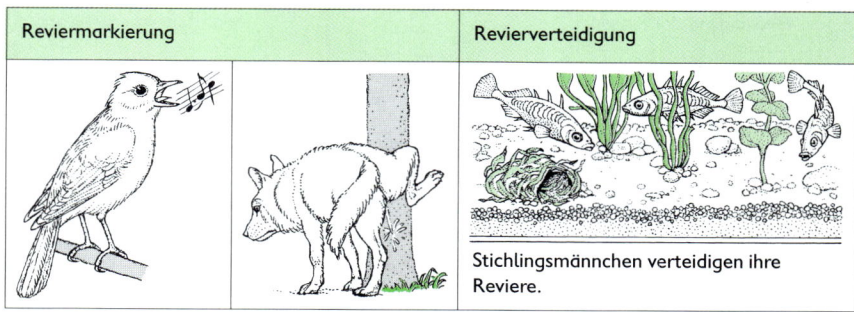	z. B. Singvögel, Tauben, Eulen, Mäuse, Ratten, Hamster, Kaninchen, Hunde, Katzen, Junge hilflos, nackt, befiedert oder behaart, Eltern füttern, anfangs geschlossene Augen und Ohren, Wärmeregulation unvollkommen
Nestflüchter 	z. B. Hühner, Gänse, Enten, Meerschweinchen, Huftiere, Junge dicht befiedert oder behaart, laufen bzw. schwimmen, folgen den Eltern, sehen und hören, Wärmeregulation funktioniert
Traglinge 	z. B. Fledermäuse, Affen, Menschen, Junge hilflos, behaart, haben Reflexe zum Anklammern an Eltern, werden getragen, sehen und hören, Wärmeregulation mehr oder weniger stabil

6

Revierverhalten

Das Revierverhalten umfasst die Besetzung, Markierung und Verteidigung von Lebensräumen (Revieren). Revierbesitz sichert vor allem Nahrung und Nistplätze.

Reviermarkierung	Revierverteidigung
	Stichlingsmännchen verteidigen ihre Reviere.

129

Rangordnungsverhalten

Das Rangordnungsverhalten (Imponieren, Drohen, Kämpfen) bestimmt die Stellung (Überlegenheit, Unterlegenheit) der Einzeltiere in Gruppen, deren Mitglieder sich untereinander kennen (z. B. Gänse, Wölfe, Affen). Ranghöhere wirken als Leittiere und sichern dadurch das Zusammenleben der ganzen Gruppe. Sie haben meist auch die größten Fortpflanzungschancen.

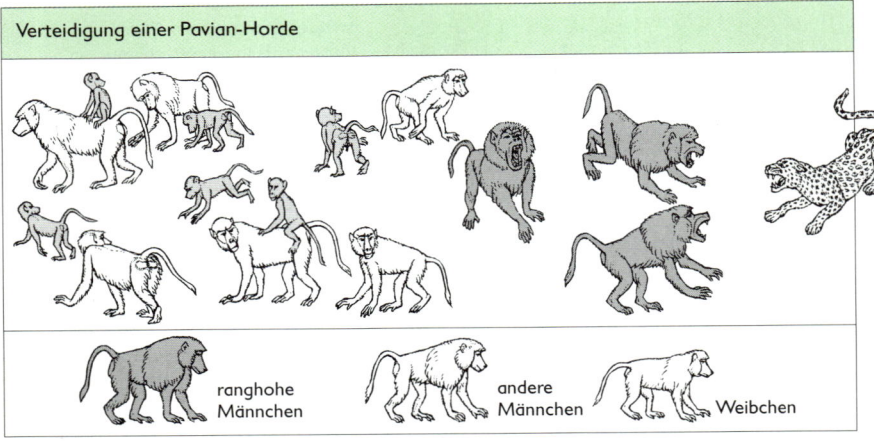

Verteidigung einer Pavian-Horde

ranghohe Männchen   andere Männchen   Weibchen

Aggressionsverhalten

Aggressionsverhalten dient der Revier- und Selbstverteidigung sowie dem Schutz von Nachkommen oder Gruppenmitgliedern. Bei Begegnungen mit Rivalen wählt ein Tier eine der ihm in dieser Situation möglichen Verhaltensweisen (Flucht, Abstandhalten oder Angriff). Zu Ernstkämpfen (schwere Verletzungen oder Tötungen von Artgenossen) kommt es dabei nur selten.

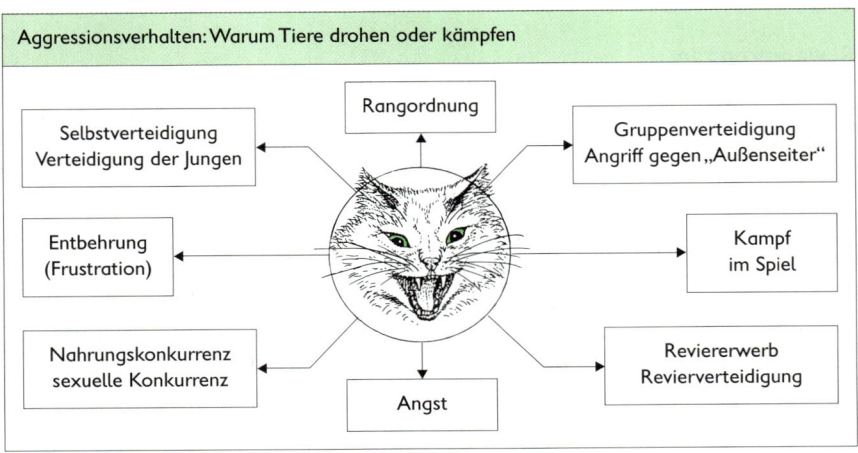

Aggressionsverhalten: Warum Tiere drohen oder kämpfen

Rangordnung

Selbstverteidigung Verteidigung der Jungen

Gruppenverteidigung Angriff gegen „Außenseiter"

Entbehrung (Frustration)

Kampf im Spiel

Nahrungskonkurrenz sexuelle Konkurrenz

Reviererwerb Revierverteidigung

Angst

EINIGE BIOLOGISCHE GRUNDLAGEN DES MENSCHLICHEN VERHALTENS

Allgemeines

Das Verhalten eines Menschen wird durch biologische, seelische (psychische) und gesellschaftliche Ursachen bestimmt. Er kann es mit Hilfe seines Bewusstseins weitgehend kontrollieren. „Kurzschlussreaktionen" kommen als Ausnahmen oder bei Verhaltensstörungen vor. Vor allem Sprache, Mimik, Gestik und Geruch spielen im zwischenmenschlichen Verhalten eine wichtige Rolle.

↗ Verhalten, S. 121; ↗ Ablauf des Verhaltens, S. 125 f.

Der Säugling als Tragling

Das Menschenbaby ist ein Tragling (Klammerreflex, beruhigende Wirkung des Wiegens, Angst beim Alleinsein). Die Schlüsselreize des Kindchenschemas verursachen und verstärken die Zuwendung zum Baby.

↗ Entwicklung des Menschen nach der Geburt, S. 120; ↗ Kindchenschema, S. 125

Was ein Baby braucht

viel Zuwendung durch vertraute Bezugsperson(en):
– viele Haut- und Blickkontakte („Lächelbeziehungen")
– Beruhigung durch Anwesenheitssignale (Wiegen, Streicheln, Sprechen, Stillen)

6

Soziale Bindung durch prägungsähnliches Lernen

Ein Säugling bindet sich durch einen Lernvorgang an Eltern bzw. andere Betreuer. Dieser Vorgang ist der Prägung von Tieren auf ihre Eltern ähnlich (Ablauf in einem begrenzten Zeitraum, zeitlich begrenzte Fähigkeit zum Umlernen): Das Baby lächelt in den ersten Lebensmonaten allen menschlichen Gesichtern zu. Etwa vom achten Monat an lächelt es nur noch Menschen an, die es durch Dauerkontakte kennt. Nur bei Wahrnehmung des bekannten Gesichts fühlt es sich geborgen. Bei zu häufigem Wechsel der Bezugspersonen entsteht beim Kind ein Mangel an Geborgenheit, der zu Verhaltensstörungen führen kann. Deshalb müssen Eltern dem Baby oder Kleinkind soviel Zeit und Zuwendung wie möglich widmen.

↗ Lernen durch Prägung, S. 123; ↗ Nachgeburtliche Entwicklung des Menschen, S. 120

Neugier, Erkunden, Spielen und Nachahmen

Jedes Kind hat eine Neigung zur Neugier, zum Erkunden, Spielen und Nachahmen. Durch vielfältige Anregungen dazu entwickeln sich Vorstellungskraft, Denken und Sprechen sowie das Selbstbewusstsein. Der Wissensdrang der Kinder (warum, wer, was, wie, wo, wann) ist zu fördern. Sie sind in Tätigkeiten, bei denen sie ihre Eltern als Vorbilder nachahmen können, einzubeziehen.

131

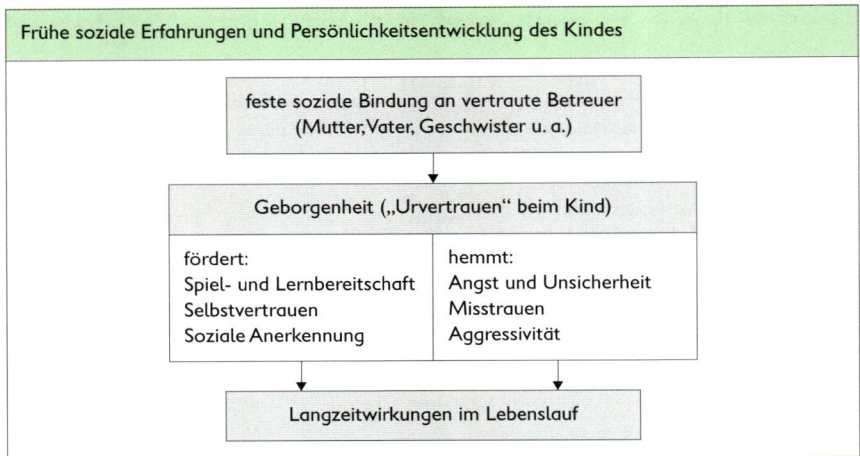

Frühe soziale Erfahrungen und Persönlichkeitsentwicklung des Kindes

feste soziale Bindung an vertraute Betreuer
(Mutter, Vater, Geschwister u. a.)

Geborgenheit („Urvertrauen" beim Kind)

fördert:	hemmt:
Spiel- und Lernbereitschaft	Angst und Unsicherheit
Selbstvertrauen	Misstrauen
Soziale Anerkennung	Aggressivität

Langzeitwirkungen im Lebenslauf

Lernen

Die bei Tieren beobachteten Lernformen kommen auch beim Menschen vor. Die Lernfähigkeit hat bei ihm den höchsten Entwicklungsstand erreicht (Zusammenhang mit Denken, Bewusstsein, Sprache und Schrift). Einsichtiges Lernen ist für den Menschen kennzeichnend (vorausschauendes gedankliches Durchspielen von Situationen und Handlungen). Dabei kann ein großer, im Gedächtnis gespeicherter Erfahrungsschatz einbezogen werden.

Sexualverhalten

Das Sexualverhalten ist auch beim Menschen durch Hormone mitverursacht, zugleich stark kulturell und durch Lernvorgänge beeinflusst und sehr variabel. Stabile Partnerschaften beruhen auf Sympathie und Achtung. Lustvolle sexuelle Betätigung wirkt partnerbindend, dient also nicht nur der Fortpflanzung. Zwischen dem Sexualverhalten der Geschlechter gibt es deutliche Unterschiede. Auf Männer wirken die Schlüsselreize des Frau-Schemas, auf Frauen die des Mann-Schemas anziehend.

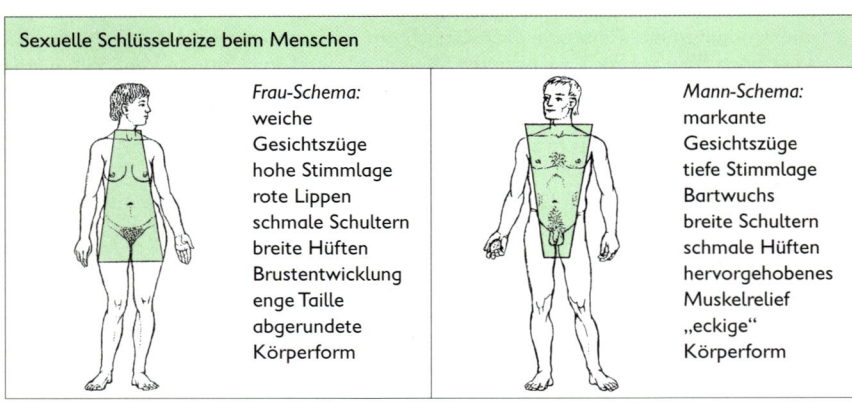

Sexuelle Schlüsselreize beim Menschen

Frau-Schema:
weiche
Gesichtszüge
hohe Stimmlage
rote Lippen
schmale Schultern
breite Hüften
Brustentwicklung
enge Taille
abgerundete
Körperform

Mann-Schema:
markante
Gesichtszüge
tiefe Stimmlage
Bartwuchs
breite Schultern
schmale Hüften
hervorgehobenes
Muskelrelief
„eckige"
Körperform

6

Revierverhalten in menschlichen Gemeinschaften

Menschen nehmen bestimmte Plätze, Räume und Flächen als „Reviere" für sich, ihre Familie oder soziale Gruppe in Besitz, grenzen sie voneinander ab und kennzeichnen sie. Diese Handlungen haben sich aus dem Revierverhalten der Tiere entwickelt. Sie tragen zur Regelung des Zusammenlebens in der Gesellschaft bei.

↗ Revierverhalten bei Tieren, S. 129

„Revierverhalten" des Menschen

Rangordnungsverhalten in menschlichen Gemeinschaften

Das aus dem Rangordnungsverhalten bei Tieren entwickelte Verhalten des Menschen, sich in Gruppen einzufügen und zu behaupten, äußert sich z. B. als Pflichtgefühl, Ehrgeiz, Stolz und Streben nach körperlichen und geistigen Leistungen. Menschliches Rangordnungsverhalten wird vielfältig durch die Gesetze, Normen und Werte der jeweiligen Gesellschaft geregelt.

↗ Rangordnungsverhalten bei Tieren, S. 130

Rangordnungen in der menschlichen Gesellschaft

6

Aggressivität und Aggression in menschlichen Gesellschaften

Individuelle Aggressivität wird als Wut, Zorn oder Hass empfunden. Sie äußert sich in Form von Streit, Beschimpfungen, Drohgebärden oder Raufereien bis hin zu Mord und Totschlag. Zu Aggressionen neigen Menschen, wenn sie sich beeinträchtigt, belästigt oder bedroht fühlen. Zu Aggression aus Gehorsam oder kalter Berechnung sowie zur Nachahmung von Gewalt und Brutalität sind nur Menschen fähig.

Andererseits gäbe es ohne sachlichen, aber engagierten Meinungsstreit und fairen (!) Wettbewerb keinen Fortschritt im persönlichen und gesellschaftlichen Leben, in Wirtschaft, Wissenschaft, Technik oder Kunst.

↗ Aggressionsverhalten der Tiere, S. 130

Gruppenaggression

Menschen können auf Mitmenschen, die „anders" sind als es den eigenen Gewohnheiten entspricht, mit abweisendem Verhalten reagieren. Dies wird leicht von einer ganzen Gruppe übernommen. „Aggressivität gegen Außenseiter" trug dazu bei, das Überleben der Horden steinzeitlicher Sammlerinnen und Jäger – jede(r) kannte jede(n) – zu sichern. Sie kann in den modernen Massengesellschaften zu ungerechten, inhumanen, feindseligen Einstellungen mit brutalen Folgen für Menschen anderer Rassen, Nationen, Religionen oder für Angehörige von Minderheiten (z. B. Behinderte, Obdachlose, Kranke) führen. Deshalb Vorurteile immer wieder durch persönliches Kennenlernen und sachliche Informationen korrigieren: Behandle die „Anderen" so, wie du behandelt werden möchtest, wenn du an ihrer Stelle wärst!

↗ Hauptetappen der Menschwerdung, S. 182; ↗ Revierverhalten, S. 129

Stress

Gefahren sowie größere körperliche und psychische Anforderungen lösen Stresszustände aus. Sie sind durch sehr hohe Erregung (Aufmerksamkeit, Antrieb) gekennzeichnet. In kurzer Zeit werden die Kraftreserven des Körpers mobilisiert. Stress wird nur dann gesundheitsgefährdend, wenn der Körper langfristig durch Stressreaktionen belastet wird. Dauerstress durch ungelöste Probleme und persönliche Konflikte können Schlafstörungen, Kopfschmerzen und Lernschwierigkeiten sowie eine höhere Anfälligkeit für Kreislauf- und Infektionskrankheiten verursachen.

Schutz vor schädlichem Dauerstress ist durch die richtige, gesunde Gestaltung des Tages- und Lebensrhythmus möglich. Dazu gehört der angemessene Wechsel zwischen Belastung und Entspannung, Arbeit und Erholung. Falsche Zeiteinteilung und Hektik müssen vermieden werden. Die biologisch nachhaltigste Form der Erholung des Organismus ist ausreichender Schlaf (Jugendliche brauchen täglich etwa 9 bis 10, Erwachsene 7 bis 8 Stunden). Schlafstörungen sind häufig Ursache und Begleiterscheinung nervöser Störungen und unbewältigter „auf die lange Bank geschobener" Probleme.

↗ Gesunderhaltung des Nervensystem, S. 112

Selbstkontrolle menschlichen Verhaltens

Durch immer stärker werdende innere Antriebe – z. B. Müdigkeit, Durst, Hunger, Notdurft, Wut, Angst – können Menschen zu einem überwiegend biologisch bestimmten Verhalten „gezwungen" werden. Andererseits kann nur der Mensch sein Verhalten nach den Ergebnissen seines Nachdenkens, durch Vernunft und Einsicht selbst bestimmen.

↗ Hauptetappen der Menschwerdung, S. 182

134

Lebewesen in ihrer Umwelt (Ökologie)

UMWELT, UMWELTFAKTOREN, LEBENSRAUM

Ökologie

Lebewesen (Menschen, Tiere, Pflanzen, Pilze, Bakterien) können nur unter bestimmten Umweltbedingungen existieren. Diese verändern sich ständig. Die Lebewesen verändern durch ihre Lebenstätigkeit die Umwelt für sich und andere. Ökologie ist die Lehre von den Wechselwirkungen zwischen den Lebewesen und ihrer Umwelt.
↗ Stoff- und Energiewechsel, S. 65

Umwelt

Die Umwelt ist die Umgebung eines Lebewesens oder einer Gruppe von Lebewesen, in der sich gegenseitig beeinflussende Umweltfaktoren wirken, mit denen die Lebewesen in Wechselwirkung stehen.

Umweltfaktoren

Zu den Umweltfaktoren gehören Lebewesen sowie Faktoren der Luft, des Wassers und des Bodens. Die Umweltfaktoren beeinflussen sich in ihrer Wirkung gegenseitig.
Abiotische Umweltfaktoren. Sie sind Einwirkungen der nicht lebenden Umwelt (z. B. Klima, Boden, Wasser, Licht, Erdmagnetismus, Schwerkraft).
In der Luft: z. B. Luftbewegung, Luftdruck, Luftfeuchtigkeit, Lufttemperatur, Gase und Schwebstoffe. Im Boden: z. B. feste, flüssige und gasförmige Bestandteile des Bodens, Nährsalze, Humusstoffe, Bodenreaktion, Bodentemperatur. Im Wasser: z. B. Salzgehalt, Sauerstoffkonzentration, Wassertemperatur.
Biotische Umweltfaktoren. Sie sind die Wirkungen von Mikroorganismen, Pflanzen, Pilzen, Tieren und Menschen. Sie äußern sich in den Beziehungen der Lebewesen untereinander (z. B. Nahrungs-, Räuber/Beute-, Konkurrenzbeziehungen).
↗ Verhalten – angeboren und erlernt, S. 121 ff.

Wichtige Umweltfaktoren eines Karpfens		
Abiotisch	**Biotisch**	
Sauerstoff Kohlenstoffdioxid Salze Giftstoffe (z. B. Öl) Wasserströmung Wassertemperatur Licht		Pflanzen (Nahrung, Deckung) Mensch (z. B. Fischer) Konkurrenten Fressfeinde (z. B. Hecht) Parasiten

7

Wichtige Umweltfaktoren eines Laubbaums		
Abiotisch		Biotisch
Licht Temperatur Sauerstoff Kohlenstoffdioxid Luftströmung Niederschlag Luftfeuchtigkeit Boden (Wasser, Salze, Humus)		Konkurrenten (Bäume u. a. Pflanzen) Mensch (z. B. Forstwirt) Tiere (Fressfeinde Parasiten, Bewohner) Bodentiere Pilze Bakterien

Umweltfaktoren des Menschen. Der Mensch unterliegt wie alle Lebewesen den Einwirkungen abiotischer und biotischer Umweltfaktoren. Er beeinflusst sie ständig durch seine Lebens- und Produktionstätigkeit (bewusst oder unbewusst). Für den Menschen haben soziokulturelle Faktoren (z. B. Familie, Partnerbeziehungen, Gruppenzugehörigkeit, Kulturkreis) große Bedeutung.
↗Ökosystem und Mensch, S. 148 ff.; ↗Sozialverhalten des Menschen, S. 000

Wichtige Umweltfaktoren des Menschen		
Abiotisch		Biotisch und soziokulturell
Sauerstoff Kohlenstoffdioxid Licht Luftströmung Niederschlag Luftdruck Temperatur Schadstoffe (in Luft, Boden, Wasser)		Geschlechtspartner Familie Gruppen Gesellschaft Pflanzen (Nahrung, Rohstoffe) Tiere (z. B. Haustiere) Parasiten Krankheitserreger

Wirkung der Umweltfaktoren. Die Umweltfaktoren beeinflussen den Bau, die Lebensfunktionen, das Verhalten, die Entwicklung der Organismen und ihr Vorkommen in einem Gebiet. Ihre Wirkung kann fördernd oder hemmend sein. Die Organismen sind innerhalb bestimmter Grenzen an die Wirkungen der Umweltfaktoren angepasst. Der Mensch ist aufgrund seiner überragenden Lern- und Arbeitsfähigkeit besonders anpassungsfähig und kann daher fast alle Lebensräume der Erde besiedeln.
↗Menschwerdung, S. 182; ↗Domestikation, S. 179

7

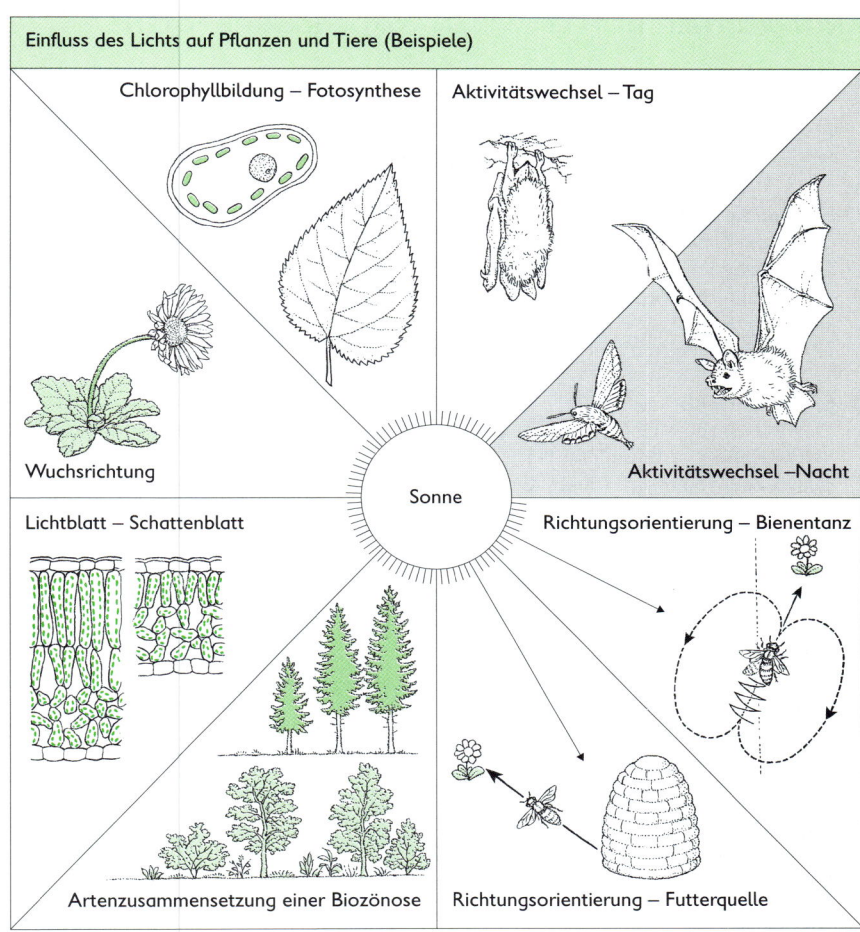

Einfluss des Lichts auf Pflanzen und Tiere (Beispiele)

Chlorophyllbildung – Fotosynthese

Aktivitätswechsel – Tag

Wuchsrichtung

Sonne

Aktivitätswechsel –Nacht

Lichtblatt – Schattenblatt

Richtungsorientierung – Bienentanz

Artenzusammensetzung einer Biozönose

Richtungsorientierung – Futterquelle

↗ Fotosynthese, S. 67

Lebensraum

Ein Lebensraum ist ein Gebiet, in dem die dort vorkommenden Organismen die für sie lebensnotwendigen Umweltfaktoren vorfinden. Lebewesen wechseln ihren Lebensraum, wenn sich ihre Umweltansprüche in der Individualentwicklung ändern oder sich die Umwelt jahreszeitlich verändert.
↗ Individualentwicklung, S. 78

Biotop

Ein Biotop (z. B. Laubwald, Nadelwald, Seeufer) ist ein Lebensraum für die dort lebenden Organismen (Biozönose).
↗ Biozönose und Ökosystem, S. 143 ff.

ANGEPASSTHEIT DER LEBEWESEN – ÖKOLOGISCHE POTENZ

Allgemeines

Alle Organismen können sich innerhalb bestimmter Grenzen den Veränderungen ihrer Umweltfaktoren anpassen.

↗Biologische Regelung, S. 77; ↗Adaptation, S. 106; ↗Akkommodation, S. 106

Ökologische Potenz

Sie ist die Fähigkeit eines Lebewesens, Schwankungen von Umweltfaktoren in bestimmten Grenzen zu ertragen. Die ökologische Potenz gegenüber einem Umweltfaktor ist von der gleichzeitigen Wirkung anderer Faktoren abhängig und ändert sich oft während der Individualentwicklung.

↗Fortpflanzung und Individualentwicklung, S. 78 ff.

Toleranzbereich

Der Toleranzbereich ist die Schwankungsbreite eines Umweltfaktors, die für ein Lebewesen erträglich ist. Er umfasst die Spanne von einem Minimumwert (untere Grenze) bis zu einem Maximumwert (obere Grenze) und kann als Toleranzkurve grafisch dargestellt werden. Der Gipfelpunkt der Kurve ist der für den Organismus günstigste Wirkungsbereich dieses Umweltfaktors (das Optimum).

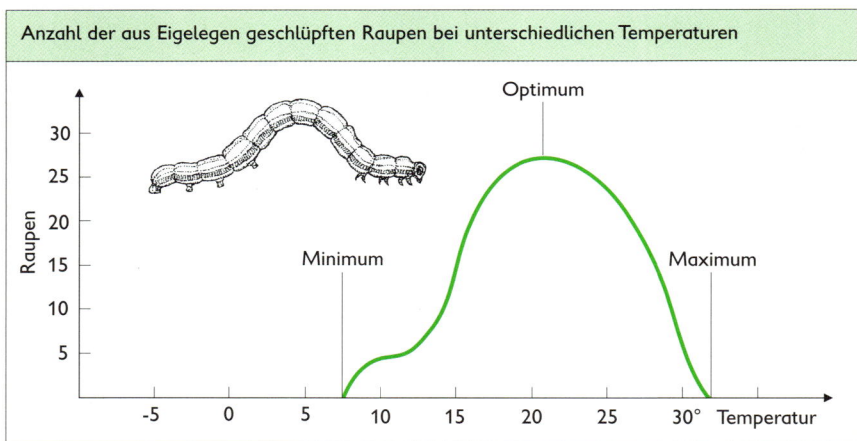

Anzahl der aus Eigelegen geschlüpften Raupen bei unterschiedlichen Temperaturen

Anpassung an die Veränderung von Umweltfaktoren

Lebewesen haben die Fähigkeit, sich an Veränderungen in ihrer Umwelt durch Veränderungen in ihrem Körperbau (z. B. jahreszeitlicher Fellwechsel), verändertes Verhalten (z. B. Flucht bei Annäherung eines Fressfeindes, jährlicher Vogelzug) oder veränderte Stoffwechselleistungen (z. B. geringeres Pflanzenwachstum bei Nährstoffmangel, Einschränkung der Fotosynthese bei geringerer Lichtstärke) anzupassen. Diese Anpassungsfähigkeit der Lebewesen ist genetisch bedingt und kann bei Tieren darüber hinaus durch Lernvorgänge erweitert sein.

↗Modifikationen, S. 155; ↗Lernformen, S. 123

Bioindikatoren

Bioindikatoren sind Arten, deren Vorkommen und Verhalten so eng mit der Wirkung einzelner Umweltfaktoren zusammenhängen, dass aus ihrem Vorkommen (oder Fehlen) in einem Lebensraum auf Umweltfaktoren im Wasser, im Boden oder in der Luft geschlossen werden kann. So zeigen die Vorkommen mancher Algen und wirbelloser Tiere die Wassergüte an. Das Vorkommen von Flechten zeigt schadstoffarme Luft an.

Zeigerpflanzen auf Böden. Manche Pflanzen haben gegenüber Bodeneigenschaften eine sehr geringe ökologische Potenz, sodass sie fast nur auf bestimmten Böden anzutreffen sind. Deshalb kann aus ihrem Vorkommen auf Bodeneigenschaften geschlossen werden.

Beispiele für Zeigerpflanzen auf Böden	
Bodeneigenschaften	**Zeigerarten**
hoher Stickstoffgehalt	Roter Gänsefuß, Große Brennnessel
hoher Kalkgehalt, basische Bodenreaktion	Acker-Senf, Gänse-Fingerkraut, Purpurrote Taubnessel, Acker-Rittersporn (Kalk liebende Pflanzen)
geringer Kalkgehalt	Acker-Hundskamille, Hederich, Feld-Spark, Kleiner Sauerampfer, Heidekraut (Kalk meidende Pflanzen)
hoher Säuregrad pH-Werte 3,5 bis 4,5	Heidelbeere, Preiselbeere, Heidekraut (Säure liebende Pflanzen)
feuchter sandiger Lehmboden	Acker-Schachtelhalm
nasser Moorboden	Torfmoose, Moosbeere, Glockenheide

7

Ökologische Nische einer Art

Die Gesamtheit der Umweltfaktoren, die ein Organismus in einem Lebensraum für sich nutzt, ist seine ökologische Nische. Im gleichen Lebensraum vorkommende Arten haben in der Regel unterschiedliche ökologische Nischen.

Lebewesen können sich im gleichen Lebensraum in unterschiedlicher Weise „einnischen", zum Beispiel durch
– unterschiedliche Aktivitäten zu bestimmten Tageszeiten bzw. Jahreszeiten,
– unterschiedliche Fortpflanzungszeiten,
– unterschiedliche Nutzung des Nahrungsangebots im Lebensraum,
– unterschiedliche Ausnutzung der Intensitäten eines Umweltfaktors an verschiedenen Standorten des Lebensraums (z. B. volle Belichtung, Schatten oder Halbschatten).

Kohlmeise und Blaumeise sind z. B. Nahrungskonkurrenten. Sie sind hinsichtlich ihrer Nahrungssuche im gleichen Lebensraum unterschiedlich eingenischt: Blaumeisen suchen mehr oben und außen an Laubbäumen, Kohlmeisen mehr im inneren Baumbereich.

139

BEZIEHUNGEN DER ORGANISMEN UNTEREINANDER

Alle Lebewesen leben in natürlichen Lebensräumen mit anderen Lebewesen zusammen und bilden Organismengesellschaften.

Vergesellschaftungsformen
Es gibt innerartliche (z. B. Tierfamilien) und zwischenartliche (z. B. Symbiose) Vergesellschaftungsformen. Sie sind ständig oder nur zeitweilig ausgeprägt.
➹Sozialverhalten der Tiere, S. 126 ff.; ➹Fortpflanzungsverhalten, S. 127

Beispiele für innerartliche Beziehungen		
Beziehung zwischen	Beteiligte Individuen	Folgen
Geschlechtspartnern (Geschlechtsbeziehung)	männlicher und weiblicher Partner bei Mensch und Tier	Erzeugung von Nachkommen
Eltern und Nachkommen (Eltern-Kind-Beziehung)	Vater und/oder Mutter und Kind bei Mensch und Tier	Schutz und Nahrungsbeschaffung, Vorbild beim Lernen
mehreren bis vielen Individuen, meist unterschiedlichen Alters, oft zeitlich begrenzt (Tiergemeinschaften)	Tiere z. B. in Rudeln, Schwärmen, Wandergemeinschaften, Brutkolonien, Tierstaaten	gegenseitiger Schutz, gemeinsame Nahrungssuche
Individuen oder Gruppen mit gleichen Umweltansprüchen (Konkurrenz)	z. B. Pflanzen und Tiere derselben Art im gleichen Lebensraum	Wettbewerb um Raum, Nahrung, Energiequellen

Beispiele für zwischenartliche Beziehungen		
Art der Beziehung	Beteiligte Individuen	Folgen
Parasitismus	Wirt, Parasit	einseitige Vorteile (meist Nahrung) für den Parasiten
Symbiose	Symbiosepartner (Symbionten)	gegenseitiger Vorteil meist in Bezug auf Nahrung oder Schutz
Räuber-Beute-Beziehung	Räuber-Beutetiere	einseitige Versorgung des Räubers, auch Wirkung als „Gesundheitspolizei" in der Beutepopulation
Konkurrenz	Individuen verschiedener Arten (Pflanzen/Tiere) mit ähnlichen Raum- und Nahrungsansprüchen	Förderung gesunder, lebensfähiger Individuen und der Ausbildung ökologischer Nischen, Verdrängung von Arten aus Biotopen

140

Parasitismus. Er ist eine zwischenartliche Beziehung, bei der sich ein Parasit ständig oder vorübergehend im oder am Wirt aufhält. Der Parasit entzieht dem Wirt meist Nährstoffe, schädigt ihn dadurch (oder durch giftige Ausscheidungsprodukte), tötet ihn aber nicht unmittelbar. Parasiten sind an ihre Lebensweise vielfältig angepasst (z. B. durch Baumerkmale, hohe Anzahl von Nachkommen, rasche Generationsfolgen).
↗ Ko-Evolution, S. 181

Einige Parasiten und ihre Wirte		
Parasiten	Wirte	Schaden durch den Parasiten
Bandwürmer	Mensch, Tiere	Nährstoffentzug, giftige Stoffwechselendprodukte
Läuse	Mensch und Tiere	Saugen von Blut, Übertragen von Krankheiten
Blattläuse	Pflanzen	Saugen von Pflanzensäften, Wachstumshemmung
Pilze (z. B. Rost- und Brandpilze)	Pflanzen	Nährstoffentzug, Zerstörung von Pflanzengewebe
Krankheiten auslösende Bakterien und Viren	Mensch, Tier, Pflanze	Nährstoffentzug, giftige Stoffwechselendprodukte
Tierische Einzeller (z. B. Trypanosomen)	Mensch	nervöse Störungen, Schlafsucht, Kräfteverfall

141

Symbiose. Eine Symbiose ist eine enge zwischenartliche Beziehung, die für die Partner (Symbionten) einen gegenseitigen Vorteil bewirkt. Oft sind die beteiligten Lebewesen ohne die Symbiose nicht mehr oder nur eingeschränkt lebensfähig.

Beispiele für Symbiosen	
Symbiose	Abhängigkeit und gegenseitiger Vorteil
Mykorrhiza: Baumwurzel und Pilz	Baumwurzel wird über Pilzfäden mit Wasser und Nährsalzen versorgt. Der heterotrophe Pilz nimmt organische Nährstoffe aus Wurzelzellen auf.
Knöllchenbakterien bei Schmetterlings-blütengewächsen	Heterotrophe Bakterien entziehen den Wurzelzellen organische Nährstoffe. Schmetterlingsblütler nutzen den Stickstoff, den die Bakterien aus der Luft aufnehmen und binden können. Die Pflanzen bauen daraus z. B. Eiweiße auf. ↗Bakterien, S. 20 ff.
Flechten: Alge und Pilz	Algen und Pilze bilden ein selbständiges Lebewesen, dessen Form der Pilz bestimmt, der Wasser und Nährsalze aus der Umwelt aufnimmt. Die Alge assimiliert Kohlenstoffdioxid und stellt daraus organische Stoffe her, die der Pilz nutzt. ↗Pilze, S. 22
Einzellige Algen in Wimpertierchen	Die Algen bilden aus Kohlenstoffdioxid, einem Ausscheidungsprodukt des tierischen Einzellers, organische Stoffe, von denen sich das Wimpertierchen ernährt.

7

142

Räuber-Beute-Beziehungen. Eine Räuber-Beute-Beziehung ist eine zwischenartliche Beziehung zwischen einem räuberisch lebenden, Fleisch fressenden Tier, dem Räuber (z. B. Raubfisch, Greifvogel, Raubtier, Raubinsekt) und einem Beutetier, das getötet und gefressen wird.

Population

Eine Population ist die Gesamtheit der gleichzeitig lebenden Individuen einer Art in einem begrenzten Lebensraum, die untereinander fortpflanzungsfähig sind (z. B. Buchfinken in einem Wald, Haussperlinge einer Stadt, Sumpfdotterblumen an einem Bachufer).

Populationsschwankungen. Sind Änderungen in der Anzahl der Individuen unter der Einwirkung von schwankenden abiotischen (z. B. Witterungs- und Nahrungsverhältnisse) und/oder biotischen (Anzahl der Räuber- bzw. Beutetiere) Umweltfaktoren.

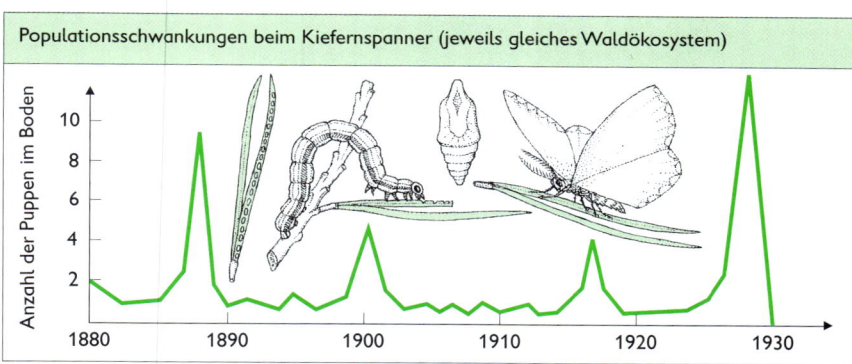

Populationsschwankungen beim Kiefernspanner (jeweils gleiches Waldökosystem)

Anzahl der Puppen im Boden: 10, 8, 6, 4, 2

1880   1890   1900   1910   1920   1930

Konkurrenz

Konkurrenz ist Wettbewerb um Raum, Nahrung oder andere Umweltfaktoren zwischen gleich- oder verschiedenartigen Lebewesen im selben Lebensraum. Konkurrenzschwächere Individuen oder Arten haben dabei Nachteile (z. B. geringeres Wachstum, weniger Nachkommen). Am stärksten ist die Konkurrenz bei Artgenossen.

BIOZÖNOSE UND ÖKOSYSTEM

Allgemeines

Alle Lebewesen sind unter natürlichen Bedingungen Glieder von Lebensgemeinschaften aus verschiedenen Individuen und Arten. Auch der Mensch ist in Lebensgemeinschaften mit anderen Menschen, mit Pflanzen, Tieren und Mikroorganismen eingebunden. Er steht mit den Lebewesen seiner Umwelt in Wechselwirkung und beeinflusst sie durch seine Lebens- und Produktionstätigkeit.

Biozönose

Eine Biozönose ist eine Lebensgemeinschaft vieler Lebewesen (Populationen), die in einem Lebensraum (Biotop) gemeinsam vorkommen.

143

Ökosystem

Ein Ökosystem (z. B. Laubmischwald, Hochmoor, Wiesen und Weiden, See, Bach, Stadt) ist eine Einheit aus Biozönosen und den abiotischen Umweltfaktoren eines Biotops. Zwischen der Biozönose und dem Biotop bestehen vielseitige Wechselbeziehungen. Ein Ökosystem tauscht mit seiner Umgebung Stoffe (z. B. Wasser, Kohlenstoffdioxid, Sauerstoff) und Energie (Licht, Wärme) aus.

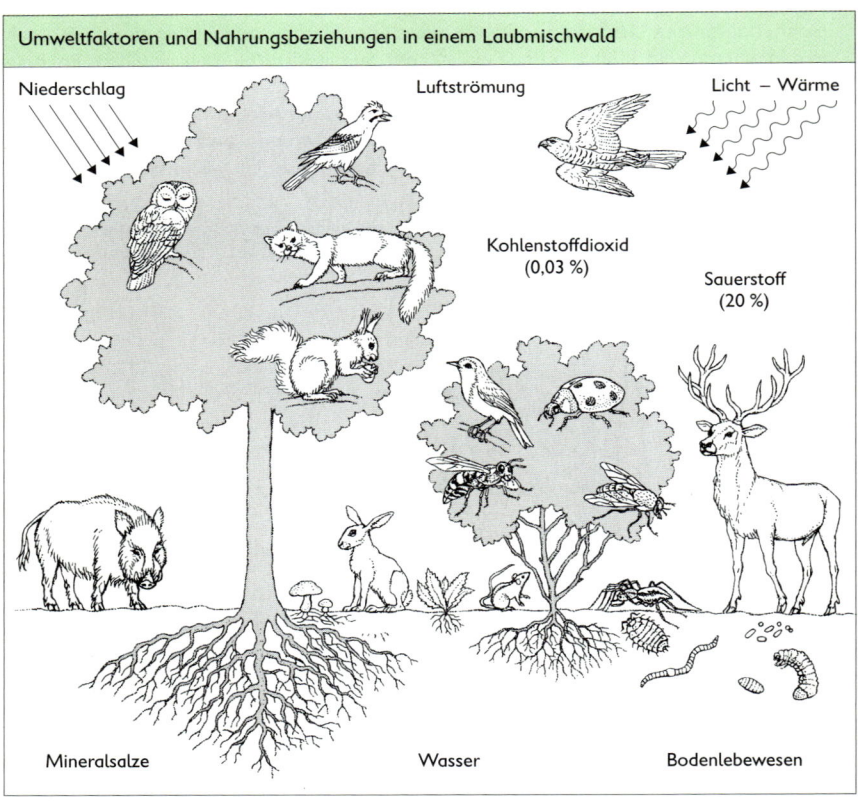

Umweltfaktoren und Nahrungsbeziehungen in einem Laubmischwald

Niederschlag — Luftströmung — Licht – Wärme

Kohlenstoffdioxid (0,03 %)

Sauerstoff (20 %)

Mineralsalze — Wasser — Bodenlebewesen

Schichten und Zonen in einem Ökosystem. Schichten und Zonen werden durch vorherrschende Pflanzen- und oft auch Tierarten in bestimmten Bereichen des Ökosystems ausgebildet. Ursachen für das unterschiedliche Vorkommen sind Eigenschaften der Lebewesen (z. B. Wachstum, Bewegungsaktivität, Verhalten) und die Wirkung unterschiedlicher Umweltfaktoren.

Beziehungen innerhalb eines Ökosystems. Dazu gehören beispielsweise der Stoff- und Energieaustausch zwischen der abiotischen Umwelt und den Lebewesen sowie zwischen Pflanzen, Tieren, Pilzen und Mikroorganismen, die Nutzung von Pflanzen als Wohn-, Nist- und Brutraum für Tiere sowie die Bestäubung von Blüten und die Verbreitung von Samen und Früchten durch Tiere.

Schichten im Ökosystem Laubmischwald

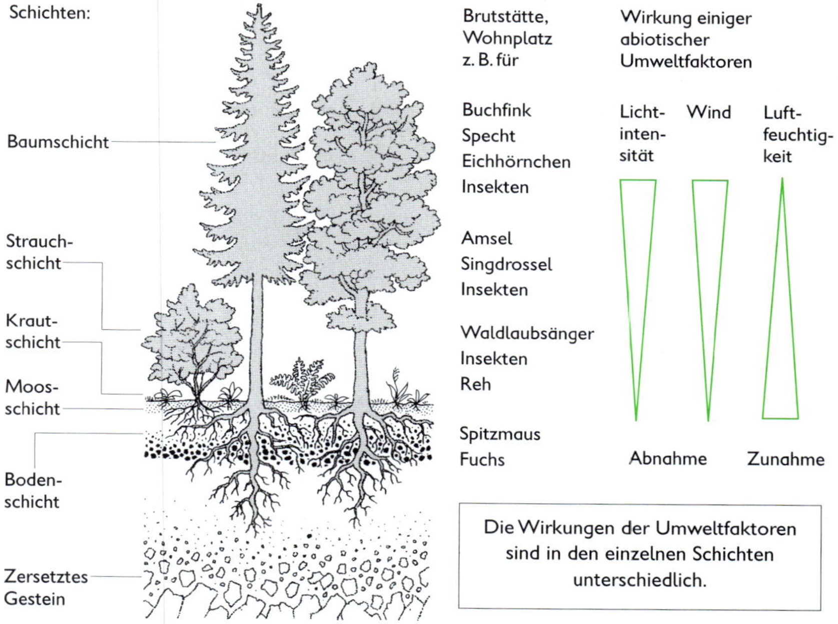

Schichten:

Baumschicht

Strauch-
schicht

Kraut-
schicht

Moos-
schicht

Boden-
schicht

Zersetztes
Gestein

Brutstätte, Wohnplatz z. B. für	Wirkung einiger abiotischer Umweltfaktoren		
	Licht-inten-sität	Wind	Luft-feuchtig-keit
Buchfink Specht Eichhörnchen Insekten			
Amsel Singdrossel Insekten			
Waldlaubsänger Insekten Reh			
Spitzmaus Fuchs	Abnahme		Zunahme

Die Wirkungen der Umweltfaktoren
sind in den einzelnen Schichten
unterschiedlich.

7

Schichten und Zonen im Ökosystem See

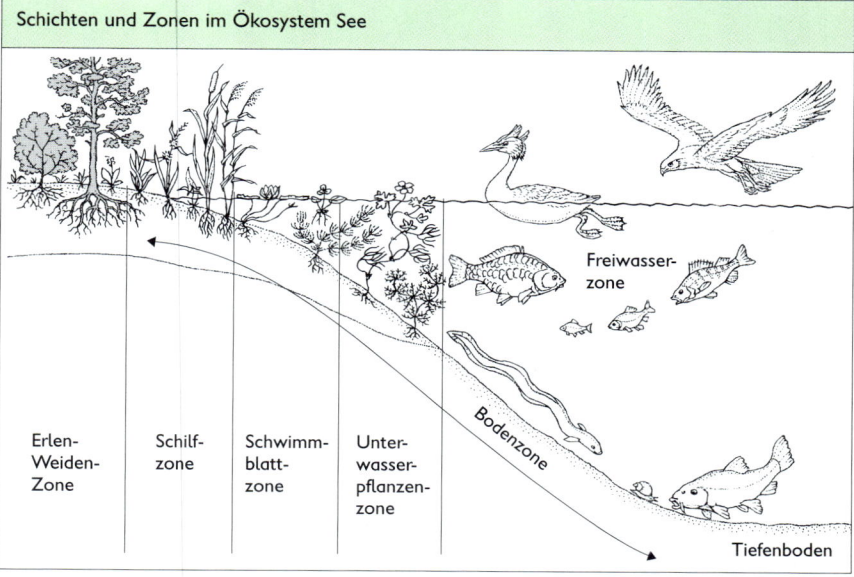

Erlen-
Weiden-
Zone

Schilf-
zone

Schwimm-
blatt-
zone

Unter-
wasser-
pflanzen-
zone

Freiwasser-
zone

Bodenzone

Tiefenboden

Zeitliche Rhythmik im Ökosystem. Zu bestimmten Tages- und Jahreszeiten sind in Abhängigkeit von Umweltfaktoren und bedingt durch eine innere Rhythmik der Lebewesen bestimmte Pflanzen und Tiere im Ökosystem aktiv (z. B. Nahrungssuche und -aufnahme, Wachstum, Blühen, Frucht- und Samenreife, Fortpflanzung), während sich andere in Ruhephasen (z. B. Schlafen, Überwinterung, Knospen- und Samenruhe) befinden. Dadurch entsteht eine Periodik im Ökosystem (z. B. Blütezeiten verschiedener Pflanzen, Fortpflanzungszeiten bei Tieren), die eine große Artenvielfalt ermöglicht.

↗ Verhalten – angeboren und erlernt, S. 121 ff.

Nahrungsketten. Lebewesen, die durch Nahrungsbeziehungen verbunden sind, bilden eine Nahrungskette.
– Produzenten: autotrophe Lebewesen (meist Pflanzen), die aus anorganischen Stoffen unter Nutzung von Energiequellen (Licht) organische energiereiche Stoffe herstellen. Davon können sich nachfolgende Glieder der Nahrungskette ernähren.
– Konsumenten: heterotrophe Lebewesen, die sich von organischen, energiereichen Stoffen ernähren (Pflanzen-, Tier- oder Humusfresser).
– Destruenten: Lebewesen, die tote organische Stoffe abbauen. Dazu gehören Pilze und Bakterien.

↗ Bakterien, S. 20 ff.; ↗ Fotosynthese, S. 67; ↗ Pilze, S. 22

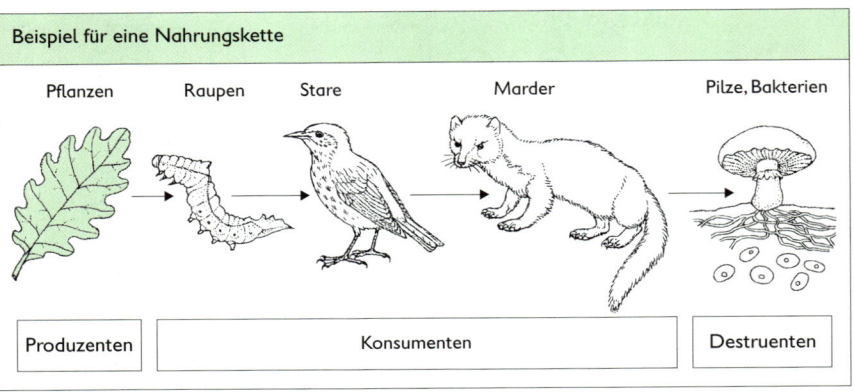

Beispiel für eine Nahrungskette

Pflanzen | Raupen | Stare | Marder | Pilze, Bakterien

Produzenten | Konsumenten | Destruenten

Nahrungsnetz. Ein Nahrungsnetz wird aus Nahrungsketten gebildet, wenn einzelne Lebewesen gleichzeitig Glieder mehrerer Ketten sind und dadurch ein vernetztes Gefüge entsteht.

Stoffkreislauf

Innerhalb einer Nahrungskette bzw. eines Nahrungsnetzes durchlaufen chemische Verbindungen bzw. chemische Elemente durch Aufbau und Abbau in den Lebewesen Kreisläufe (z. B. Kohlenstoff-, Stickstoff- und Wasserkreislauf).

In die Stoffkreisläufe sind auch für die Organismen schädliche Stoffe (z. B. Schwermetalle wie Blei und Quecksilber, Pflanzenschutzmittel, Insektizide) einbezogen. Sie können sich in den Endgliedern von Nahrungsketten, insbesondere auch im menschlichen Körper, anreichern und zu schweren Erkrankungen führen.

↗ Fotosynthese, S. 67; ↗ Stoff- und Energiewechsel heterotropher Lebewesen, S. 70

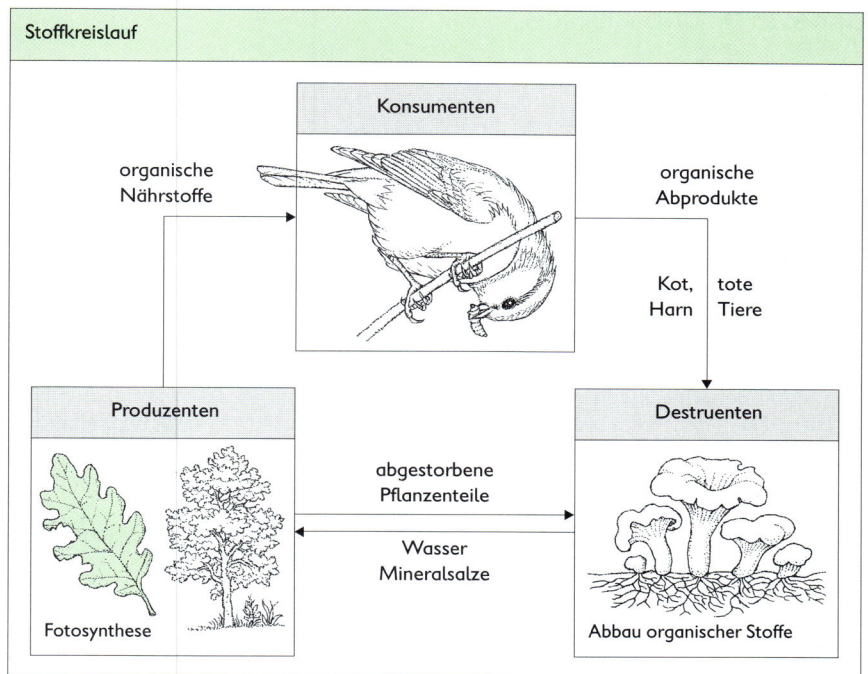

Stoffkreislauf

Konsumenten

organische Nährstoffe

organische Abprodukte

Kot, Harn | tote Tiere

Produzenten

abgestorbene Pflanzenteile

Wasser Mineralsalze

Destruenten

Fotosynthese

Abbau organischer Stoffe

Energiefluss. Der Energiefluss äußert sich in der Übertragung verschiedener Energieformen (Licht, Wärme, chemische Bindungsenergie der organischen Nährstoffe) zwischen den Gliedern der Nahrungskette und der abiotischen Umwelt. Er ist eng mit dem Stoffkreislauf verbunden.

Hauptquelle aller Stoff- und Energieumwandlungen ist die Sonnenenergie. Auf jeder Stufe der Nahrungskette wird Wärmeenergie an die Umwelt abgegeben.

↗ Fotosynthese, S. 67; ↗ Dissimilation, S. 69

Biologisches Gleichgewicht. Ein biologisches Gleichgewicht ist ein ausgeglichenes Verhältnis zwischen den Produzenten, Konsumenten, Destruenten bzw. ihrem Stoffumsatz in einem Ökosystem. Es kann sich trotz ständiger Schwankungen um Mittelwerte immer wieder neu einstellen.

Durch natürliche Einflüsse (z. B. Überschwemmung, Windbruch) und menschliche Einflüsse (z. B. Stoffentzug durch Ernte, Stoffeintrag durch Schadstoffe) wird das biologische Gleichgewicht vorübergehend gestört.

Selbstregulation des biologischen Gleichgewichts. Selbstregulation ist die Fähigkeit eines Ökosystems, Störungen durch Regelung (z. B. Wachstum einer Population in Abhängigkeit vom Nahrungsangebot) auszugleichen und dadurch zu einem relativ stabilen Zustand zurückzukehren.

Artenreiche Ökosysteme sind stabiler als artenärmere. Naturnahe Ökosysteme können Störungen eher ausgleichen als von Menschen geschaffene.

↗ Umweltschutz und Naturschutz, S. 152 ff.

7

ÖKOSYSTEM UND MENSCH

Allgemeines

Die Natur ist die unersetzbare Grundlage (z. B. Nahrungs- und Rohstoffquelle, Lebensraum, Baugrund, Erholungsstätte) für die Existenz des Menschen. Er verändert sie zur Befriedigung seiner Bedürfnisse. So entstand aus der Natur- die Kulturlandschaft. Immer mehr Lebensräume für Pflanzen und Tiere verschwinden, andere entstehen neu. Neben- und Abprodukte der menschlichen Tätigkeit sowie wirtschaftliche Maßnahmen, die zur Erhöhung der Produktion beitragen, haben heute so große Wirkungen, dass sie weltweit natürliche Ökosysteme belasten.

Naturlandschaft – Kulturlandschaft

Die europäischen Landschaften sind ein Mosaik aus meist kleinräumigen Naturlandschaftsanteilen und großräumigen Kulturlandschaftsflächen. Die natürliche Landschaft umfasst Bereiche, in denen die natürlichen Faktoren weitgehend ohne direkten Einfluss durch den Menschen wirken. Die Kulturlandschaft ist vom Menschen geschaffen, durch seinen dauerhaften Einfluss (Siedlung, Wirtschaft, Verkehr) gekennzeichnet und ständigen Veränderungen unterworfen.

Vergleich von natürlichen (naturnahen) und vom Menschen geschaffenen Ökosystemen	
Naturlandschaft	Kulturlandschaft
■ Wenig beeinflusste Wälder, Moore, streng geschützte Gebiete Wirkung der abiotischen Faktoren: kaum durch den Menschen verändert Artenvielfalt: meist hoch ökologisches Gleichgewicht: stellt sich ohne Einfluss des Menschen ein	■ Felder, Brachen, Viehweiden, Forsten, Fischteiche, Siedlungen Wirkung der abiotischen Faktoren: oft stark durch den Menschen verändert Artenvielfalt: oft gering ökologisches Gleichgewicht: Tun und Lassen von Menschen entscheidet, ob sich Gleichgewichte einstellen

Maßnahmen zur Erzielung hoher Erträge in Kulturbiozönosen

Der Mensch wendet eine Reihe von Maßnahmen an, um auf Feldern, in Forsten und fischwirtschaftlich genutzten Gewässern hohe Ernte- bzw. Fangerträge zu erzielen.
Monokultur. Sie ist die Anlage von meist einartigen Kulturbiozönosen (z. B. Maisfeld, Kiefernforst) und Voraussetzung für den Einsatz geeigneter Technik. Monokultur hat langfristig negative Folgen: Nährstoffmangel im Boden, Begünstigung von Schädlingen und Pflanzenkrankheiten, Versauerung von Waldböden (in Kiefern-, Fichtenforsten) und Windbruchgefahr. Gegenmaßnahmen: z. B. Mischkulturen, Fruchtfolgesysteme.
Düngung. Sie ist die Einbringung von Pflanzennährstoffen zur Erzielung hohen Pflanzenwachstums. Einsatz mineralischer Dünger erhöht die Konzentration von Nährsalzionen (z. B. NH_4^+, NO_3^-, PO_4^{3-}, SO_4^{2-}, Ca^{2+}, K^+). Organische Dünger (z. B. Mist, Gülle, Kompost) haben daneben auch bodenverbessernde Wirkung (z. B. Erhöhung der Wasserhaltefähigkeit und des Humusgehalts, Förderung der Bodenlebewesen).

7

Schädlingsbekämpfung. Sie umfasst Maßnahmen zur Vernichtung oder Niederhaltung von Schädlingen an Pflanzen, Tieren, Menschen und Vorratsstoffen. Biologische Schädlingsbekämpfung erfolgt mit natürlichen Feinden sowie Krankheitserregern und Parasiten der Schädlinge oder durch Züchtung resistenter Sorten und Rassen. Auch die Verhinderung der natürlichen Fortpflanzung durch Einbringen steriler Männchen in manche Insektenpopulationen kann erfolgreich sein.

Chemische Schädlingsbekämpfung erfolgt mit chemischen Präparaten (Biozide/Pestizide: z. B. Insektizide gegen Schadinsekten; Herbizide gegen Unkräuter). Sie muss sehr verantwortungsbewusst erfolgen, um Menschen sowie andere Lebewesen vor Vergiftung zu bewahren und Boden- und Wasserverseuchung zu vermeiden. Einteilung nach dem Wirkungsmechanismus der Biozide: Kontaktgifte wirken über die Haut, Fraßgifte über das Verdauungssystem, Atemgifte über das Atmungssystem.

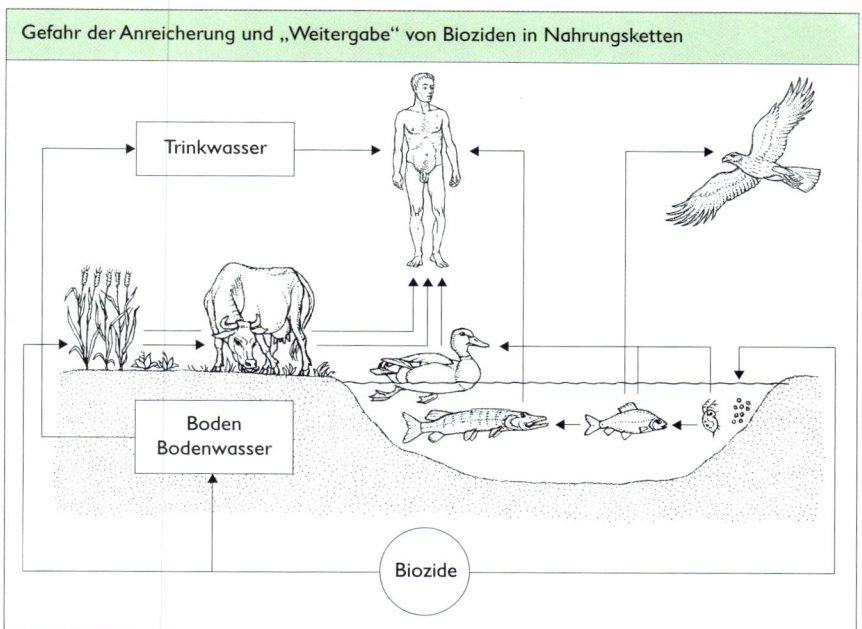

Gefahr der Anreicherung und „Weitergabe" von Bioziden in Nahrungsketten

Trinkwasser

Boden
Bodenwasser

Biozide

7

Belastung von Ökosystemen und Biozönosen

Ist eine bestimmte Grenze der Einwirkung von Umweltfaktoren überschritten, können Populationen oder das gesamte Ökosystem vernichtet werden.

Luftverschmutzung. Erfolgt durch feste, flüssige oder gasförmige Stoffe (z. B. Kohlenstoffmonooxid, Schwefeldioxid, Stickstoffoxide, Ozon, Stäube, Ruß). Sie werden bei natürlichen Vorgängen (z. B. Verwesung, Brände, Vulkanausbrüche), vor allem aber aus Industrieanlagen, Haushalten und Kraftfahrzeugen an die Luft abgegeben. Diese Stoffe, die Erhöhung des Kohlenstoffdioxidgehalts sowie Gifte (z. B. ätzende Gase, radioaktive Verbindungen) verschlechtern die Atemluft. Smog ist besonders starke Luftverschmutzung durch Rauch (smoke) und Nebel (fog) bei luftströmungsarmer Witterung.

Gefahren für den Boden. Boden kann durch Wasser- und Windwirkung abgetragen werden (Bodenerosion). Dadurch wird fruchtbarer Mutterboden verringert. Der Eintrag von Stoffen durch Schädlingsbekämpfung und Düngung, aus Mülldeponien sowie aus verunreinigter Luft führt zu Bodenversalzung, -versauerung und -vergiftung. Weitere Belastungen sind Bodenverdichtung (z. B. durch schwere Landmaschinen) und Bodenversiegelung durch Straßen- und Siedlungsbau.

Gefahren für Gewässer. Die Meere, die Binnengewässer und das Grundwasser können durch Eintrag giftiger Stoffe (Abwässer aus Industrie, Landwirtschaft und Haushalten, Ablassen von Öl, saurer Regen) belastet werden. Auch Erwärmung durch Einleitung von Kühlwasser aus Kraftwerken und Industrieanlagen verändert die Wasserqualität. In wärmerem Wasser ist weniger Sauerstoff gelöst, wodurch die Atmung der Lebewesen beeinträchtigt wird. Giftstoffe aus der Luft können sekundär auch Gewässer belasten. Hinsichtlich der Wassergüte werden bei Fließgewässern sieben Gewässergüteklassen unterschieden. Ihre Bestimmung erfolgt durch biologisch-ökologische Untersuchungen auf der Grundlage der Feststellung des Vorkommens ausgewählter Arten von Pflanzen, wirbellosen Tieren bzw. Mikroorganismen.

↗ Bioindikatoren, S. 139

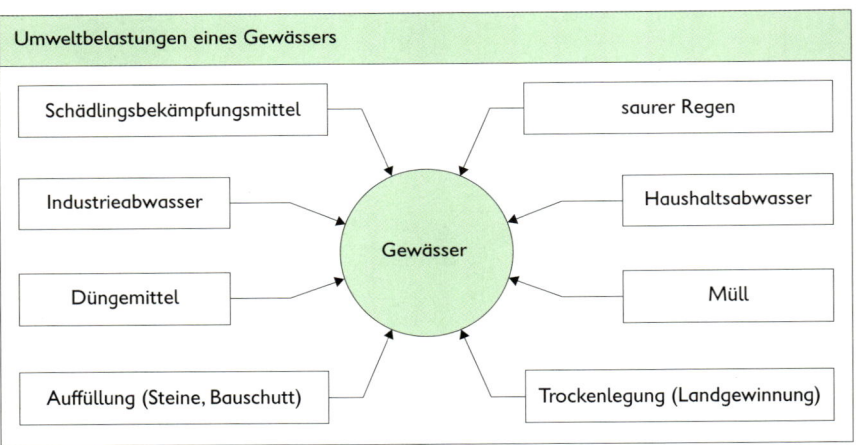

Eutrophierung. Eutrophierung ist eine Erhöhung des Nährstoffgehalts in Gewässern durch Haushalts- und Industrieabwässer oder durch Einschwemmung von Düngemitteln aus Landwirtschaftsflächen. Als Folge hoher Nitrat- und Phosphateinträge entwickelt sich verstärkt das Plankton (besonders Grün- und Blaualgen) und damit eine große Masse an organischer Substanz, die nach dem Absterben zu starkem Sauerstoffverbrauch beim Abbau der organischen Substanz und zu Faulschlammbildung führen kann.

↗ Dissimilation, S. 65, 69

Umweltbelastung durch Tourismus. Massenreisebewegungen können in Urlaubszentren zu erheblichen Belastungen durch Autoabgase, verstärkte Abwasser- und Müllbildung, Trittbelastung von Pflanzenbeständen (beim Wandern, Mountainbikefahren, Skifahren), Lärm sowie zu Landschaftsveränderungen durch Bautätigkeit führen. Gegenmaßnahmen: sorgfältiges umweltschützendes Planen, verantwortungsbewusstes Verhalten.

Waldsterben. Waldsterben ist die meist vom Menschen ausgehende massenhafte Schädigung, Erkrankung und Vernichtung des Baumbestands in Wäldern. Luftschadstoffe (Schwefeldioxid, Stickstoffoxide, Kohlenwasserstoffe), die auch durch Niederschläge in den Boden gelangen („saurer Regen"), behindern die Nährstoffaufnahme und stören Gasaustausch und Wasserhaushalt der Bäume. Kennzeichen geschädigter Bäume sind Verfärbung und vorzeitiger Abfall der Nadeln und Blätter, Veränderungen an den Wurzeln sowie Wachstumsstörungen. Die komplizierten ursächlichen Zusammenhänge des gegenwärtigen Waldsterbens in Mitteleuropa sind noch nicht genau bekannt. Durchschnittlich sind über 50 % der Wälder belastet.

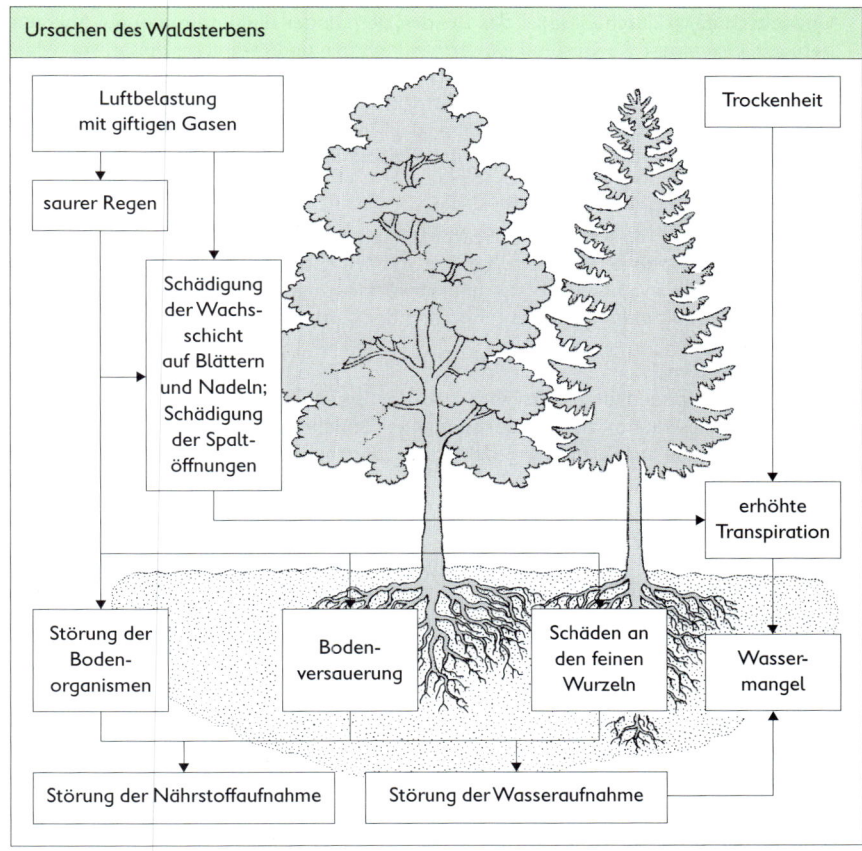

Ursachen des Waldsterbens

7

Waldschadstufen. In Deutschland werden 4 verschiedene Schadstufen unterschieden. Einteilung z. B. nach der unterschiedlichen Stärke der Blatt- oder Nadelverfärbung und des Blatt- bzw. Nadelverlustes. Abgestorbene Bäume ordnet man der Schadstufe 4 zu. Maßnahmen zur langfristigen Erhaltung der Wälder müssen vor allem auf die Verringerung der Schadstoffbelastung der Luft gerichtet sein.

151

UMWELTSCHUTZ UND NATURSCHUTZ

Allgemeines

Die Umwelt als unerlässliche Grundlage für das Überleben des Menschen und für die Produktivität seiner Wirtschaft ist heute durch vielfältige Ursachen so stark beeinträchtigt, dass eine planvolle Nutzung der Naturressourcen (z. B. Luft, Wasser, Boden, Bodenschätze, Lebewesen), die spürbare Vermeidung schädlicher Einflüsse sowie der Schutz von Lebensräumen und Lebewesen für alle Länder lebenswichtig geworden sind.

Umweltschutz

Umweltschutz ist durch Gesetze des Bundes, der Länder und internationale Abkommen geregelt. Er umfasst die Gesamtheit der Maßnahmen und Verhaltensweisen von Mensch und Gesellschaft, die der Sicherung der natürlichen Lebensgrundlagen von Menschen, Pflanzen und Tieren dienen. Dazu gehören vor allem Maßnahmen zum Schutz von Landschaftsräumen, des Bodens, der Gewässer, der Tiere und Pflanzen sowie Maßnahmen zur Reinhaltung der Luft und zur Planung der Ressourcennutzung.

Reinhaltung der Luft

Dazu dienen z. B. Filteranlagen in Schornsteinen, Rauchgasentstaubungsanlagen, Katalysatoren in Kraftfahrzeugen oder der Bau von Windschutzanlagen um Industriegebiete. Auch die Einführung neuer abgas- und abwärmearmer Technologien (z. B. Windkraftwerke, Elektroautos) kann zur Verminderung der Luftbelastung führen.

Schutz des Bodens

Er umfasst Maßnahmen zur Verhinderung der Bodenerosion (Abtragung durch Wind- und Wassereinwirkung), zur standortgerechten Bodennutzung, zur Planung des Bodenverbrauchs sowie zur Vermeidung der Bodenbelastung (z. B. mit Öl, Pflanzenschutzmitteln, Müll oder giftigen Abgasen).

Schutz der Gewässer

Gewässer sind der natürliche Lebensraum von Pflanzen und Tieren. Sie werden als Trink- und Brauchwasserquellen, für die Fischwirtschaft, als Transportwege und zur Erholung genutzt. Ihre Erhaltung erfordert Maßnahmen zur Reinhaltung und zur Verhinderung künstlicher Erwärmung. Diese werden durch die Wassergütestufe, die den Grad der Verschmutzung kennzeichnet, bestimmt.

Selbstreinigung der Gewässer

Schmutzstoffe können in Gewässern abgebaut werden. Daran sind Organismen mit ihren Stoffwechselleistungen sowie physikalische und chemische Prozesse beteiligt. Sie werden durch Wassertiefe, Temperatur und Fließgeschwindigkeit beeinflusst. Für den biologischen Abbau ist der Sauerstoffgehalt des Wassers entscheidend. Bei starker Belastung reicht die Selbstreinigung der Gewässer oft nicht aus.
↗Dissimilation, S. 65, 69;

Abwasserreinigung

Um die Belastung der natürlichen Gewässer in Grenzen zu halten, werden Industrie- und Haushaltsabwässer in Klärwerken mechanisch, chemisch und biologisch aufbereitet.

Mechanische Reinigung. Sie erfolgt durch Siebe, Öl- und Fettabscheider sowie durch Absetzen von Verunreinigungen auf dem Boden der Klärbecken.

Chemische Reinigung. Chemikalienzusätze zum Abwasser bewirken das Ausflocken von Verunreinigungen, neutralisieren das Schmutzwasser, oxidieren oder reduzieren eingebrachte Verunreinigungen und töten Keime (Bakterien, Pilze) ab.

Biologische Reinigung. Sie erfolgt durch oxidativen Abbau von organischen Verunreinigungen durch einen Bakterienschlamm (Belebtschlamm). Das verunreinigte Wasser wird unter Zufuhr von Luft (Sauerstoff) über den Bakterienschlamm geleitet.

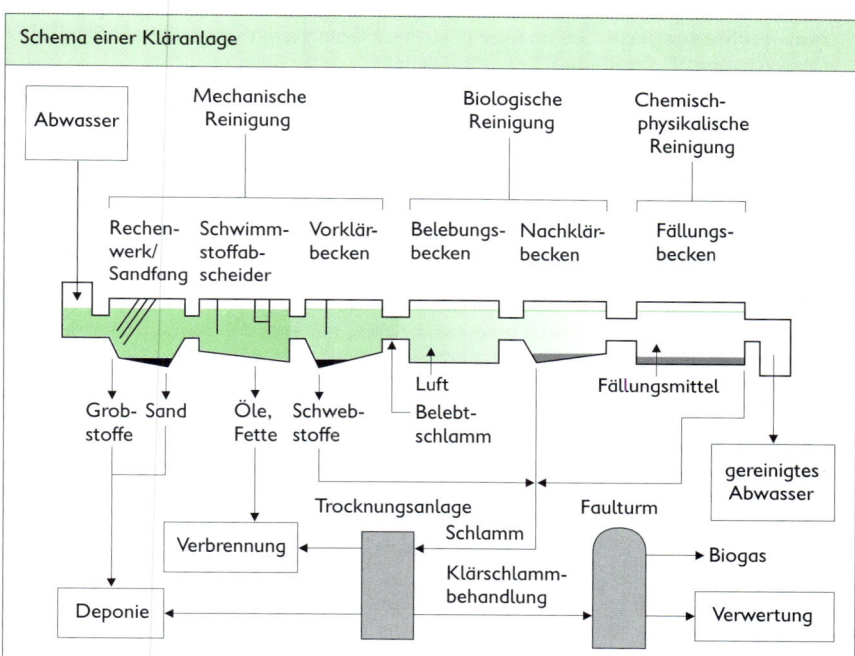

Schema einer Kläranlage

7

Naturschutz

Naturschutz dient als Teilbereich des Umweltschutzes der Erhaltung wertvoller Landschaften bzw. Landschaftsteile einschließlich schutzbedürftiger Pflanzen- und Tierarten durch Maßnahmen zur Pflege und Sicherung der zu schützenden Objekte.

Die gesetzlichen Grundlagen für Naturschutz und Landschaftspflege sind das Bundesnaturschutzgesetz, die Naturschutzgesetze der einzelnen Bundesländer sowie internationale Abkommen.

Schutzgebiete

Es sind ausgewählte Gebiete mit wertvollem Landschaftscharakter oder seltenen Ökosystemen. Bestimmte Pflanzen und Tiere werden gesetzlich unter besonderen Schutz gestellt. Für diese Gebiete werden entsprechend ihrem Erhaltungswert Regeln zum individuellen Verhalten und zur Nutzung als Wirtschaftsraum oder Erholungsgebiet erlassen.

153

Nationalparks. Sie sind großräumige (in Deutschland mindestens 1000 ha), schöne und seltene Naturlandschaften oder naturnahe Kulturlandschaften, die z. T. landwirtschaftlich und für den Tourismus genutzt werden können, z. T. aber strengen Schutzbestimmungen zur Erhaltung der Flora und Fauna unterliegen. Nationalparks in Deutschland sind z. B. der Bayerische Wald, das Nordsee-Wattenmeer, die Vorpommersche Boddenlandschaft und der Müritz-Nationalpark.

Landschaftsschutzgebiete. Sie sind größere Landschaftsräume mit charakteristischer Landschaftsgestalt und erhaltenswerten Ökosystemen. Landschaftsschutzgebiete werden landwirtschaftlich genutzt und dienen häufig auch als Erholungsgebiete.

Naturschutzgebiete. Sie sind meist kleinere Gebiete mit einem Bestand an seltenen Ökosystemen, Pflanzen und Tieren. Sie dienen in erster Linie dem Artenschutz, der wissenschaftlichen Forschung und der Bildung und werden mit bestimmten Pflegemaßnahmen in ihrem natürlichen Zustand erhalten. Landwirtschaftliche und forstwirtschaftliche Nutzung sind meist nicht gestattet oder nur beschränkt möglich. In Naturschutzgebieten dürfen Pflanzen und Tiere nicht gestört und nicht entfernt werden.

Geschützte Objekte. In der Landschaft vorhandene seltene, ästhetisch schöne und besonders alte Einzelobjekte werden unter Schutz gestellt.

Naturdenkmale. Sie sind geschützte Felsen, Wasserfälle, geologische Aufschlüsse, wertvolle, meist alte Bäume und sehr kleinflächige Ökosysteme mit seltenem Tier- und Pflanzenbestand. Sie haben wissenschaftlichen oder landeskundlichen Wert.

Geschützte Pflanzen und Tiere. Sind Arten, die vom Aussterben bedroht oder in ihrem Vorkommen stark gefährdet sind und deshalb unter strengem Schutz stehen. Sie sind in „Roten Listen" erfasst.

Einige weltweite ökologische Probleme

7

Bevölkerungswachstum. Im 20. Jahrhundert hat die Weltbevölkerung (1996 etwa 6,2 Mrd. Menschen) besonders rasch zugenommen. Deshalb ist in einigen Ländern Afrikas, Asiens und Lateinamerikas und insbesondere in Millionenstädten die Versorgung mit Nahrung und Trinkwasser, Energie und Rohstoffen nicht ausreichend gewährleistet. Hohe Kohlenstoffdioxidausstöße und riesige Mülldeponien können zu Klimaveränderungen und Mangel an menschenwürdigem Lebensraum beitragen.

Mangel an Nahrungsmitteln. Verluste an landwirtschaftlichen Flächen sind durch Erosion, Ausdehnung von Wüsten, Siedlungen und Wirtschaftsräumen sehr hoch. Die Ernährung der wachsenden Weltbevölkerung kann nur durch Intensivierungsmaßnahmen (z. B. Züchtung ertragreicher und resistenter Sorten und Rassen, Düngung, Schädlingsbekämpfung, Bewässerung, verbesserte Bodenbearbeitung) ermöglicht werden, die aber auch negative ökologische Folgen haben können.

Bevölkerungskontrolle und eine gerechtere Verteilung der Nahrungsmittel zwischen den Regionen der Erde können das Problem entschärfen.

Rodung tropischer Regenwälder. Durch jährliche Rodung von etwa 250 000 km^2 Waldflächen sank der tropische Waldbestand in den letzten 30 Jahren von 14 Mill. km^2 auf 7 Mill. km^2.

Kurzfristigen wirtschaftlichen Nutzen bringen die durch Rodung entstandenen Acker- und Weideflächen und die verstärkte Ausfuhr wertvoller Tropenhölzer. Schadwirkungen der Entwaldung sind geringere O_2-Produktion und Niederschlagsbildung, höhere Konzentration von CO_2 (durch Brandrodung) sowie unwiederbringliche Verluste an Pflanzen- und Tierarten.

154

Vererbungslehre (Genetik)

GRUNDBEGRIFFE

Vererbung

Vererbung ist die Weitergabe der Erbanlagen von Zelle zu Zelle (bei der Zellteilung) sowie von Eltern auf die Kinder (bei der Fortpflanzung). Jede Zelle enthält die Gesamtheit der Erbanlagen eines Organismus. Genetik ist die Wissenschaft von der Vererbung.

Vererbung und Arterhaltung. Jeder Organismus durchläuft eine Individualentwicklung, die nach Alterungsprozessen mit dem Tode endet. Die Vererbung ermöglicht die Erhaltung von Arten.

↗ Fortpflanzung und Individualentwicklung, S. 78 ff., 119 ff.

Modifikationen. Die Ausbildung von Merkmalen ist genetisch bedingt. Sie kann durch Umwelteinwirkungen während der Individualentwicklung variiert werden. Durch Umweltfakoren verursachte nicht erbliche Merkmalsänderungen werden als Modifikationen bezeichnet. Auch bei unveränderten Erbanlagen werden so in Anpassung an unterschiedliche Umweltbedingungen Merkmale unterschiedlich ausgeprägt.

↗ Mutationen, S. 163

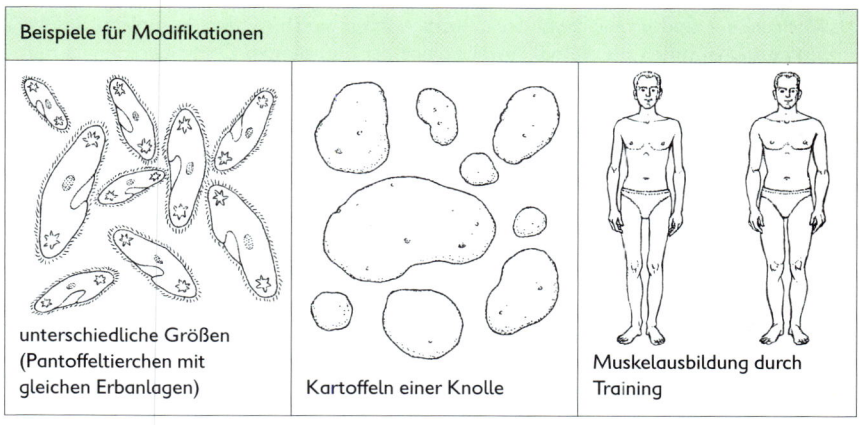

Beispiele für Modifikationen

unterschiedliche Größen
(Pantoffeltierchen mit
gleichen Erbanlagen)

Kartoffeln einer Knolle

Muskelausbildung durch
Training

BAU UND FUNKTION DER ERBANLAGEN

Chromosomen

Die meisten Erbanlagen (Gene) befinden sich in den Chromosomen der Zellkerne. Die Chromosomen sind während der Zellteilung mit dem Mikroskop zu sehen. Anzahl, Größe und Form der Chromosomen sind artspezifisch.

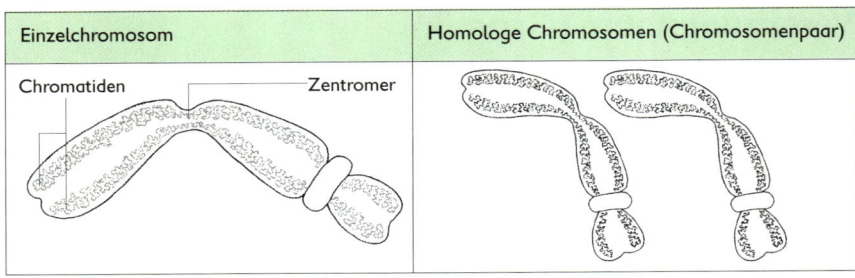

Einzelchromosom	Homologe Chromosomen (Chromosomenpaar)
Chromatiden — Zentromer	

Lebewesen	Chromosomenanzahl in Körperzellen	Chromosomen einer Körperzelle der Taufliege
Mensch	46	
Erbse	14	
Rind	60	
Stubenfliege	12	X … Y
Frosch	26	
Karpfen	104	
Schimpanse	48	8 Chromosomen (4 Chromosomenpaare)

Homologe Chromosomen. In den Körperzellen der meisten Organismen – auch des Menschen – sind jeweils zwei der Chromosomen gleich (paarig, homolog). Solche Zellen bezeichnet man als diploid. Jeweils eines der homologen Chromosomen ist mütterlicher, das andere väterlicher Herkunft. Viele Organismen haben daneben zwei Geschlechtschromosomen (X, Y), die in Form und Größe unterschiedlich sein können.
↗Festlegung des Geschlechts beim Menschen, S. 168
Geschlechtszellen. In Geschlechtszellen (Eizellen und Samenzellen) ist jedes Chromosom nur einmal enthalten. Man bezeichnet sie als haploid. Durch Verschmelzung der haploiden Zellkerne der Geschlechtszellen bei der Befruchtung entsteht eine diploide Zygote (befruchtete Eizelle).
↗Befruchtung, S. 63 f.; ↗Schwangerschaft, S. 118 f.

Mensch		
Chromosomen der Körperzellen	Chromosomen der Geschlechtszellen	Chromosomen der befruchteten Eizellen
♀ ♂	Eizelle 22 + X	
	Samenzelle 22 + X oder 22 + Y	46 (22 + X + 22 + X) oder 46 (22 + X + 22 + Y)
46 (44 + XX) 46 (44 + XY)		

DNA

Chromosomen bestehen aus Eiweiß und Desoxyribonucleinsäure (DNS – engl. DNA). Die DNA enthält die Gene (Erbanlagen). Ein DNA-Molekül besteht aus zwei Ketten, die miteinander verknüpft und um sich selbst gedreht sind (Doppelstrang). Die für die Erbinformation maßgeblichen Bausteine der Ketten sind ihre organischen Basen.

Organische Base	Kurzzeichen	Symbol	Basenpaarung
Adenin	A		
Thymin	T		T – A
Guanin	G		G – C
Cytosin	C		

Basenpaarung. Im schraubig gewundenen Doppelstrang paaren sich nur jeweils Adenin mit Thymin und Guanin mit Cytosin. Dadurch wird die Basenfolge eines Strangs durch die des anderen Strangs bestimmt.

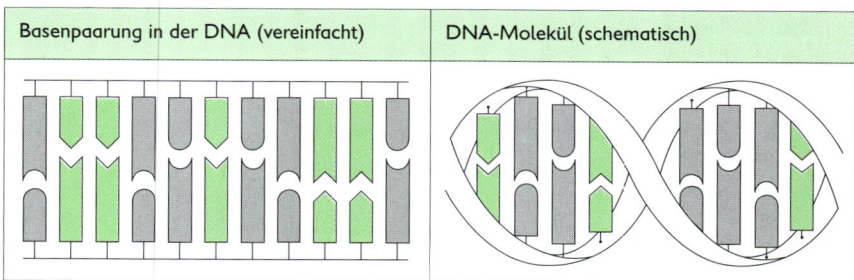

Basenpaarung in der DNA (vereinfacht)	DNA-Molekül (schematisch)

Genetische Information. Die Erbinformation ist in der Reihenfolge der organischen Basen eines DNA-Strangs verschlüsselt. Jeweils drei aufeinander folgende Basen bilden die Information für eine bestimmte Aminosäure (AS) in einem Eiweiß.

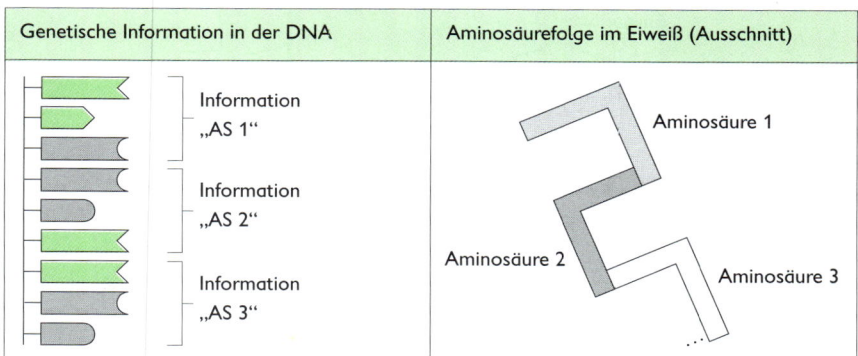

Genetische Information in der DNA	Aminosäurefolge im Eiweiß (Ausschnitt)
Information „AS 1"	Aminosäure 1
Information „AS 2"	Aminosäure 2
Information „AS 3"	Aminosäure 3

8

Gen und Allel. Ein Gen ist ein DNA-Abschnitt, der die Information für die Reihenfolge der Aminosäuren eines Eiweißes trägt. Auf jedem Chromosom sind viele Gene (jedes immer am gleichen Genort) aneinandergereiht. In diploiden Zellen liegen Gene doppelt vor (je einmal auf den homologen Chromosomen). Allele sind Varianten desselben Gens, die verschiedene Ausprägungen eines Merkmals (z. B. Blütenfarbe, Blutgruppe) bewirken. ↗Mendel'sche Gesetze, S. 165; ↗Vererbung der Blutgruppen beim Menschen, S. 96

Gen – Eiweiß – Merkmal

Vom Gen zum Eiweiß. Zur Eiweißsynthese wird die Information vom DNA-Molekül „abgeschrieben" und ins Zellplasma transportiert. Hier befinden sich Aminosäuren, die in einer bestimmten Reihenfolge zur Eiweißkette verknüpft werden.

– Der DNA-Doppelstrang im Kern wird aufgespalten. Über die spezifische Basenpaarung wird ein „Botenstrang" gebildet. Dieser Botenstrang (aus einsträngiger Nucleinsäure, RNA) kann durch die Poren der Kernmembran ins Zellplasma gelangen. Der DNA-Doppelstrang bleibt immer im Kern.

– Entsprechend der Information des Botenstrangs werden am Ribosom die an Transport-RNA gebundenen Aminosäuren zu Ketten verknüpft.

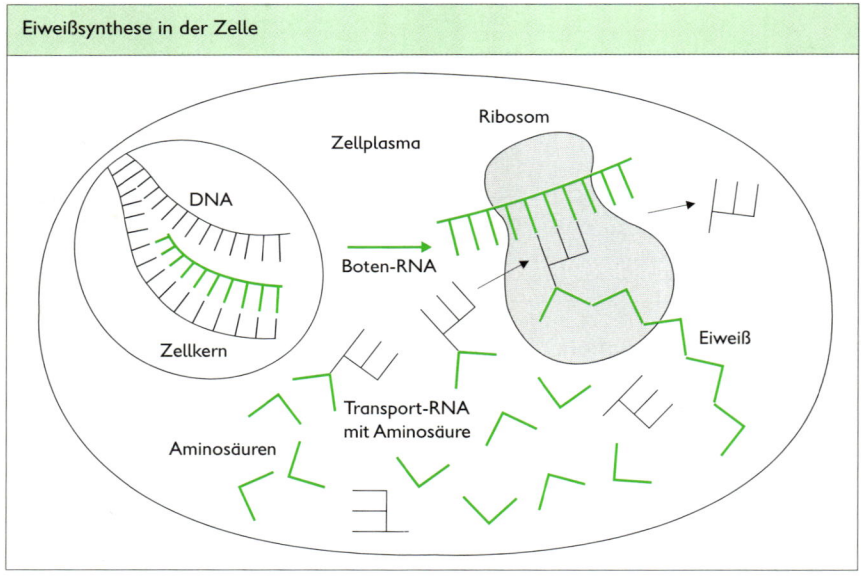

Eiweißsynthese in der Zelle

Ribosom

Zellplasma

DNA

Boten-RNA

Zellkern

Eiweiß

Transport-RNA mit Aminosäure

Aminosäuren

Wirkung der Gene. Die Erbanlagen steuern die Bildung von Eiweißen. Diese ermöglichen insbesondere als Enzyme die Merkmalsausbildung im Körper.

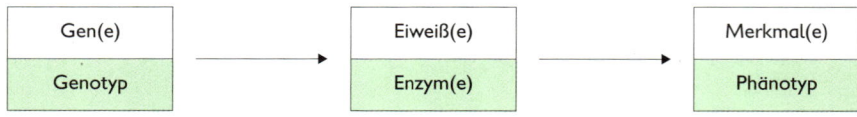

Gen(e)	Eiweiß(e)	Merkmal(e)
Genotyp	Enzym(e)	Phänotyp

8

VERDOPPLUNG UND WEITERGABE DER ERBANLAGEN

Verdopplung der Erbanlagen

Zellteilungen beginnen immer mit einer Kernteilung.
Vor der Zellteilung werden die Chromosomen und die DNA verdoppelt. So können die Tochterzellen die gleichen Erbanlagen erhalten, die auch die Mutterzelle hatte.

DNA-Verdopplung. Der DNA-Doppelstrang wird aufgespalten. Die beiden Einzelstränge werden durch Anlagerung der „passenden" Basen zu Doppelsträngen mit gleichen Genen (gleichen Reihenfolgen der Basen) ergänzt.

DNA-Verdopplung

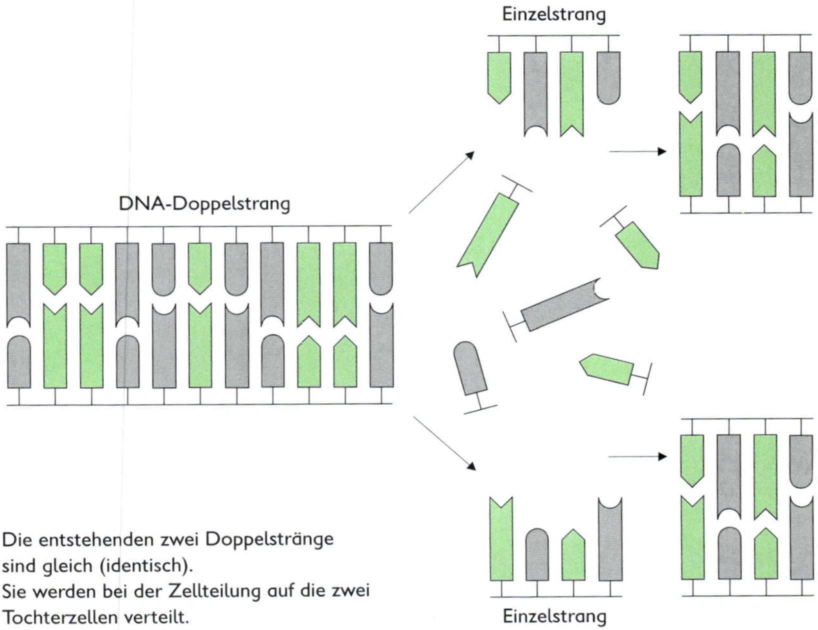

Einzelstrang

DNA-Doppelstrang

Die entstehenden zwei Doppelstränge
sind gleich (identisch).
Sie werden bei der Zellteilung auf die zwei
Tochterzellen verteilt.

Einzelstrang

8

159

Mitose

Ablauf der Mitose. Mitose ist eine Kern- und Zellteilung, bei der Tochterzellen mit der gleichen Chromosomenanzahl wie die Mutterzelle entstehen. Mutter- und Tochterzellen haben die gleichen Erbanlagen.

Phasen der Mitose		
Interphase	Prophase	Metaphase
Verdopplung der DNA im Arbeitskern	Spiralisieren der Chromosomen, Auflösen der Kernmembran	Anordnen der Chromosomen in der Zellmitte, Ausbilden des Spindelapparates
Anaphase	Telophase	
Trennung der Chromatiden eines Chromosoms, Chromatiden werden zu den Zellpolen gezogen	Bilden der Kernmembranen, Bilden einer Plasmamembran	Es entstehen zwei identische Tochterzellen, deren Chromosomen sich wieder verdoppeln.

Bedeutung der Mitose. Bei der Mitose entstehen aus einer Körperzelle zwei neue Körperzellen, die die gleichen Erbanlagen wie die Mutterzelle haben. Mitosen ermöglichen Wachstum, Regeneration und ungeschlechliche Fortpflanzung.

↗Zellkern, S. 45; ↗Wachstum, S. 78; ↗Ungeschlechliche Fortpflanzung, S. 74, 79

Meiose

Ablauf der Meiose. Meiose ist eine Kern- und Zellteilung, bei der Tochterzellen mit halber Chromosomenanzahl (haploid) im Vergleich zur Mutterzelle entstehen. Aus diesen Zellen – ihre Erbinformationen können unterschiedlich sein – bilden sich Keimzellen (Eizellen oder Samenzellen).

Phasen der Meiose		
Prophase I	Metaphase I/Anaphase I	Telophase I
Spiralisieren der Chromosomen, Auflösen der Kernmembran, Paarung der homologen Chromosomen	Anordnen der Chromosomenpaare in der Zellmitte, Ausbilden des Spindelapparats, Trennen der Chromosomenpaare, Chromosomen werden zu den Zellpolen gezogen	Bilden der Kernmembranen, Bilden einer Plasmamembran
Prophase II/Metaphase II	Anaphase II	Telophase II
Anordnen der Chromosomen in der Mitte der Zellen, Ausbildung neuer Spindelapparate	Trennen der Chromatiden eines Chromosoms, Chromatiden werden zu den Zellpolen gezogen	Bilden neuer Kernmembranen, Bilden neuer Plasmamembranen, es entstehen vier Tochterzellen mit halber Chromosomenanzahl (haploid).

8

161

Vergleich von Mitose und Meiose. Mitosen und Meiosen sind Zellteilungsvorgänge, bei denen an die entstehenden Zellen Erbanlagen weitergegeben werden. Sie unterscheiden sich in der Art der Chromosomenverteilung.

Mitose	Meiose
Teilung von Körperzellen, Voraussetzung für Wachstum und ungeschlechtliche Fortpflanzung, Tochterzellen mit gleicher Chromosomenanzahl wie Mutterzelle, gleiche Erbinformation wie Mutterzelle	Bildung von Keimzellen, Voraussetzung für die Bildung von Keimzellen für geschlechtliche Fortpflanzung, Tochterzellen mit halber Chromosomenanzahl im Vergleich zur Mutterzelle, ihre Erbinformationen können unterschiedlich sein

Meiose und geschlechtliche Fortpflanzung. Bei der Meiose entstandene haploide Keimzellen ermöglichen die geschlechtliche Fortpflanzung.

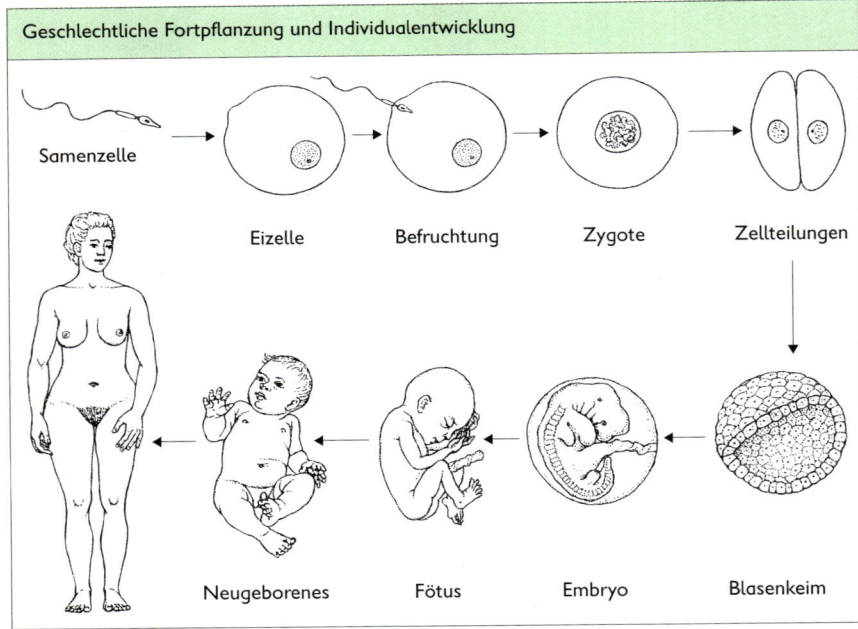

Geschlechtliche Fortpflanzung und Individualentwicklung

Samenzelle — Eizelle — Befruchtung — Zygote — Zellteilungen

Neugeborenes — Fötus — Embryo — Blasenkeim

Die Chromosomen und damit die Erbanlagen der Eizelle und der Samenzelle (Spermazelle) werden kombiniert(Befruchtung, Neukombination der Erbanlagen von Vater und Mutter). So entsteht ein neues Lebewesen mit neuen Merkmalen und Eigenschaften. Wachstum und Entwicklung erfolgen durch das Zusammenwirken der Erbanlagen mit auf die Organismen einwirkenden Umweltfaktoren.

↗ Geschlechtliche Fortpflanzung, S. 81; ↗ Individualentwicklung, S. 84

8

VERÄNDERUNG DER ERBANLAGEN

Mutationen

Plötzlich und zufällig auftretende Veränderungen der Erbanlagen heißen Mutationen. Sie sind erblich und können zu einer Merkmalsänderung führen.

Mutationen in den Erbanlagen der Körperzellen werden bei der Mitose an die Tochterzellen weitergegeben. Das Ausmaß der Veränderung ist von der Anzahl nachfolgender Zellteilungen abhängig.

Mutationen in den Erbanlagen der Geschlechtszellen können auf die Nachkommen übertragen werden.

Mutagene. Mutagene sind Faktoren, wie Strahlen oder Stoffe, die Mutationen auslösen können.

Wichtige Mutagene sind:

– energiereiche Strahlen: radioaktive Strahlen, Röntgenstrahlen, UV-Strahlen
– Stoffe: z. B. Colchicin, Nikotin, salpetrige Säure, Industrieabgase

Genmutationen. Ein Gen wird verändert, z. B. durch

– Ersetzen einer Base durch eine andere,
– Veränderung der Basenfolge (Verlust oder Austausch von Basen) in der DNA.

↗ Chromosomen, S. 155 f.; ↗ Phenylketonurie beim Menschen; S. 169

Beispiele für Folgen von Genmutationen	
Pillen-Brennnessel	Mensch

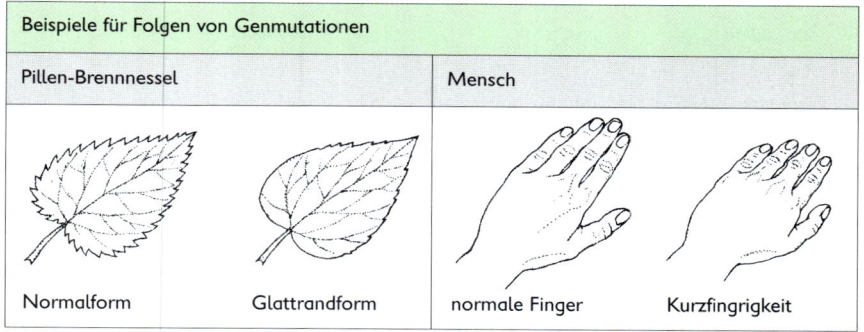

| Normalform | Glattrandform | normale Finger | Kurzfingrigkeit |

Chromosomenmutationen. Chromosomen werden verändert, z. B. durch

– Verlust von Chromosomenabschnitten (z. B. Katzenschreisyndrom beim Menschen)
– Verdopplung von Chromosomenabschnitten.

Genommutationen. Die Chromosomenanzahl wird verändert, z. B. durch

– Verlust oder Vermehrung von Chromosomen (z. B. Down-Syndrom des Menschen (Trisomie 21);
– Verminderung oder Vermehrung des gesamten Chromosomensatzes (z. B. veränderte Blattform bei Gummibäumen).

Bedeutung von Mutationen. Mutationen wirken sich meist nachteilig, selten günstig für das betroffene Lebewesen (bzw. seine Nachkommen) aus.

Beim Menschen sind Mutationen häufig Ursache für Krankheiten (z. B. Krebs, Stoffwechselkrankheit PKU) und Fehlbildungen (z. B. Kurzfingrigkeit). Genetisch bedingte Krankheiten sind gegenwärtig nicht heilbar. Es können nur ihre Symptome behandelt werden.

↗ PKU (Phenylketonurie), S. 169

8

Mutationen und Evolution der Organismen. Mutationen führen zu erblichen Unterschieden zwischen den Individuen einer Population. Mutationen können unterschiedliche Anpassungen ermöglichen (z. B. unterschiedliche Schnabelformen, dadurch unterschiedliche Spezialisierungen in der Ernährung der Galapagos-Finken). Die besser an die Umweltverhältnisse angepassten Organismen pflanzen sich in größerer Anzahl fort.
↗ Art, Population und Evolution, S. 177 ff.

Nahrung und Schnabelformen bei Galapagos-Finken

| Sängerfink | Spechtfink | Knacker-Baumfink | Dickschnabel |

Züchtung. Menschen nutzen seit jeher erbliche Variabilität (Mutationen), um durch Auslese die für sie günstigsten Varianten zu vermehren und zu nutzen. So entstanden in Jahrtausenden wichtige Kulturpflanzen und Haustiere. Das Zusammenspiel von Mutationen, Neukombinationen von Erbanlagen und gezielter Auslese durch den Menschen wird an den Kohlsorten besonders deutlich. Sie stammen alle vom Wildkohl ab.
↗ Domestikation; S. 179

8

Aus dem Widkohl gezüchtete Kohlsorten

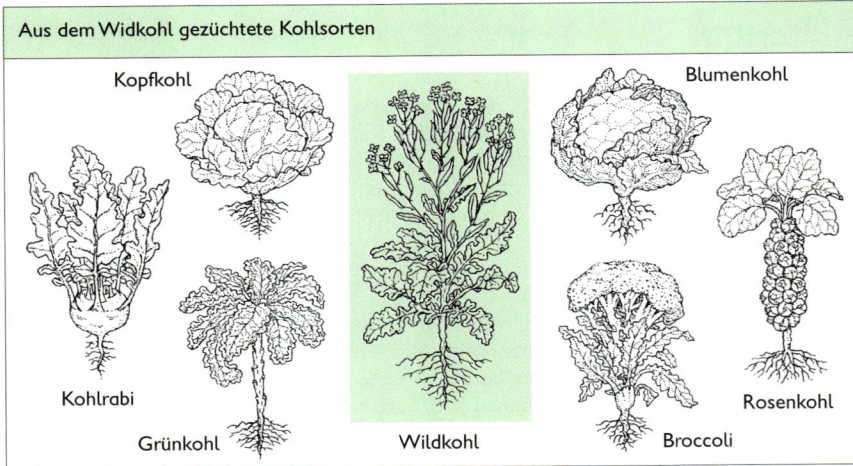

Kopfkohl · Blumenkohl · Kohlrabi · Grünkohl · Wildkohl · Broccoli · Rosenkohl

WEITERGABE VON ERBANLAGEN IN DER GENERATIONENFOLGE

Mendel'sche Gesetze

JOHANN GREGOR MENDEL (1822 bis 1884) fand, vor allem durch seine Versuche mit Erbsen, Regeln der Vererbung. Er erkannte, dass nicht Merkmale, sondern die Anlagen für die Merkmalsausbildung vererbt werden.

Reinerbigkeit. Wenn in den Körperzellen die zwei Allele für die Ausbildung eines Merkmals gleich sind, dann ist ein Lebewesen in Bezug auf dieses Merkmal reinerbig.

Mischerbigkeit. Sind in den Körperzellen die zwei Allele für die Ausbildung eines Merkmals unterschiedlich, ist ein Lebewesen in Bezug auf das Merkmal mischerbig. Die Wirkung der Allele auf die Merkmalsausbildung kann unterschiedlich (dominant-rezessiver Erbgang) oder gleich stark (intermediärer Erbgang) sein.

Kreuzung. Ist die geschlechtliche Fortpflanzung von Lebewesen, die sich in einem oder mehreren Merkmal(en) und den Erbanlagen dafür unterscheiden (z. B. Kaninchen mit unterschiedlichen Fellfarben, Erbsenpflanzen mit unterschiedlichen Samenformen).

1. Mendel'sches Gesetz (Uniformitätsgesetz)

Kreuzt man reinerbige Individuen, die sich in einem Merkmal unterscheiden, so sind ihre Nachkommen in diesem Merkmal gleich (uniform).

Dominant-rezessiver Erbgang. Ein Allel (Gen) eines Genorts wird bei der Merkmalsausbildung unterdrückt, kommt nicht zur Wirkung.

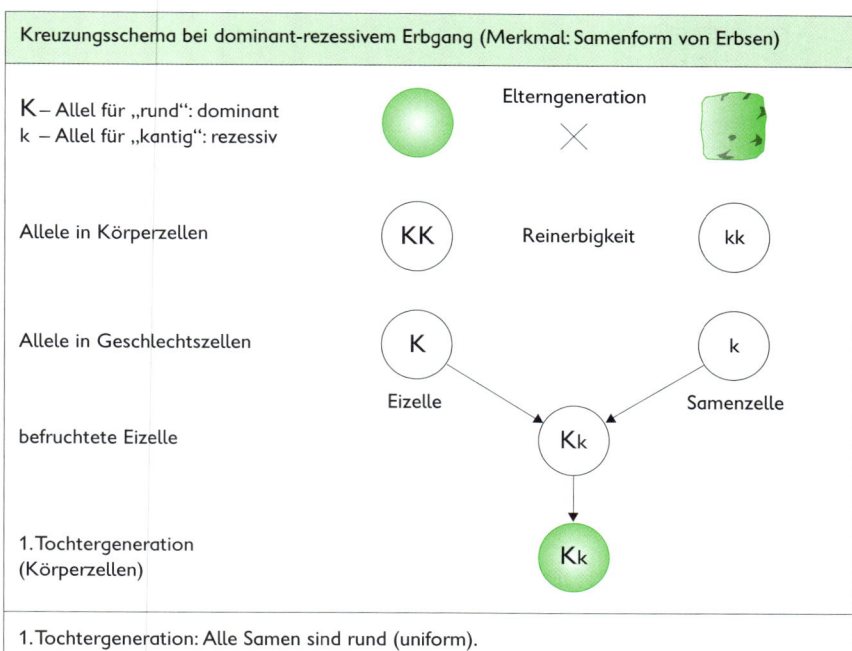

Kreuzungsschema bei dominant-rezessivem Erbgang (Merkmal: Samenform von Erbsen)

K – Allel für „rund": dominant
k – Allel für „kantig": rezessiv

Elterngeneration

Allele in Körperzellen — KK — Reinerbigkeit — kk

Allele in Geschlechtszellen — K — k
Eizelle — Samenzelle

befruchtete Eizelle — Kk

1. Tochtergeneration (Körperzellen) — Kk

1. Tochtergeneration: Alle Samen sind rund (uniform).
Die Pflanzen bzw. ihre Körperzellen sind für das Merkmal „Samenform" mischerbig.

8

Intermediärer Erbgang. Beide (unterschiedlichen) Allele wirken gleich stark auf die Merkmalsausbildung. Das Merkmal liegt „zwischen" den Merkmalen der Eltern.

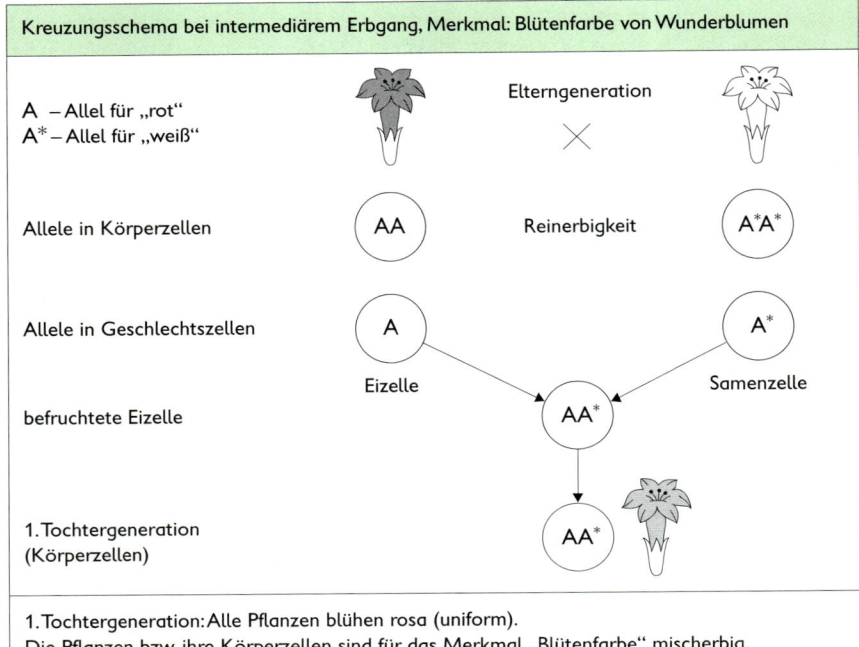

Kreuzungsschema bei intermediärem Erbgang, Merkmal: Blütenfarbe von Wunderblumen

A – Allel für „rot"
A* – Allel für „weiß"

Elterngeneration

Allele in Körperzellen — AA — Reinerbigkeit — A*A*

Allele in Geschlechtszellen — A — A*

Eizelle — Samenzelle

befruchtete Eizelle — AA*

1. Tochtergeneration (Körperzellen) — AA*

1. Tochtergeneration: Alle Pflanzen blühen rosa (uniform).
Die Pflanzen bzw. ihre Körperzellen sind für das Merkmal „Blütenfarbe" mischerbig.

8

MENDELS Versuchsmethoden. J. G. MENDEL konnte Gesetzmäßigkeiten entdecken, weil er – im Unterschied zu anderen Forschern vor ihm und in seiner Zeit – bei seinen Untersuchungen konsequent folgende Grundsätze beachtete:
Auswahl geeigneter Pflanzen (mit Selbstbefruchtung) für seine Kreuzungsversuche; Durchführung von Vorzuchten, um reinerbige Elternpflanzen zu erhalten; Beschränkung auf die Beobachtung weniger Einzelmerkmale über mehrere Generationen hinweg; sorgfältige mathematische (statistische) Auswertung der Häufigkeit des Auftretens der Merkmale in den Tochtergenerationen.
Bedeutung der Mendel'schen Gesetze. Es sind statistische Gesetze. Ihre Kenntnis ermöglicht Voraussagen über die Verteilung von Erbanlagen (Genen) bzw. das Auftreten von Merkmalen bei der Kreuzung von Pflanzen oder Tieren.
In der Praxis werden die Mendel'schen Gesetze vor allem in der Tier- und Pflanzenzüchtung angewandt.
In der Humangenetik hat die Kenntnis der Mendel'schen Gesetze große Bedeutung für die Untersuchung der menschlichen Vererbungsvorgänge und die Erforschung von genetisch bedingten Fehlbildungen und Krankheiten beim Menschen.
↗ Genetische Festlegung der Blutgruppen, S. 168;
↗ Genetisch bedingte Fehlbildungen und Krankheiten, S. 169

2. Mendel'sches Gesetz (Spaltungsgesetz)

Kreuzt man Individuen der 1. Tochtergeneration miteinander, so spalten die Merkmale in der 2. Tochtergeneration nach bestimmten Zahlenverhältnissen auf.

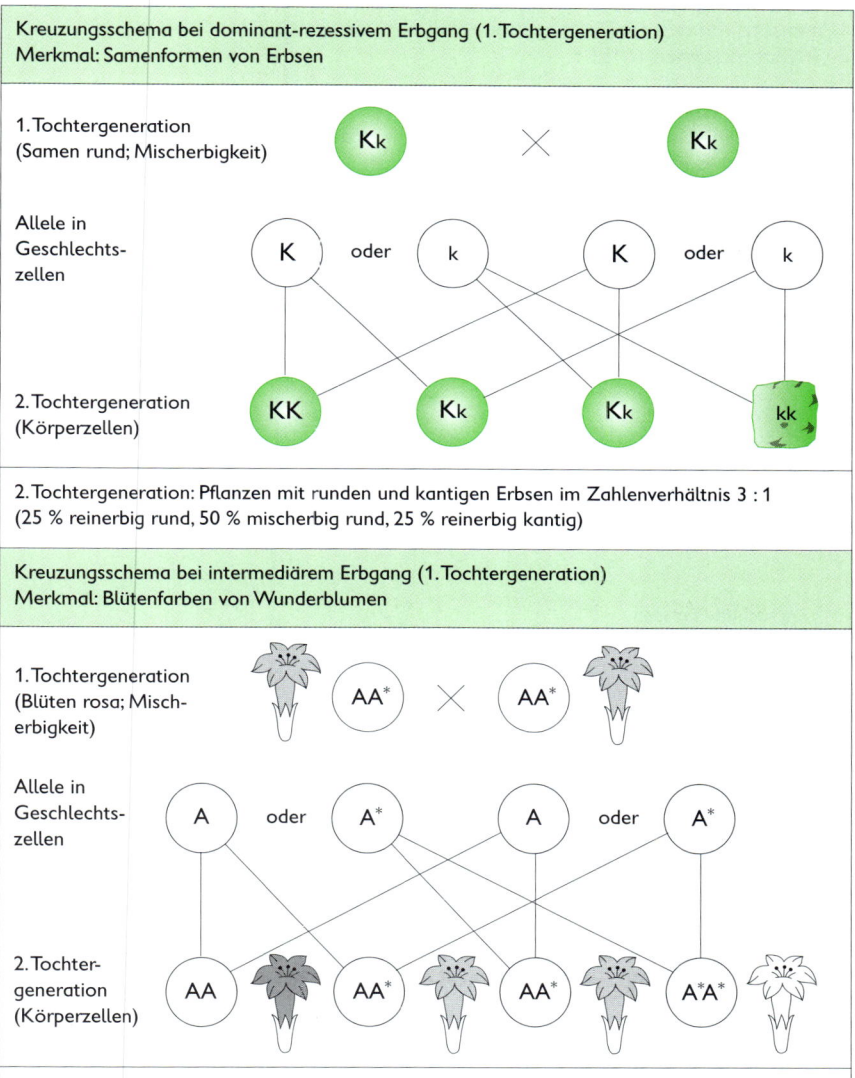

Kreuzungsschema bei dominant-rezessivem Erbgang (1. Tochtergeneration)
Merkmal: Samenformen von Erbsen

1. Tochtergeneration
(Samen rund; Mischerbigkeit)

Allele in
Geschlechts-
zellen

2. Tochtergeneration
(Körperzellen)

2. Tochtergeneration: Pflanzen mit runden und kantigen Erbsen im Zahlenverhältnis 3 : 1
(25 % reinerbig rund, 50 % mischerbig rund, 25 % reinerbig kantig)

Kreuzungsschema bei intermediärem Erbgang (1. Tochtergeneration)
Merkmal: Blütenfarben von Wunderblumen

1. Tochtergeneration
(Blüten rosa; Misch-
erbigkeit)

Allele in
Geschlechts-
zellen

2. Tochter-
generation
(Körperzellen)

2. Tochtergeneration: Pflanzen mit roten, rosafarbenen und weißen Blüten treten im Zahlenverhältnis 1 : 2 : 1 auf.
Rosa blühende Planzen sind mischerbig, rot bzw. weiß blühende Pflanzen sind reinerbig.

8

167

VERERBUNGSVORGÄNGE BEIM MENSCHEN

Chromosomen des Menschen

Auch die Körperzellen des Menschen haben einen doppelten (diploiden) Chromosomensatz. Von den 46 Chromosomen sind zwei die Geschlechtschromosomen.
↗ Chromosomen, S. 155 f.

Genetische Festlegung des Geschlechts

Das Geschlecht eines Menschen wird genetisch durch die Geschlechtschromosomen festgelegt. In den Körperzellen der Frau treten 2 X-Chromosomen, beim Mann ein X- und ein Y-Chromosom auf.

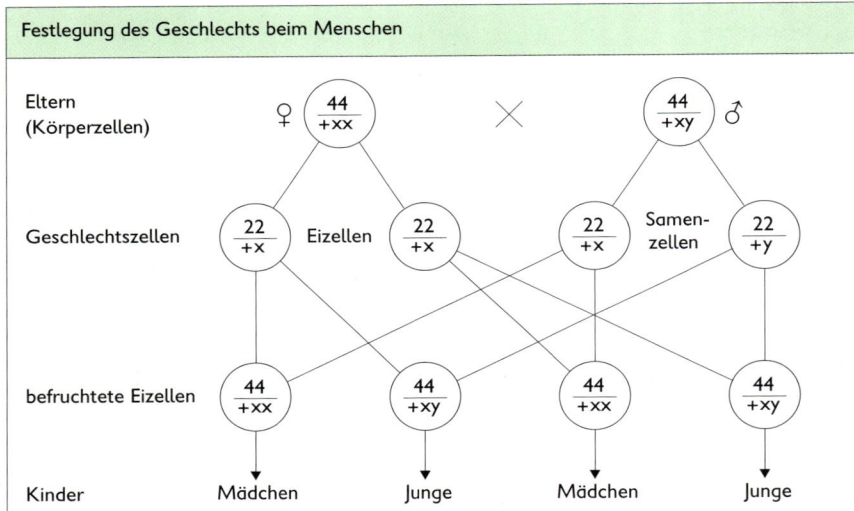

Festlegung des Geschlechts beim Menschen

Aus den Kombinationsmöglichkeiten bei der Vererbung der Geschlechtschromosomen ergibt sich für jede Generation statistisch ein Geschlechterverhältnis (Mädchen : Jungen) von 1 : 1.

Genetische Festlegung der Blutgruppen

Erbanlagen für die Blutgruppenausprägung werden von den Eltern auf die Nachkommen weitergegeben. Die Unterschiede in den Blutgruppen A, B, AB und 0 gehen auf verschiedene Allele (A, B, und 0) eines Gens zurück. Bei Mischerbigkeit sind die Allele A bzw. B dominant gegenüber 0, A und B wirken nebeneinander.
↗ Blutgruppen des Menschen, S. 96

Blutgruppen	A	B	AB	0
mögliche Allelpaare	AA oder A0	BB oder B0	AB	00

8

Genetisch bedingte Fehlbildungen und Krankheiten

Abweichende Merkmalsausbildungen oder Stoffwechselstörungen können auf veränderten Genen, Chromosomen oder Chromosomenanzahlen beruhen. Nachkommen erkranken oder bilden Abweichungen aus, wenn sie von einem Elter die entsprechende dominante Erbanlage oder von beiden Eltern die die Abweichung verursachenden rezessiven Erbanlagen erhalten haben.

↗Mutationen, S. 163; ↗Mendel'sche Gesetze, S. 165 ff.

Phenylketonurie (PKU). Die PKU ist eine Stoffwechselkrankheit. Durch eine Genmutation ist die Basenfolge im DNA-Strang verändert. Dehalb ist ein bestimmtes Enzym unwirksam. Die Aminosäure Phenylalanin (aus der Nahrung) kann nicht normal abgebaut werden. Die hohe Phenylalaninkonzentration im Blut führt zur frühkindlichen Hirnschädigung. Mit einem Windeltest kann die Krankheit bei Neugeborenen erkannt, ihre Folgen können durch eine Diät weitgehend vermindert werden.

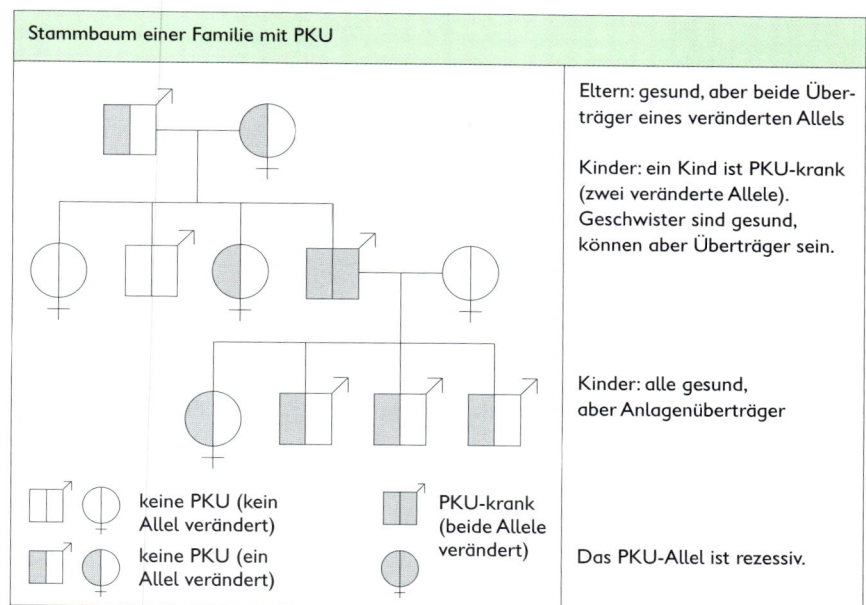

Stammbaum einer Familie mit PKU

Eltern: gesund, aber beide Überträger eines veränderten Allels

Kinder: ein Kind ist PKU-krank (zwei veränderte Allele). Geschwister sind gesund, können aber Überträger sein.

Kinder: alle gesund, aber Anlagenüberträger

keine PKU (kein Allel verändert)

keine PKU (ein Allel verändert)

PKU-krank (beide Allele verändert)

Das PKU-Allel ist rezessiv.

Mukoviszidose (Cystische Fibrose). Sie ist eine der häufigsten genetisch bedingten Krankheiten und beginnt im Säuglingsalter. Ein defektes Gen bewirkt, dass in die schleimbildenden Drüsen kein Wasser gelangt. Der Körper (z. B. Speicheldrüsen, Bauchspeicheldrüse, Schleimhaut der Atmungsorgane) kann nur sehr zähflüssigen Schleim produzieren. Es kommt dadurch z. B. zu chronischen Entzündungen im Atmungssystem, zu Verdauungsstörungen und schweren Durchfällen.

Die Verbesserung der Behandlungsmethoden hat für die betroffenen Kinder zu einer Steigerung der durchschnittlichen Lebenserwartung von 5 Jahren (1960) auf etwa 25 Jahre geführt.

↗Verdauungsorgane, S. 103; ↗Atmungssystem des Menschen, S. 93 ff.

Genetisch bedingte Krankheiten, weitere Beispiele	
Krankheit	Ursachen, Symptome
Bluterkrankheit	Ursache: Genmutation auf dem X-Chromosom Abnorme Ausbildung von Blutgerinnungsfaktoren, stark verlängerte Gerinnungszeit des Blutes; ohne Behandlung hohe Blutverluste schon bei kleineren Verletzungen, Gefahr von Gelenkblutungen
Farbenblindheit (Rot-Grün-Sehschwäche)	Ursache: Genmutation (auf dem X-Chromosom) Störung des Farbsehvermögens, Betroffene können Rot und Grün nicht unterscheiden, Farben werden als Grautöne wahrgenommen (8 % der Männer, 0,5 % der Frauen).
Trisomie 21 (Down-Syndrom)	Ursache: Genommutation (dreifaches Vorhandensein des Chromosoms 21) Stark eingeschränkte Bildungsfähigkeit, geringere Lebenserwartung. Das Risiko der Geburt eines kranken Kindes ist vom Alter der Eltern, besonders dem der Mutter, abhängig; steigt bei Schwangerschaften ab dem 38. Lebensjahr der Frau stark an.

Genetische Beratung
Eltern, die ein erhöhtes Risiko vermuten, ein Kind mit einer genetisch bedingten Krankheit oder Behinderung zu bekommen, können eine genetische Beratungsstelle aufsuchen. Oft können den Eltern in der Beratung durch genauere Risikoabschätzung ihre Ängste genommen werden.
Ein erhöhtes Risiko kann vorliegen, wenn
— in der Familie eine genetisch bedingte Krankheit oder Behinderung
  auftrat,
— wenn Eltern bereits ein Kind mit einer genetisch bedingten Krankheit
  oder Behinderung haben,
— wenn die Mutter wiederholt Fehlgeburten hatte,
— wenn die Mutter schon älter ist.
Eine Entscheidung zum Abbruch einer Schwangerschaft bedarf einer verantwortungsvollen Prüfung und Beratung.

Vorgeburtliche Untersuchungen
Genetisch bedingte Schäden am Embryo lassen sich oft durch Untersuchungen in den ersten Schwangerschaftswochen feststellen. Bestimmte Fehlentwicklungen können erkannt und therapeutische Maßnahmen sofort oder kurz nach der Geburt eingeleitet werden. Zum Beispiel Entnahme von Fruchtwasser (einige Milliliter) durch die Bauchdecke der Mutter: Die Untersuchung der darin enthaltenen Zellen des Embryos lässt u. a. Rückschlüsse auf Stoffwechselstörungen zu.

8

Evolution der Lebewesen

LEBEN IN DER ERDGESCHICHTE

Evolution (lat.: evolutio = Aufschlagen, Auseinanderwickeln) ist in der Biologie die Entwicklung der Lebensformen. Sie ist Bestandteil der Erdgeschichte.

Etappen der Erdgeschichte

Etappe	Evolution	Vorgänge
abiotische	chemische	Entstehung des Lebens nach Herausbildung der physikalischen und chemischen Bedingungen
biotische	biotische	Stammesgeschichte: Entstehen und Entfalten der Vielfalt der Lebensformen, ihre Ablösung durch andere Lebensformen
anthropische	biotische und soziokulturelle	Richtung und Tempo der Evolution werden zunehmend direkt (z. B. Haustiere, Kulturpflanzen) oder indirekt (z. B. über die Lebensbedingungen) durch den Menschen beeinflusst

Chemische Evolution und Entstehung des Lebens

Stufen der chemischen Evolution	Zeitdauer: nach Erkaltung der Erdrinde etwa 1 Milliarde Jahre
Bildung einfacher organischer Stoffe	im Wasser entstehen unter Einwirkung von Sonnenlicht, Strahlen und Blitzen aus anorganischen Stoffen Aminosäuren, Zucker und andere einfache organische Stoffe
Bildung zusammengesetzter organischer Stoffe	in der „Ursuppe" entstehen daraus Nucleotide (Bausteine der Nucleinsäuren, z. B. der DNA), Eiweiße (Polypeptide) u. a. Makromoleküle, Wechsel von Bildung und Zerfall
Entstehung von Urorganismen	Vereinigung verschiedener Makromoleküle zu Komplexen, die sich von ihrer wässrigen Umwelt abgrenzen, in einfachster Form Stoffwechsel betreiben und sich vermehren (teilen) können

↗ DNA, S. 157 ff.; ↗ Eiweiße, S. 61, 68, 70 f., 100, 158

9

171

Biotische Evolution: Auftreten und Verbreitung von Organismen in der Erdgeschich

Vor Mill. Jahren	Formation/ Ära	Vorherrschende Organismengruppen		Erstes Auftreten
		Pflanzen	Tiere	
1,5	Quartär	heutige Formen der Bedecktsamer	Menschen, heutige Formen der Säuger, Vögel usw.	Kulturpflanzen, Haustiere, Menschen
70	Tertiär			
135	Kreide	Ein- und Zwei- keimblättrige, Nacktsamer	Aussterben der Saurier; letzte Blüte der Ammoniten	Bedecktsamer, Laubwald
180	Jura		Krokodile, Schildkröten	Säuger, Vögel, Ginkgoarten
220	Trias		Saurier, Ammoniten	Schmetterlinge, Dinosaurier
270	Perm		Insekten mit vollkommener Metamorphose, Lurche	Käfer, Nadelbäume
350	Karbon	Farnpflanzen, Bärlappe		Ammoniten, Reptilien
400	Devon	Schachtelhalme	Fische	Insekten, Farne, Lurche, Pilze
440	Silur	Moose	Korallen, Muscheln, Schnecken, Kopffüßer	Fische
500	Ordovizium		Schwämme	Muscheln, Stachelhäuter
600	Kambrium	Algen	Graptolithen, Trilobiten	
1900	Proterozoikum		erste Wirbellose	Würmer, Schwämme
2700	Archäozoikum	Algen, Bakterien		Hohltiere
			Urtiere, Urorganismen	

9

172

d ihre Auswirkungen

Durch die Lebenstätigkeit von Organismen	
entstanden und entstehen	wurden und werden beeinflusst
Torf, Schlick	Zu allen Zeiten: Mikro- und Makroklima, Verdunstung, Sedimentbildungen, Ablagerungen und Abtragungen
Bernstein	in wechselnder Stärke
Kreide	
Feuersteine (Donnerkeile)	
Braunkohle	
Bitumen, Erdöl	
Steinkohle, Anthrazit, Graphit, Kiesel- und Muschelsande	Bildung der Schiefergesteine, Bodenbildung des Festlandes, Wind- und Wassererosion, Verwitterung, chemische Zusammensetzung (Pflanzen besiedeln Festland)
Korallenriffe, Atolle, Muschelkalke	
Kieselgesteine (Silikate), Bakterien- und Algenkalke	heutige Luftzusammensetzung erreicht, Bildung der Silikat- und Kalkgesteine
	Bodenbildung des Festlandes (durch Bakterien, Algen, Tiere)
Eisenerzlagerstätten	Meeresbodenbildung
Sauerstoff der Luft	Beginn der Umwandlung der Luft- zusammensetzung
	Chemie der Gewässer

9

173

BIOTISCHE EVOLUTION: STAMMESGESCHICHTE DER ORGANISMEN

Die Beschreibung der Herkunft der Organismengruppen (z. B. Arten) heißt Stammesgeschichte. Die Abstammung von Arten ist ihr Hervorgehen auseinander, ihre Verwandtschaft. Sie kann in Stammbäumen dargestellt werden. Erkannte Verwandtschaftsbeziehungen sind die Grundlage für das natürliche System der Pflanzen und Tiere.
↗ Einteilung der Lebewesen, S. 18 f.

Urkunden der Stammesgeschichte
Fossilien. Es sind erhalten gebliebene Reste oder Spuren von Lebewesen früherer Zeiten, die in bestimmten geologischen Schichten anzutreffen sind. Sie sind Beweisstücke dafür, dass diese Lebewesen existierten.
Leitfossilien. Sie sind Fossilien, die zahlreich nur in einer geologischen Schicht anzutreffen sind. Wo sie vorkommen, ist deshalb diese Schicht.
Lebende Fossilien. Arten, die als einzige Vertreter früher artenreicher Gruppen relativ unverändert geologische Zeiträume bis heute überstanden haben (z. B. Ginkgo-Baum, Quastenflosser, Nautilus-Tintenschnecke) werden als lebende Fossilien bezeichnet.

Fossilienform	Art der Entstehung	Beispiele für Funde
harte Teile der Organismen	Erhaltung anorganischer Strukturen des Körpers	Saurier-Knochen, Schneckengehäuse, Schildkrötenpanzer
Versteinerung	Mineraleinlagerung in: a) poröse Teile, b) Körperhohlräume, c) ganze Körper	a) Holz, b) Seeigel, Ammoniten, c) Seelilien, Korallenstöcke
Abdruck	Umrisserhaltung von Körpern oder Fährten in Gestein oder Kohle	Abdrücke von Insekten, Federn, Laubblättern, Farnwedeln
Einschlüsse	Umhüllung mit Harz oder anderen Isolierstoffen	Insekten in Bernstein, Bakterien in Kieselsäure
Mumifizierung Konservierung	Konservierung von Organismen durch Gerbstoffe, Austrocknung, Einfrieren, Luftabschluss	Pollen, Sporen, Tiere, Menschen in Mooren, ewigem Frostboden, Gletschereis, Trockenhöhlen

Hinweise auf stammesgeschichtliche Verwandtschaft
Verbreitung der Lebewesen. Kommen Arten und Organismengruppen nur in einem bestimmten Gebiet (z. B. einer Inselgruppe) vor, obwohl sie ihren Umweltansprüchen nach auch anderswo leben könnten, weist dies auf ihre nahe Verwandtschaft hin (z. B. Finkenarten auf den Galapagos-Inseln).
Bau von Eiweißen und Nucleinsäuren. Je mehr gleiche Folgen von Aminosäuren (im Eiweiß) bzw. Basen (in Nucleinsäuren) verschiedene Arten aufweisen, um so näher sind sie miteinander verwandt.
Ähnlichkeiten der Individualentwicklung. Sie zeigen, wie eng verwandt Organismen sind, auch wenn z. B. die erwachsenen Tiere sehr verschieden aussehen.

9

Gleiche Infektionskrankheiten und Parasiten. Nah verwandte Arten haben mehr gemeinsame Infektionskrankheiten und Parasiten als weniger eng verwandte (z. B. werden Kamele und Lamas von derselben Wollhaarlaus befallen).

Homologe und analoge Organe. Bestimmte Ähnlichkeiten im Körperbau weisen auf stammesgeschichtliche Verwandtschaft hin: Zum Beispiel gibt es einen gleichen „Bauplan" der Skelette aller Wirbeltiere. Sie sind Organe gleicher Herkunft (homologe Organe), auch wenn sie stärkere Unterschiede aufweisen. Bei Samenpflanzen sind z. B. Laubblätter und Blattdornen homologe Organe.

Demgegenüber sind Organe analog, wenn sie zwar gleiche Funktionen haben, aber in Herkunft und „Bauplan" verschieden sind (z. B. Flügel der Insekten – Vogelflügel).

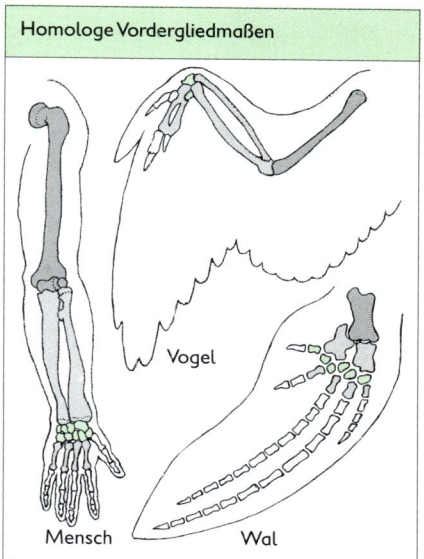

Homologe Vordergliedmaßen

Vogel

Mensch   Wal

Übergangsformen („Brückenpflanzen", „Brückentiere"). Es sind fossile oder heute noch lebende Arten, die Merkmale verschiedener Gruppen haben. Sie weisen auf die gemeinsame Herkunft dieser Gruppen hin:
– fossile landlebende Nacktfarne (hatten auch Merkmale von Grünalgen)
– der heute lebende Quastenflosser (Merkmale von Knochenfischen und landlebenden urtümlichen Lurchen)
– der fossile Urvogel hatte Vogel- und Kriechtiermerkmale

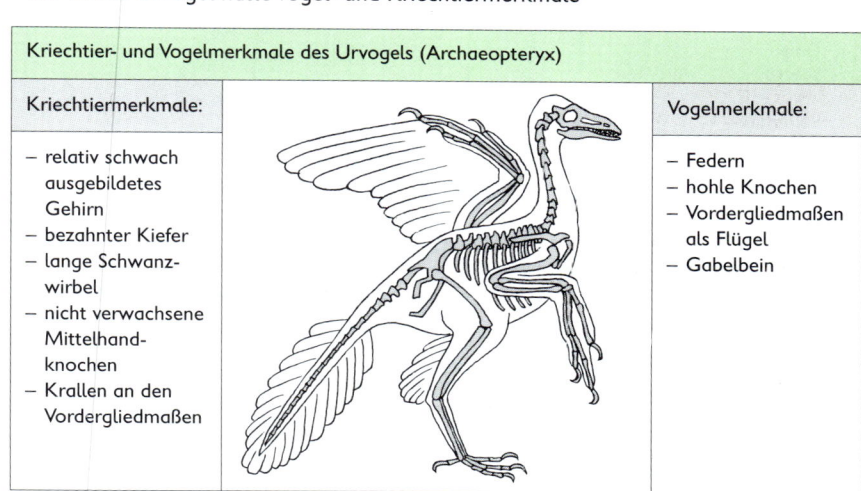

Kriechtier- und Vogelmerkmale des Urvogels (Archaeopteryx)

Kriechtiermerkmale:		Vogelmerkmale:
– relativ schwach ausgebildetes Gehirn – bezahnter Kiefer – lange Schwanzwirbel – nicht verwachsene Mittelhandknochen – Krallen an den Vordergliedmaßen		– Federn – hohle Knochen – Vordergliedmaßen als Flügel – Gabelbein

9

175

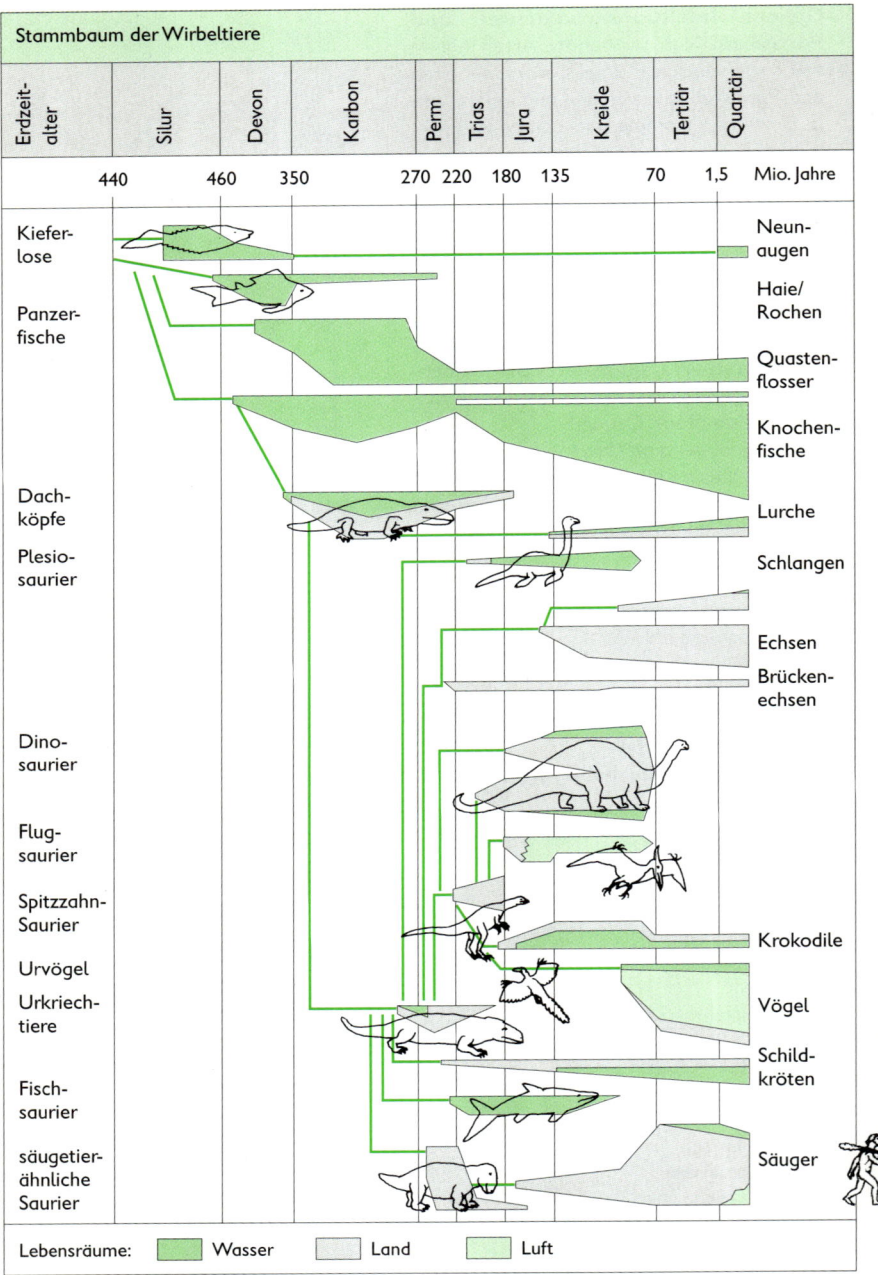

Stammbaum der Wirbeltiere

Erdzeit- alter	Silur	Devon	Karbon	Perm	Trias	Jura	Kreide	Tertiär	Quartär

440   460   350   270 220 180 135   70   1,5   Mio. Jahre

Kiefer- lose

Panzer- fische

Dach- köpfe

Plesio- saurier

Dino- saurier

Flug- saurier

Spitzzahn- Saurier

Urvögel

Urkriech- tiere

Fisch- saurier

säugetier- ähnliche Saurier

Neun- augen

Haie/ Rochen

Quasten- flosser

Knochen- fische

Lurche

Schlangen

Echsen

Brücken- echsen

Krokodile

Vögel

Schild- kröten

Säuger

Lebensräume: ▇ Wasser   ▢ Land   ▢ Luft

ENTSTEHEN, ERHALTEN UND VERGEHEN VON ARTEN

Art, Population und Evolution

Arten entstehen aus anderen Arten. Sie erhalten sich durch Fortpflanzung über verschieden lange Zeiten, vergehen in einer oder mehreren neuen Arten oder sterben aus. Die zeitgleich in einem Gebiet lebenden Lebewesen einer Art sind eine Lebens- und Fortpflanzungsgemeinschaft (Population). In den Populationen vollzieht sich die Evolution.

↗ Population, S. 143

Erbliche Veränderlichkeit (Variabilität). Die erbliche Variabilität der Lebewesen durch Mutation und Neukombination ihrer Erbanlagen ist Grundlage der Evolution. Die Gesamtheit der Erbinformationen in einer Population (ihr Genpool) kann auch durch Einwanderung von Lebewesen aus anderen Populationen derselben Art vergrößert werden.

↗ Gene, S. 155, 158; ↗ Veränderung der Erbanlagen, S. 163

Selektion und Evolution. Selektion (Auswahl) findet bei allen Lebensprozessen statt. Werden durch die Selektion vom durchschnittlichen Artcharakter abweichende Individuen von der Fortpflanzung ausgeschlossen, z. B. durch frühes Absterben, Gefressenwerden, Verweigern von Geschlechtspartnern, dann sichert die Selektion die Erhaltung der Art. Kommen vom Artcharakter abweichende Individuen vorrangig zur Fortpflanzung, verändert sich schrittweise der Artcharakter.

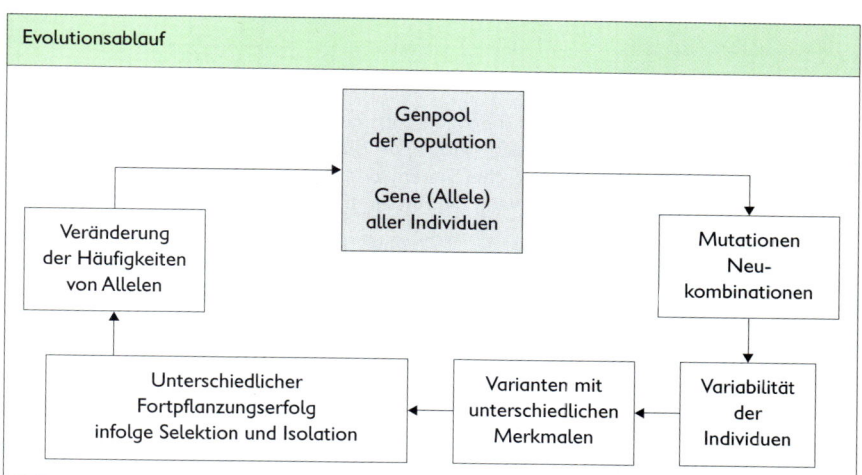

Evolutionsablauf

Kleine und große Populationen. Kleine Populationen haben einen kleineren Genpool. Sie können sich schneller neu anpassen, denn neue Mutationen und Neukombinationen können sich schneller durchsetzen, aber auch schneller aussterben. Im reicheren Genpool größerer Populationen haben neue Mutationen einen kleineren Anteil. Deshalb verändern sich solche Populationen langsamer. Die Wahrscheinlichkeit, dass sie auf neue Umweltbedingungen mit passenden Varianten (z. B. Tiere oder Pflanzen mit „angepassten" Merkmalen) reagieren können, ist aber größer.

↗ Angepasstheit der Lebewesen – ökologische Potenz, S. 138 f.

9

Beispiele für Selektion		
Art/Organis-mengruppe	Selektierende Einwirkung	Auswirkungen
Hasen	Füchse	Veränderungen langfristig (Leistung, Schutzfärbung und -verhalten der Hasen)
Waldpflanzen und -tiere	Waldbrand	starke Verkleinerung aller Populationen, meist Neuaufbau anderer Ökosysteme
Friedfische	Raubfische	Schwarmbildung als Schutzverhalten
Pflanzenarten	tiefe Temperaturen	Widerstandsfähigkeit gegen tiefe Temperaturen
Pflanzenarten	Pflanzenfresser	Ausbildung von mechanischem (z. B. Stacheln oder Dornen) oder chemischem (z. B. Bitterstoffe, Gifte) Schutz
Kulturpflanzen und Haustiere	Mensch als Züchter	Verstärkung nutzbarer, Rückbildung und Ausschaltung unerwünschter oder schädlicher Eigenschaften, Vielzahl von Rassen bzw. Sorten

Isolation

Isolation ist der Ausschluss von Individuen aus einer Population. Diese bilden entweder eine gesonderte kleine Fortpflanzungsgruppe oder sie sterben aus. Isolation kann zur Aufspaltung einer Art in Rassen (bei Tieren) oder Sorten (bei Pflanzen) führen. Daraus können neue Arten entstehen, wenn die Rassen bzw. Sorten sich nicht mehr kreuzen.

Formen der Isolation	Beispiele für Ursachen
Geographische Isolation	– Verbreitungsgebiet von Arten wird durch Meereseinbrüche geteilt – Vordringen von Sandwüsten lässt isolierte Oasen entstehen – Verlanden von Seeen lässt isolierte Kleingewässer entstehen – Bergrutsch unterteilt zusammenhängendes Tal
Ökologische Isolation	– unterschiedliche Blühtermine von Samenpflanzen an Süd- und Nordhängen oder in Wald- und Wiesenbiotopen – weit voneinander entfernte Gebiete mit Nahrungsangeboten
Fortpflanzungs-biologische Isolation	– Veränderungen an Fortpflanzungsorganen durch Mutation – Paarungs- (Brunst-)zeitenunterschiede – Ausschließen bei der Partnerwahl durch andere Merkmale
Genetische Isolation	– durch Mutation oder Neukombination entstandene Unvereinbarkeit bei der Vereinigung der Nucleinsäurestränge – Sterilität von Nachkommen (z. B. Maultier, Maulesel)

9

Domestikation

Domestikation ist die Umwandlung von Wildformen zu Haustieren bzw. Kulturpflanzen durch den Menschen. Sie begann bei Tieren (Wolf zu Hund) vor mehreren Zehntausend Jahren, bei Pflanzen mit dem Übergang zum frühen Ackerbau vor etwa 18 000 Jahren. Mit Ausbreitung des Menschen und der Entwicklung von Wissen und Technik vergrößerte sich sein Einfluss auf die Evolution nicht nur der Haustiere, der Kulturpflanzen und der in Kultur genommenen Mikroorganismen (z. B. Hefen, Milchsäure- und Essigsäurebakterien), sondern auch aller übrigen Arten (Züchtung und Anbau erwünschter Arten, gewollte oder ungewollte Verdrängung und Vernichtung anderer Arten).
↗ Aus dem Wildkohl gezüchtete Kohlsorten, S. 164

Beispiele für Hunderassen als Ergebnis der Domestikation des Wolfs

Dalmatiner

Yorkshire-Terrier

Airedale-Terrier

Pudel

Wolf

Dackel

Windhund

Basset

Bernhardiner

Vergehen von Arten und Organismengruppen

Arten vergehen, indem sie aussterben oder in der Evolution zu einer oder mehreren Nachfolgearten werden. Auch ganze Organismengruppen sind ausgestorben (z. B. die Saurier). Kosmische, geomorphologische und klimatische Umbruchperioden bewirken besonders hohe Aussterberaten. Von Menschen in neuerer Zeit ausgelöste große Umweltveränderungen erhöhen für viele Arten die Gefahr des Aussterbens.
↗ Umweltfaktoren, S. 135 ff.

RICHTUNGEN DER EVOLUTION

Erhaltung des Lebens durch Evolution
Lebewesen haben sich nur durch rechtzeitige Anpassung an sich ständig verändernde Umweltbedingungen erhalten können. Diese Anpassungen erfolgten auf der Grundlage von erblicher Variabilität und Selektion. Die dadurch erfolgten Veränderungen der Lebewesen sind nicht umkehrbar.

Entwicklungsrichtungen
Höherentwicklung. Aus ursprünglich einfacheren haben sich komplizierte Lebewesen entwickelt (aus Einzellern Vielzeller, aus einfacheren komplizierter gebaute Vielzeller). Diese konnten immer weitere Lebensräume besiedeln (vom Leben im Wasser zum Leben auf dem Festland).
↗ Vom Einzeller zum Vielzeller, S. 46
Differenzierung. Das Entstehen von Unterschieden zwischen ursprünglich gleichartigen Zellen, Geweben oder Organen sowohl in der Individualentwicklung als auch in der Stammesentwicklung nennt man Differenzierung.
↗ Individualentwicklung, S. 83 f.
Divergenz. Differenzierungen innerhalb einer Population, die zur Herausbildung von Rassen führen und bis zur Aufspaltung in unterschiedliche Arten verlaufen, heißen Divergenzen.
Konvergenz. Wenn sich unter gleich wirkenden Selektionsbedingungen nicht verwandte Arten in ähnlicher Weise anpassen, also unabhängig voneinander analoge Organe bzw. Formen (z. B. die Stromlinienform der Fische und Delphine) entstehen, spricht man von Konvergenz.
↗ Homologe und analoge Organe, S. 175

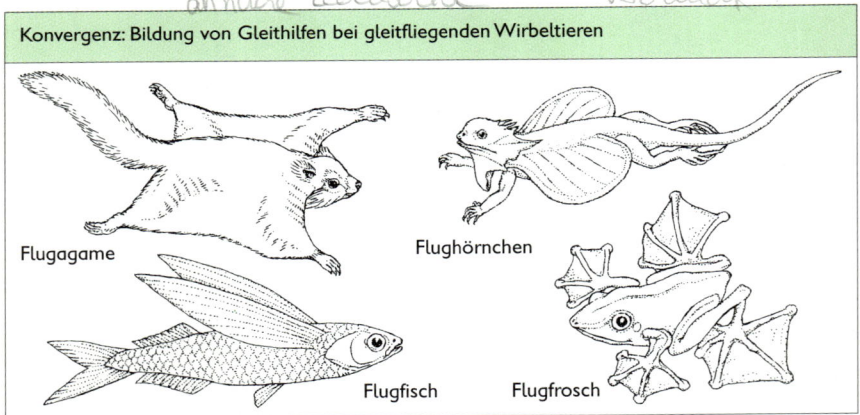

Konvergenz: Bildung von Gleithilfen bei gleitfliegenden Wirbeltieren

Flugagame

Flughörnchen

Flugfisch

Flugfrosch

Zentralisierung. Sie ist die Vereinigung auf die gleiche Funktion spezialisierter Zellen oder Gewebe zu einem einheitlichen Organ oder Funktionssystem (z. B. Zentralnervensystem). Damit wird eine Leistungssteigerung erreicht.
↗ Nervensysteme, S. 56

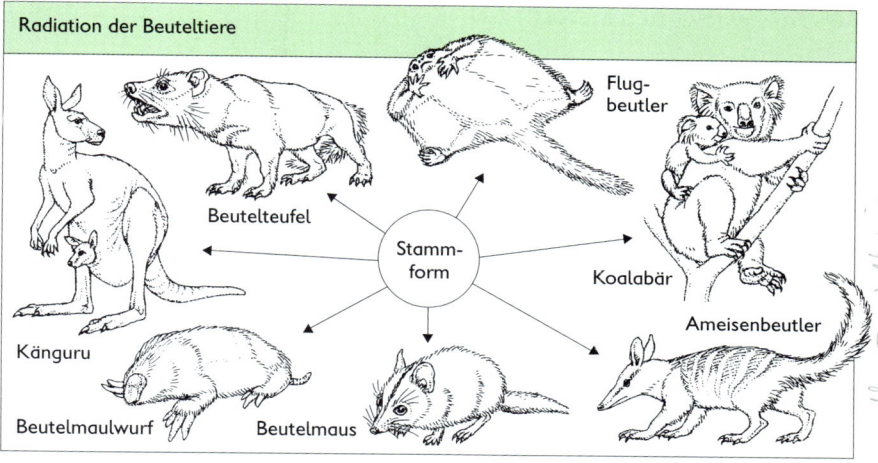

Radiation der Beuteltiere

Flug-
beutler

Stamm-
form

Beutelteufel

Koalabär

Ameisenbeutler

Känguru

Beutelmaulwurf   Beutelmaus

alle Beuteltiere haben von uns Form adopt ummt

Radiation. Entstehen aus einer Stammform mehrere verschiedene Rassen bzw. Arten, spricht man von Radiation (z. B. Galapagos-Finken). Durch Auslese in der Züchtung erfolgten z. B. Radiationen der Hunderassen und der Kohlformen.

↗ Aus dem Wildkohl gezüchtete Kohlformen, S. 164, ↗ Domestikation, S. 179

Spezialisierung. Spezialisierung ist die Konzentration der Leistungsfähigkeit von Zellen, Geweben und Organen auf eine oder wenige Funktion(en). Die Leistungssteigerung ist mit dem Ausfall oder der Einschränkung anderer Funktionen verbunden (z. B. sind spezialisierte Zellen meist nicht mehr teilungsfähig).

Progression. Schrittweise Veränderungen, die zu einer Vergrößerung oder „Vervollkommnung" von Organen bzw. Organismen führten (z. B. bei Pferdeartigen: Zunahme der Körpergröße von Katzengröße zur heutigen Größe).

Rückbildung. Schrittweise Veränderungen von Organen, bei denen Verkleinerung und Funktionsverlust eintreten, nennt man Rückbildungen.

Ko-Evolution. Darunter versteht man die wechselseitige Beeinflussung mehrerer nicht verwandter Arten im Evolutionsprozess (z. B. Blütenpflanze und bestäubendes Insekt; Räuber und Beute; Parasit und Wirt).

↗ Beziehungen der Organismen untereinander, S. 140f.

9

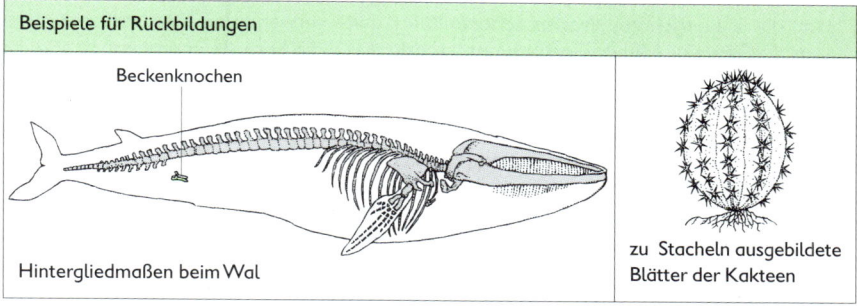

Beispiele für Rückbildungen

Beckenknochen

Hintergliedmaßen beim Wal

zu Stacheln ausgebildete
Blätter der Kakteen

rudimentäre   *= frühe mal Blätter*

181

ABSTAMMUNG DES MENSCHEN

Biotische und soziokulturelle Evolution

Seiner Abstammung und seinen biologischen Eigenschaften nach gehört der Mensch in der Säugetierordnung der Primaten zur Familie der Menschenaffen. Der heutige Mensch (Homo sapiens sapiens) ist das Ergebnis des Zusammenspiels von biotischer und soziokultureller Evolution.

Angepasstheit bei Primaten. Lange Jugendentwicklung (die Jungen sind Traglinge), fortgeschrittene Gehirnentwicklung und hohes Lernvermögen (das Leben im Sozialverband erfordert z. B. gegenseitiges Kennen und Erkennen der Tiere).

Ihr Körperbau ermöglicht den Affen vielfältige Bewegungsweisen (Laufen, Springen, Klettern, Hangeln, Schwimmen). Sie können Daumen bzw. Großzehen abspreizen und dadurch Äste oder andere Gegenstände umgreifen. Der Körperschwerpunkt liegt so, dass die Primaten ohne Armunterstützung aufrecht sitzen können (dadurch freie Hände, z. B. für Nahrungsgreifen oder gegenseitige Fellpflege). Im Zusammenhang mit der ursprünglichen Angepasstheit an das Baumleben sehr gutes räumliches Sehen, darüber hinaus Farbensehen (z. B. Erkennen farbiger Früchte bzw. sexueller Schlüsselreize).

↗ Nervensystem des Menschen, S. 105 ff.; ↗ Menschliches Verhalten, S. 131 ff.

Biotische Evolution. Umfasst die Veränderungen in Körperbau, Stoffwechsel und den darauf beruhenden Verhaltensweisen des Menschen, soweit sie genetisch bestimmt sind. Sie werden mit der genetischen Information von Generation zu Generation weitergegeben. Die biotische Evolution verläuft in relativ großen Zeiträumen.

Soziokulturelle Evolution. Umfasst die Veränderungen in der Lebensweise der Menschen. Sie werden nicht genetisch fixiert, müssen von jeder Generation in ihrer Lebensgemeinschaft erlernt werden. Darauf aufbauend können sie weiter variiert, ergänzt und entwickelt werden. So entstanden die kulturellen Eigenheiten der Völker.

Hauptetappen der Menschwerdung (Anthropogenese)

Durch fossile Funde nachgewiesen sind Gattungen und Artengruppen der Menschenähnlichen (Hominoiden), aus denen jeweils eine den Übergang zur nachfolgenden Artengruppe vollzogen hat.

Tier-Mensch-Übergangsfeld. Der Zeitraum von vor 16 Millionen bis etwa 3 Millionen Jahren, der mit der Herausbildung der Vormenschen (Australopithecinen) abschließt: Entstehung der grundlegenden biologischen Eigenschaften des Menschen und Übergang von der tierischen Gruppe zur ersten Form der menschlichen Gemeinschaft (Urhorde). An die Stelle gelegentlicher Benutzung von Naturgegenständen als Werkzeug trat die zielgerichtete Werkzeugherstellung und -verwendung. Der Informationsaustausch (Gerüche, Mimik, Gestik, Laute) wurde durch die Sprache unermesslich erweitert. Die meisten Veränderungen im Körperbau, die dabei entstanden, hingen mit dem Übergang zum aufrechten Gang und zum andersartigen Gebrauch der Hände zusammen.

Verbreitung des Menschen auf der Erde. Die Evolution zum Menschen verlief bis zur Entstehung des Frühmenschen (Homo erectus) in Ost- und Südafrika vor etwa 1,5 Millionen Jahren. Er verbreitete sich auch in Europa (z. B. Funde in Bilzingsleben) und Asien (z. B. Funde in China und Indonesien) ermöglicht durch Feuerverwendung. Amerika wurde vor etwa 20 000 Jahren durch Jetztmenschen erstmalig besiedelt. Die Bevölkerung wuchs jahrtausendelang sehr langsam. 300 Millionen Menschen lebten in der ganzen Welt im Jahr 1000, etwa 1 Milliarde um 1810 und über 5 Milliarden 1987.

Ausgewählte fossile Funde

Auftreten vor Mill. Jahren	Vertreter	Gefunden in	Merkmale	
			biologisch	soziokulturell
älteste Menschenähnliche etwa 30	*Propliopithecus*	Afrika	kleiner Greifkletterer, vierfüßige Fortbewegung	leben in Verwandtengruppen
fossile Baumaffen 22 bis 18	*Dryopithecus, Proconsul, Sivapithecus*	Afrika, Asien	menschenaffenähnliche Formen, Stammgreifkletterer oder Hangler	leben in Verwandtengruppen
Tier-Mensch-Übergangsformen 16 bis 4	*Ramapithecus, Keniapithecus*	Afrika, Asien	Savannenbewohner, aufrechter Gang, kleine Eckzähne	„Urhorde", Naturgegenstände als „Werkzeug"
Vormenschen 4,4 4 bis 1 1,5 bis 1	*Archipithecus* *Australo-pithecus,* *Homo habilis*	Afrika	kleine Allesfresser, aufrechter Gang, menschliches Becken und Gebiss, fliehende Stirn, Hirnvolumen 450 bis 800 cm³	einfache Werkzeuge aus Stein, Knochen, Holz, Jagd in Horden, Laute werden zur Sprache
Frühmenschen 2 bis 0,2	*Homo erectus-*Formen	Afrika, Europa, Asien	flacher Schädel, Überaugenwülste, fliehendes Kinn, schlank, hochwüchsig, Hirnvolumen 800 bis 1300 cm³	Jäger- und Sammlergruppen, Werkzeugherstellung, Höhlenbewohner, Feuergebrauch, vielleicht auch Feuererzeugung, Sprache
Altmenschen 0,6 bis 0,03	*Homo sapiens neanderthalensis, Homo sapiens praesapiens*	Afrika, Europa, Asien	gedrungener Körperbau, niedrige Stirn, Überaugenwülste, großer Hinterkopf, Hirnvolumen 1200 bis 1700 cm³	Bohrer und andere neue Werkzeuge, Feuererzeugung und -gebrauch, Totenbestattung, Höhlen- und Hüttenbewohner, Felle als Kleidung
Jetztmenschen seit 100 000 Jahren	*Homo sapiens sapiens,* Rassenbildung	Afrika, Europa, Asien, Australien, Amerika (40 000)	schlanker Körperbau, hohe Stirn, kaum Überaugenwulst, großer Hirnschädel, Kinnvorsprung, Hirnvolumen 1200 bis 1600 cm³	zunehmende Arbeitsteilung, kompliziertere Werkzeuge und Geräte, entwickelte Sprache, Übergang zu Tierhaltung, Wohnungsbau und Ackerbau

9

183

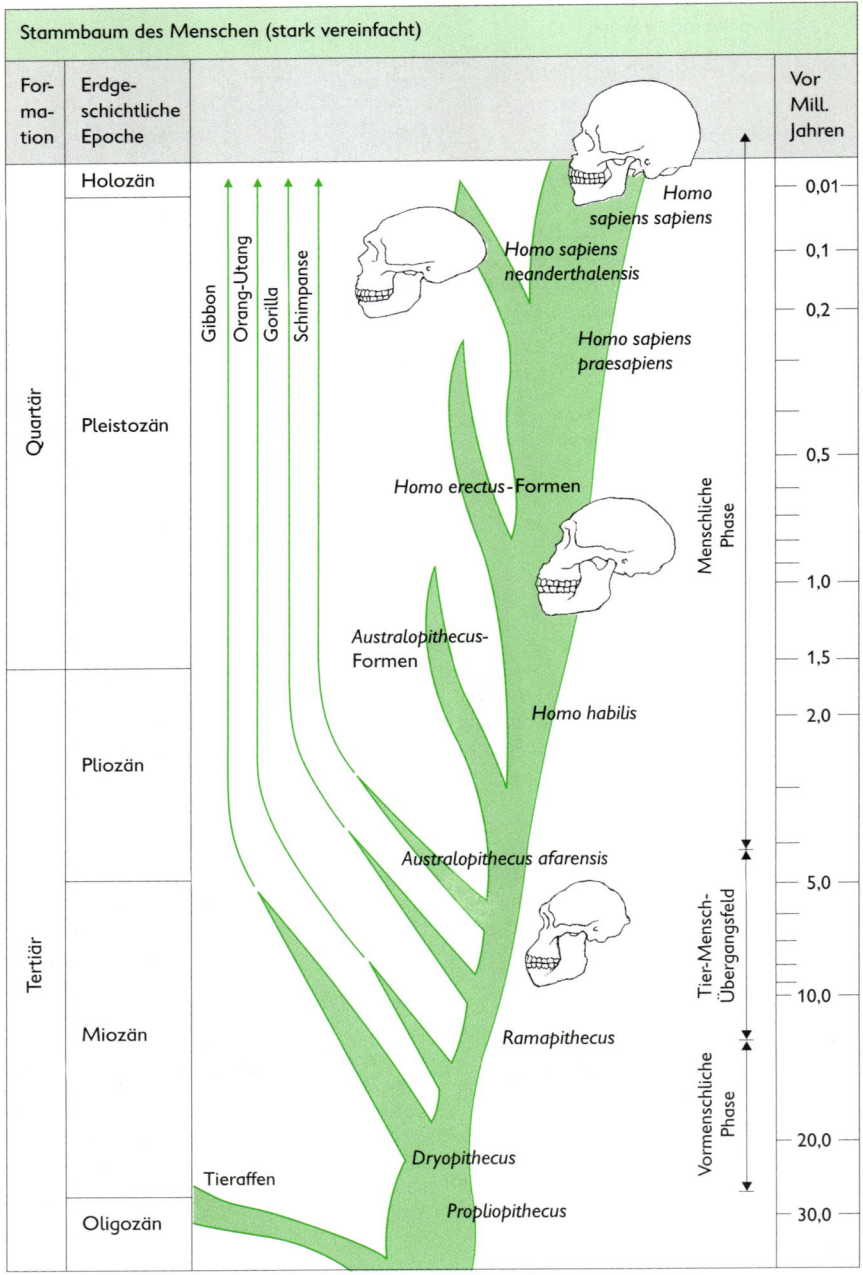

Stammbaum des Menschen (stark vereinfacht)

For-ma-tion	Erdge-schichtliche Epoche		Vor Mill. Jahren
Quartär	Holozän		0,01
	Pleistozän		0,1
			0,2
			0,5
			1,0
			1,5
Tertiär	Pliozän		2,0
			5,0
	Miozän		10,0
			20,0
	Oligozän		30,0

Gibbon

Orang-Utang

Gorilla

Schimpanse

Homo sapiens sapiens

Homo sapiens neanderthalensis

Homo sapiens praesapiens

Homo erectus-Formen

Australopithecus-Formen

Homo habilis

Australopithecus afarensis

Ramapithecus

Tieraffen

Dryopithecus

Propliopithecus

Menschliche Phase

Tier-Mensch-Übergangsfeld

Vormenschliche Phase

9

Menschenrassen

Entstehung. Nach Entstehung und Ausbreitung des Jetztmenschen über die Erde haben sich durch geographische und soziokulturelle Isolation (Sprache, Religion, Lebensweise) von Populationen Menschenrassen herausgebildet. Sie unterscheiden sich durch eine Reihe körperlicher Merkmale, aber mit fließenden Übergängen. Alle sind in ihren spezifisch menschlichen Eigenschaften und in ihrer Leistungsfähigkeit gleichwertig und gleicher Entwicklung fähig. Sie sind genetisch uneingeschränkt miteinander kreuzbar, haben die gleichen Blutgruppen und können die gleichen Krankheiten und Parasiten bekommen. Sie werden in drei Großrassen eingeteilt.

Körpermerkmale der Großrassen			
Großrasse	Europide	Mongolide	Negride
Ursprüngliche Verbreitung	Europa, Vorder- und Südasien, Nordafrika	Mittel- und Ostasien, Indonesien, Sibirien, Amerika	größter Teil Afrikas und umgebende Inseln
Gesicht	schmal, hervortretende Nase	breitflächig, Augenlidfalte	unterschiedlich, Nase meist breit und flach
Haut	bei Nordeuropiden hell, bei Südeuropiden meist braun	gelblich bis rötlich-braun	meist sehr dunkel
Kopfhaar	schlicht bis wellig, blond bis schwarz	dick, glatt, schwarz	oft gekräuselt oder spiralig, dunkel
Körperbehaarung	meist relativ stark	schwach	sehr schwach

Rassen heute. Für die überwiegende Mehrheit der heutigen Weltbevölkerung ist eine weitere Untergliederung der Großrassen wissenschaftlich nicht mehr möglich. Bereits in vergangenen historischen Epochen ist die Isolation wieder aufgehoben worden. Seit den großen geographischen Entdeckungen sind weltweit sehr viele Durchmischungen erfolgt (koloniale Eroberungen und Umsiedlung großer Bevölkerungsgruppen unterschiedlicher ethnisch-rassischer Zugehörigkeit sowie durch Kriege und wirtschaftliche Nöte ausgelöste Ein- und Auswanderungen).

Hinzu kommt, dass es innerhalb jeder ethnischen Gruppe eine große Variabilität in den körperlichen und psychischen Eigenschaften (sowohl mit Stärken als auch mit Schwächen) gibt. Durch sie kommt die Individualität jedes Menschen zustande, seine Einmaligkeit, auch seine hervorragende Leistungsfähigkeit auf bestimmten Gebieten.

Im 19. und 20. Jahrhundert unternommene Versuche, die Menschenrassen weiter zu differenzieren, dienten fast immer dazu, kolonialistischen und rassistischen Macht- und Herrschaftsansprüchen ein scheinwissenschaftliches Gesicht zu verleihen, Menschenrechtsverletzungen und andere Verbrechen zu rechtfertigen.

↗Isolation, S. 178; ↗Blutgruppen beim Menschen, S. 96

9

AUS DER GESCHICHTE DER ABSTAMMUNGSLEHRE

Entwicklung der Vorstellungen über die Herkunft des Menschen, der Arten und des Lebens			
Wer/wann	Herkunft des Lebens	Herkunft der Arten	Herkunft des Menschen
Naturreligionen und Mythen verschiedener Völker (z. B. altgriechische Mythologie um 7. Jh. v. Chr.)	im Wasser durch Sonnengott oder andere übermächtige Wesen erschaffen (Vergleich mit dem Schaffen des Menschen)	durch einen oder mehrere Götter geschaffen, dann in der Regel unveränderlich	von einem oder mehreren Göttern als Urahnen (Vergleich mit der Zeugung des Menschen)
Altindische Philosophie (um 6. Jh v. Chr.)	ewiges Entstehen und Vergehen von Welten (Vergleich mit dem Entstehen und Vergehen von Pflanzen, Tieren und Menschen)		
EMPEDOKLES (495 bis 435 v. Chr.)	Zuerst entstanden einzelne Körperteile, die dann einander suchten, bis sich die zusammenfügten, die zueinander passten.		
Christliche Religionen (1. Jh. oder früher)	göttlicher Schöpfungsakt (vor etwa 6000 Jahren)	göttlicher Schöpfungsakt, dann Konstanz der Arten	göttlicher Schöpfungsakt – zuerst Mann, dann Frau
GEORGES CUVIER (1769 bis 1832)	Wiederholung der Schöpfungsakte nach geologischen Katastrophen; schuf Grundlage für die Evolutionstheorie durch seine paläontologischen Forschungen		
JEAN BAPTISTE DE LAMARCK (1744 bis 1829)	Urzeugung aus noch unbekannten natürlichen Ursachen	Veränderung der Arten durch Gebrauch und Nichtgebrauch von Organen, Vererbung erworbener Eigenschaften (1809)	
CHARLES DARWIN (1809 bis 1882)	keine Aussage	Veränderung der Arten durch Variation und Selektion (1859)	Abstammung von menschenaffenähnlichen Vorfahren (1871)
ERNST HAECKEL (1834 bis 1919)	Urzeugung (Moneren)	wie DARWIN; Anpassung und Vererbung; Stammbäume	wie DARWIN; Stammbaumentwurf
Moderne Theorie der Evolution (seit 1920 bis 1930)	Ergebnis der chemischen Evolution auf der frühen Erde	durch Zusammenspiel von Mutation, Neukombination, Selektion und Isolation	gemeinsamer Stammbaum mit Menschenaffen, Primaten, Säugern usw.

9

Register